U0281609

嵌入式技术与应用丛书

电子系统设计
面向嵌入式硬件电路

马洪连 吴振宇 主编
马艳华 丁男 朱明 于成 编著

电子工业出版社
Publishing House of Electronics Industry
北京·BEIJING

内 容 简 介

本书以培养会设计、能发展、具有创新精神和实践能力的创新型工程实践人才为目的，全面、系统地对嵌入式硬件电路设计技术，以及相关知识和应用实例进行介绍。通过本书的学习，读者能够初步了解并掌握嵌入式硬件电路设计的基本内容及实用技术。

全书共 10 章，主要内容包括嵌入式处理器和嵌入式系统简介、基本电路设计、系统前向通道检测与信息获取电路设计、人机交互接口电路设计、系统输出通道电路设计、通信接口电路设计、EDA 与可编程逻辑器件应用、基于 Altium Designer 电路原理图与 PCB 设计、Proteus 仿真技术应用，以及电子系统综合设计实例。各章配有相应的例题和参考练习题，可供教学选用。

本书适合作为高等院校嵌入式工程、物联网工程、电子信息工程、自动化、机电一体化等专业的教材，也可供相关工程设计人员在进行电子电路设计与制作时参考。

本书配有相关教学资料，读者可登录华信教育资源网（www.hxedu.com.cn）免费注册后下载。

图书在版编目（CIP）数据

电子系统设计：面向嵌入式硬件电路/马洪连，吴振宇主编. —北京：电子工业出版社，2018.7
（嵌入式技术与应用丛书）
ISBN 978-7-121-34612-5

Ⅰ. ①电⋯ Ⅱ. ①马⋯ ②吴⋯ Ⅲ. ①电子系统—系统设计 Ⅳ. ①TN02

中国版本图书馆 CIP 数据核字（2018）第 142619 号

策划编辑：田宏峰
责任编辑：田宏峰
印　　刷：北京盛通数码印刷有限公司
装　　订：北京盛通数码印刷有限公司
出版发行：电子工业出版社
　　　　　北京市海淀区万寿路 173 信箱　邮编　100036
开　　本：787×1 092　1/16　印张：17.5　字数：448 千字
版　　次：2018 年 7 月第 1 版
印　　次：2025 年 1 月第 11 次印刷
定　　价：68.00 元

前言

目前，国内高校 IT 相关专业的学生普遍存在一种软件编程能力较强、硬件设计能力偏弱的现象。随着社会对嵌入式系统、物联网工程，以及无线通信设备、智能仪器仪表和智能装置、工业自动化等设计人员需求的日益提高，社会急需能够独立进行现代电子系统设计，尤其是嵌入式硬件系统设计方面的人才。

本书从设计和实用的角度出发，首先从构成电子系统的核心部件和相关电路入手，介绍嵌入式处理器及系统的组成，以及常用电子电路的设计；然后讲述常用传感器及应用技术，系统前向通道的信号感知识别和调理电路，A/D 转换器，人机交互接口电路的组成与应用，系统后向输出执行电路，以及现代 EDA 工具，现代电子电路设计与虚拟仿真方面的知识；最后介绍电子系统的设计方法、设计步骤，并给出了典型的电子系统设计实例。本书具有如下特点：

（1）本书系统全面，注重理论与实践相结合，针对专业性较强和学生缺乏感性认识的教学内容，辅以图、表、文等并用的教学手段，加深学生对电子系统设计的理解。

（2）内容层次清楚、规范，从设计的角度出发，注重学生综合能力的培养。

（3）将新理念、先进技术和教学实践相结合，侧重创新型人才的培养。

全书共 10 章：分别为嵌入式处理器与嵌入式系统简介，常用电子电路设计与实现，系统前向通道电路设计，人机交互接口电路设计，系统输出通道电路设计，通信接口电路设计，EDA 与可编程逻辑器件应用，基于 Altium Designer 电路原理图与印制电路板设计，Proteus 仿真技术应用，电子系统综合设计实例。

本书作者多年来一直从事电子技术、嵌入式系统设计与应用等专业的教学和科研工作，主持和参与了多项科研项目的开发和设计方面的工作，所以在本书的编写过程中精选内容，力求符合从事现代电子技术设计与开发的初学者的特点，做到概念清晰、理论联系实际；在叙述方法上，力求由浅入深、通俗易懂、便于学习，以使读者能在较短的时间内迅速掌握相关知识，起到事半功倍的作用。

本书适合作为高等院校相关专业的教材，也可供从事现代电子技术开发设计人员及爱好者参考。

作者首先感谢电子工业出版社的编辑，是他们的大力支持，才能使本书很快出版发行。本书在编写的过程中参考和引用了相关的参考书、文献和文章，在此向相关作者表示深切的谢意。

由于现代电子技术的发展非常迅速，新技术、新成果不断涌现和更新，书中难免存在错误、疏漏和不妥之处，希望广大读者多加谅解，并及时联系作者，以期在后续版本中进行完善。

作　者
2018 年 5 月于大连

目录

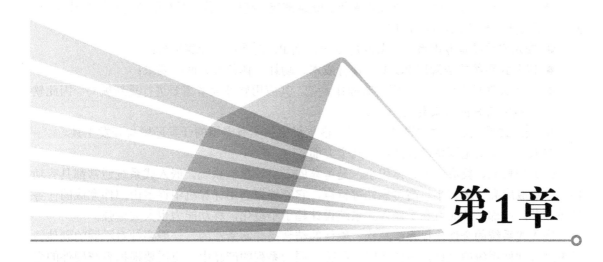

第1章

嵌入式处理器与嵌入式系统简介

1.1 概述

随着现代计算机技术的飞速发展，计算机系统逐渐形成了通用计算机系统（如个人计算机，Personal Computer，PC）和嵌入式系统两大分支。通用计算机系统的硬件以标准化形态出现，通过安装不同的软件满足不同的要求。嵌入式系统则是根据具体应用对象，采用量体裁衣的方式对其软、硬件进行定制的专用计算机系统。

嵌入式系统的定义是：以应用为中心，以计算机技术为基础，软件、硬件可裁剪，功能、可靠性、成本、体积、功耗有严格要求的专用计算机系统。例如，一台包含微处理器的打印机、数码相机、数字音频播放器、数字机顶盒、游戏机、手机和便携式仪器设备等都可以称为嵌入式系统。目前，嵌入式系统已经广泛地应用于人们的日常生活和生产过程中，如工业控制、家用电器、通信设备、医疗仪器、军事设备等。嵌入式系统已经越来越深入地影响着人们的生活、学习和工作。

嵌入式系统一般由硬件和软件两部分组成，其结构框图如图1-1所示。

嵌入式系统的硬件部分包括嵌入式处理器、存储器、I/O系统和配置必要的外围接口部件；软件部分包括监控程序、接口驱动等应用软件。在16位以上的微处理器系统中，通常还需要嵌入式操作系统。

嵌入式系统是将先进的计算机技术、半导体技术和电子技术与各个行业的具体应用相结合后的产物，

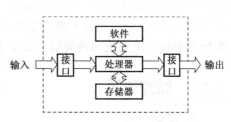

图 1-1　嵌入式系统的结构框图

这一特点就决定了它必然是一个技术密集、资金密集、高度分散、不断创新的知识集成系统。嵌入式系统与 PC 相比，区别如下。

- 嵌入式系统是专用系统，其功能专一，而 PC 则是通用计算平台；
- 嵌入式系统的资源比 PC 少，具有成本、功耗、体积等方面的要求；
- 嵌入式软件系统一般采用实时操作系统，其应用软件大多需要进行重新编写，因此软件故障带来的后果会比 PC 大；
- 嵌入式系统在开发与设计时需要在宿主机中装配有专用的开发环境与开发工具。

嵌入式系统的主要特征包括以下几个方面。

（1）功耗低、集成度高、体积小，是可靠的专用计算机系统。嵌入式系统通常都具有功耗低、集成度高、体积小、高可靠性等特点，它能够把通用计算机中许多由部件完成的任务集成在芯片内部，从而有利于嵌入式系统设计趋于小型化，移动能力也大大增强。

嵌入式系统的个性化很强，其软、硬件的结合是非常紧密的，一般要针对不同的硬件情况来进行软件系统的设计。即使在同一品牌、同一系列的产品中，也需要根据系统硬件的变化来不断对软件系统进行修改。一个嵌入式系统通常只能重复执行一个特定的功能，例如，一台数码相机永远是数码相机。

（2）实时性强，系统内核小。嵌入式系统的软件代码要求高质量、高可靠性和实时性，很多嵌入式系统都需要不断地依据所处环境的变化做出反应，而且要实时得到计算结果，不能延迟。由于嵌入式系统一般应用于要求系统资源相对有限的场合，所以其操作系统的内核比传统的操作系统要小得多。例如，μC/OS 操作系统，核心内核只有 8.3 KB 左右。

（3）资源较少，可以裁剪。由于对成本、体积和功耗有严格要求，使得嵌入式系统的资源（如内存、I/O 接口等）有限。因此对嵌入式系统的硬件和软件都必须高效率设计，量体裁衣、去除冗余，力争在有限的资源上实现更高的性能。

（4）需要开发环境和调试工具。由于嵌入式系统本身不具备自主开发能力，即使设计完成以后，用户通常也不能对其中的程序功能进行修改，必须有一套开发工具和环境才能进行开发。这些工具和环境一般安装在宿主机（如 PC）中，在进行系统开发时，宿主机用于程序的开发，目标机（产品机）作为最后的执行机，研制和开发时往往需要交替结合进行。

1.2 嵌入式处理器

嵌入式处理器是一种为完成特殊应用而设计的专用处理器，因此对嵌入式处理器的性能要求也有所不同，通常体现在实时性、功耗、成本、体积等方面。目前，嵌入式处理器主要包括微控制器、数字信号处理器、微处理器和片上系统四种类型，如图 1-2 所示。

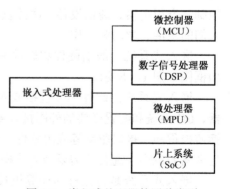

图 1-2 嵌入式处理器的四种类型

1.2.1 微控制器

1. 概述

微控制器（Micro Control Unit，MCU）诞生于 20

世纪 70 年代末，微控制器是在一块芯片上集成了中央处理单元（CPU）、存储器（RAM/ROM 等）、定时器/计数器及多种输入/输出（I/O）接口的比较完整的智能数字处理系统。

由于微控制器从体系结构到指令系统都是按照嵌入式系统的应用特点而专门设计的，具有体积小和成本低的优点，因此能够很好地满足应用系统的嵌入、面向测控对象、现场可靠运行等方面的要求。

在国内，微控制器通常也称为单片机，品种和数量众多，出现了内部集成有 I2C、CAN-Bus、LCD、A/D 和 D/A 等功能单片机，以及众多专用 MCU 的兼容系列。比较有代表性的 8 位微控制器是 Intel 公司 MCS-51 系列和 16 位的 TI 公司 MSP430 系列等。

微控制器的最大特点是单片化、体积小、功耗和成本低。但是，由于存储器容量的限制，16 位以下的 MCU 系统不适合运行操作系统，难以实现复杂的运算及处理功能。MCU 在软件和硬件设计方面的工作量比例基本相同，各占 50%左右。目前，国内市场上常见的 MCU 系列如下所述。

（1）51（即 MCS-51）系列单片机：是目前应用最广泛的 8 位单片机，大多基于 Intel 的 MCS-51 指令系统，常用的有 ATM 公司的 AT89 系列等。

（2）AVR 系列单片机：是 Atmel 公司于 1997 年研发的精简指令集（RISC）的高速 8 位单片机，它全新配置了精简指令集，速度快，大多数的指令仅用 1 个时钟周期，比 51 系列单片机单周期指令时间快 12 倍；片内程序存储器采用 Flash 存储器，程序保密性高；支持 C 语言编程；采用 CMOS 生产工艺，功耗低。AVR 系列单片机工作电压为 2.7～6.0 V，可以实现耗电最优化；还拥有多种低功耗方式，在掉电方式下工作电流小于 1 μA。AVR 系列单片机的片内资源更为丰富，接口功能也更为强大，由于具有价格低的优势，在很多场合可以替代 51 系列单片机。

（3）MSP430 系列单片机：是由 TI 公司出品的 16 位单片机，具备 JTAG 功能，片上外设十分丰富，具有低功耗特色，常用在各种便携式的仪器仪表中。

（4）ARM Cortex-M 微控制器：具有 32 位的 ARM Cortex-M 微控制器提供优于 8 位和 16 位体系结构的代码密度，提高了指令执行的效率。另外，ARM Cortex-M 微控制器不但可以通过 C 语言编程，而且还附带各种高级调试功能以帮助定位软件中的问题。ARM Cortex-M 系列是低成本、低功耗和高性能的嵌入式微控制器，通常应用在智能测量、汽车和工业控制系统、人机接口设备、大型家用电器，以及医疗器械等电子设备中。

在采用 MCU 进行系统设计开发时，需要根据设计系统功能的复杂程度、性能指标和精度要求，参照现有 MCU 本身具有的功能、精度、运行速度、存储器容量、功耗和开发成本等几个方面综合考虑选择。一般而言，应主要考虑以下几个方面。

（1）根据所设计任务的复杂程度来决定选择什么样的 MCU。推荐使用自身带有 Flash 存储器的 MCU，由于 Flash 存储器具有电写入、电擦除的优点，使得修改程序很方便，可以提高开发速度。

（2）在 MCU 的运行速度选择上不要片面追求高速度，还应该看其时钟频率和指令集，MCU 的稳定性、抗干扰性等参数通常是跟速度成反比的，另外速度快功耗也会相应增大。

（3）I/O 端口的数量和功能是选用 MCU 时要考虑的主要因素之一，应根据实际需要确定其数量，I/O 端口过多不仅会使芯片的体积增大，也会增加成本。

（4）MCU 一般内部提供 2～3 个定时/计数器，有些定时/计数器还具有输入捕获、输出比较和 PWM（脉冲宽度调制）功能。现在不少 MCU 内部还提供了 A/D 转换器和 D/A 转换器，充分利用这些功能不仅可以简化软件设计，而且还能减少 MCU 资源的占用。

（5）常见的 MCU 串行接口有通用异步接收发送接口（UART）、集成总线接口（I2C）、串行外部接口（SPI）、通用串行总线接口（USB）等，可以根据实际需要选择不同的 MCU。

（6）MCU 的工作电压一般为 3.3 V 和 5 V，功耗参数主要是指正常模式、空闲模式、掉电模式下的工作电流，选用电池供电的 MCU 系统要选用电流小的产品，同时要考虑是否要用到掉电模式，可选择有相应功能的 MCU。

（7）MCU 芯片的封装一般有 DIP（双列直插式封装）、PLCC（带有引线的芯片载体）、QFP（四侧引脚扁平封装）、SOP（双列小外形贴片封装）等类型，可以根据实际需要来选择 MCU。

另外，还要考虑系统的开发工具、编程器、开发成本、技术支持，以及服务和产品价格等诸多因素。下面，将简单介绍 MCU 中具有典型代表性的 8 位 AT89S52 单片机。

2. AT89S52 单片机简介

51 系列单片机是在 20 世纪 80 年代由 Intel 公司推出的 8 位单片机，片内集成并行 I/O 口、串行 I/O 口、16 位定时/计数器、RAM、ROM 等，最高时钟频率为 12 MHz，采用 CISC 体系指令系统、三总线结构。由于 51 系列单片机不断推陈出新，基于 51 系列内核的产品已有几十个系列、上百种型号。目前广泛应用的 8 位单片机是由美国 Atmel 公司生产的型号为 AT89S52 系列单片机，其内部结构及外形引脚与 Intel 的 51 系列 8 位单片机兼容，软件也是兼容 Intel 的 MCS-51 指令系统。

（1）性能和特点。

① 片内存储器包含 8 KB 的 Flash ROM，可在线编程，擦写次数不小于 1000 次；另外还具有 256 B 的片内 RAM，内部支持 ISP（在线更新程序）功能。

② 具有可编程的 32 根 I/O 端口线（P0、P1、P2 和 P3），内含 2 个数据指针（DPTR0 和 DPTR1），具有地址/数据线复用等功能。

③ 中断系统具有 8 个中断源、6 个中断向量和 2 级优先权的中断结构。

④ 串行通信口是一个全双工的 UART。

⑤ 具有两种低功耗节电工作方式：在空闲方式下，CPU 停止工作，RAM 和其他片内的部件（如振荡器、定时/计数器、中断系统等）继续工作，此时的电流可降到大约为正常工作方式时的 15%；在掉电方式下，所有片内的部件都停止工作，只有片内 RAM 的内容被保持，这种方式下的电流可降到 15 pA 以下。

⑥ 工作模式下主频为 0～33 MHz，工作电源电压为 4.0～5.5 V。

⑦ 指令系统中大部分指令为单周期指令，同时还具有布尔处理器的功能。

⑧ 内部集成看门狗定时器，不再需要像 AT89C52 那样外接看门狗定时器单元电路。

⑨ 全新的加密算法，这使得对 AT89S51 的解密变为不可能，大大加强了程序的保密性。

⑩ 在兼容性方面，向下完全兼容 51 全部子系列产品，也就是说，在早期 51 系列单片机上编写的程序放在 AT89S52 上一样可以正常运行。

（2）内部结构组成。

AT89S52 将通用的 8 位 CPU、存储器（包括 RAM 和 Flash ROM）、并行 I/O 接口、定时器/计数器、中断控制功能等集成在一块芯片上，片内各功能模块通过内部总线相互连接起来。

AT89S52 具有 DIP、PLCC 和 TQFT 三种封装结构，其中 DIP 封装的引脚排列如图 1-3 所示。AT89S52 单片机的主要功能模块介绍如下。

① 并行 I/O 口。AT89S52 共有 4 个 8 位并行 I/O 口，即 P0、P1、P2、P3 端口，对应的引脚分别是 P0.0～P0.7、P1.0～P1.7、P2.0～P2.7、P3.0～P3.7，共 32 根 I/O 线，每根线可以单独用于输入或输出。

P0 端口是一个 8 位漏极开路的双向 I/O 口，在作为输出口时，每根引脚可以带动 8 个 TTL 输入负载。当访问外部程序存储器和数据存储器时，P0 口也被作为低 8 位地址/数据复用。在这种模式下，P0 不具有内部上拉电阻。在对 Flash 存储器进行编程时，P0 端口用于接收代码字节；在校验时，则输出代码字节，此时需要外加上拉电阻。

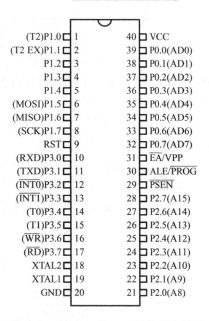

图 1-3　AT89S52 的 DIP 封装引脚排列

P1 端口是带有内部上拉电阻的 8 位双向 I/O 口，P1 端口的输出缓冲器可驱动（吸收或输出电流方式）4 个 TTL 输入。此外，P1.0 和 P1.1 分别作定时器/计数器 2 的外部计数输入（P1.0/T2）和定时器/计数器 2 的触发输入（P1.1/T2EX）。在对 Flash 编程和程序校验时，P1 端口接可收低 8 位地址。

P2 端口是带有内部上拉电阻的 8 位双向 I/O 口，P2 端口的输出缓冲器可驱动（吸收或输出电流方式）4 个 TTL 输入。对 P2 端口写"1"时，内部上拉电阻把端口拉高，此时可以作为输入口使用。在访问外部程序存储器或用 16 位地址读取外部数据存储器（如执行"MOVX @DPTR"）时，P2 端口送出高 8 位地址。在对 Flash 编程和程序校验期间，P2 端口可接收高位地址或一些控制信号。

P3 端口是带有内部上拉电阻的 8 位双向 I/O 口，P3 端口的输出缓冲器可驱动（吸收或输出电流方式）4 个 TTL 输入。在 AT89S52 中，P3 端口还可用于一些复用功能，如表 1-1 所示；在对 Flash 编程和程序校验期间，P3 端口可接收一些控制信号。

表 1-1　P3 端口引脚与复用功能表

P3 端口	引脚的第二功能
P3.0	RXD（串行输入口）
P3.1	TXD（串行输出口）
P3.2	INT0（外部中断 0）
P3.3	INT1（外部中断 1）
P3.4	T0（定时/计数器 0 外部输入）
P3.5	T1（定时/计数器 1 外部输入）
P3.6	WR（外部数据存储器写脉冲）
P3.7	RD（外部数据存储器读脉冲）

RST：复位输入端。在振荡器运行时，在此引脚上出现 2 个机器周期的高电平时将使单片机复位。

ALE/$\overline{\text{PROG}}$：地址锁存允许信号。在存取外部存储器时，这个输出信号用于锁存低字节地址；在对 Flash 存储器编程时，这个引脚用于输入编程脉冲 $\overline{\text{PROG}}$。

$\overline{\text{PSEN}}$：程序存储器允许信号。它用于读外部程序存储器，当 AT89S52 执行来自外部存储器的指令时，每一个机器周期内 $\overline{\text{PROG}}$ 将被激活 2 次；在对外部数据存储器的每次存取中，$\overline{\text{PSEN}}$ 的 2 次激活会被跳过。

$\overline{\text{EA}}$/V_{PP}：外部存取允许信号。为了确保单片机从地址为 0000H～FFFFH 的外部程序存储器中读取代码，应将 $\overline{\text{EA}}$ 接到 GND 端；如果执行内部程序，应将 $\overline{\text{EA}}$ 应接到 V_{CC}。

XTAL1：振荡器的反相放大器输入，内部时钟工作电路的输入。

XTAL2：振荡器的反相放大器输出。

AT89S52 的结构框图如图 1-4 所示。

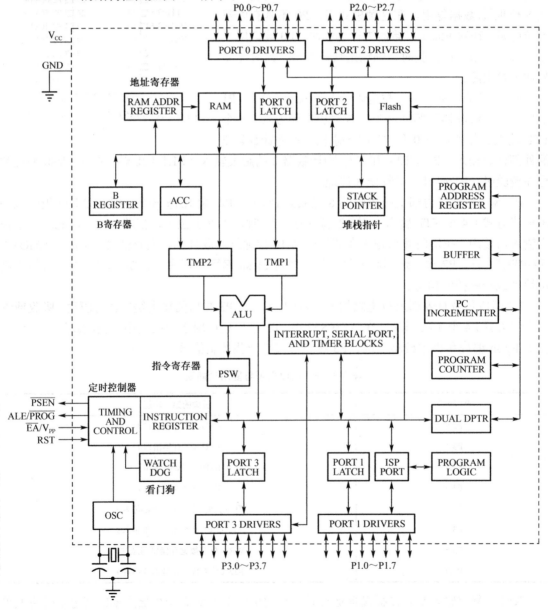

图 1-4　AT89S52 的结构框图

② 存储器结构。AT89S52 的程序存储器和数据存储器是两个独立的存储器空间，程序存储器采用程序计数器（PC）进行寻址，该存储器用于存放编好的程序和表格常数。AT89S52 可寻址的程序存储器空间最大为 64 KB，外部程序存储器的读选通脉冲为 $\overline{\text{PSEN}}$（程序存储允许信号）。

数据存储器在物理上和逻辑上分为两个地址空间：一个是内部数据存储器，另一个是外部数据存储器。AT89S52 具有 256 B 的片内数据存储器，其中，高 128 B 与特殊功能寄存器重叠，也就是说，高 128 B 与特殊功能寄存器有相同的地址，但在物理上是分开的。当一条指令访问高于 7FH 的地址时，寻址方式决定 CPU 是访问高 128 B 的 RAM，还是访问特殊功能寄存器空间。若采用直接寻址方式则访问特殊功能寄存器（SFR），若采用间接寻址方式则访问片内高 128 B 的 RAM。外部数据存储器的寻址空间可达 64 KB，访问外部数据存储器时，CPU 将发出读和写的信号。

数据存储器可用 8 位地址来访问数据存储器，这样可提高 8 位 CPU 的存储和处理速度；也可通过数据指针（DPTR）寄存器来产生 16 位的数据存储器地址。

③特殊功能寄存器。AT89S52 主要的特殊功能寄存器如表 1-2 所示。AT89S52 的内部特殊功能寄存器占用 256 B 中高 128 B（80H～FFH）地址，片上没有定义的地址是不能用的。读这些地址时，一般将得到一个随机数据，写入的数据将会无效，所以用户不应该给这些未定义的地址写入数据 1。由于这些寄存器在将来可能被赋予新的功能，复位后，这些位都为 0。

表 1-2　AT89S52 主要的特殊功能寄存器

符　号	寄存器名称	地　　址	复位后的值
*ACC	累加器	E0H	00H
*B	B 寄存器	F0H	00H
*PSW	程序状态字	D0H	00H
SP	堆栈指针	81H	07H
DPTR0	数据指针（高 8 位 DPH 和低 8 位 DPL）	83H（高 8 位），84H（低 8 位）	00H
*P0	P0 端口锁存寄存器	80H	FFH
*P1	P1 端口锁存寄存器	90H	FFH
*P2	P2 端口锁存寄存器	A0H	FFH
*P3	P3 端口锁存寄存器	B0H	FFH
*IP	中断优先级控制寄存器	B8H	XX000000B
*IE	中断允许寄存器	A8H	0X000000B
*TCON	定时器 0 和 1 控制寄存器	88H	00H
TMOD	定时器 0 和 1 模式寄存器	89H	00H
TH0	定时器 0 的高 8 位	8CH	00H
TL0	定时器 0 的低 8 位	8AH	00H
TH1	定时器 1 的高 8 位	8DH	00H
TL1	定时器 1 的低 8 位	8BH	00H
*SCON	串行口控制寄存器	98H	00H
SBUF	串行数据缓冲器	99H	XXXXXXXXB
PCON	电源控制器	87H	0XXX0000B

注：标有*号的 SFR 既可按位寻址，也可直接按字节寻址

由于篇幅有限,有关 AT89S52 的详细资料请查阅 Atmel 公司相关资料。

（3）AT89ISP 软件的安装。Atmel 公司生产的 AT89S5x 系列单片机支持在系统编程（ISP），为单片机程序的开发调试提供了极大的便利。AT89ISP 软件是由 Atmel 公司开发的用于 AT89S 系列单片机在线程序下载的免费软件,它提供了对单片机进行在系统编程、查看和擦除 Flash 等功能。

AT89ISP 软件的安装简单,对系统配置的要求较低。安装完成后,可执行下列操作。

① 连接下载线。首先通过 Atmel ISP 下载线将单片机的系统板连接到计算机接口,并给单片机系统板通电。

② 端口设置。单击 AT89ISP 工具栏上的端口选择按钮,软件弹出端口选择对话框。需要根据下载线的连接方式正确选择接口编号,否则将无法正常使用 ISP 功能。选择完成后,单击"OK"按钮。

③ 选择单片机型号。单击 AT89ISP 工具栏上选择元器件按钮,打开元器件选择对话框,单击 AT89 文件夹的层叠菜单,找到目标系统中的单片机型号,如 AT89S52,单击"OK"按钮。如果计算机、下载线及单片机系统板三者之间连接良好,且单片机系统板供电正常,会自动弹出缓存窗口,表明计算机与单片机系统板通信良好。

④ 初始化。单击 AT89ISP 工具栏上初始化按钮即可初始化单片机系统板。在每次使用 AT89ISP 时,均需要进行初始化。若电缆的连接及软件设置均正确,则会弹出已经初始化的窗口,表明计算机和单片机系统板已经准备完成,可以向单片机中下载程序。

⑤ 装载程序文件。单击工具栏中的打开按钮,在打开的文件选择对话框中选择需下载的由 C51 编译器生成的.HEX 十六进制文件。

⑥ 下载程序。单击工具栏中的自动编程按钮,执行自动编程命令。下载时间由程序大小确定,从几十秒到几分钟不等,下载完成后程序会给出相应的提示。

⑦ 验证程序。以上步骤已经成功地将程序下载到单片机中,断开单片机系统板和下载线的连接,单片机复位后即可看到程序运行的结果。

⑧ 修改程序。若需要修改 C 语言程序,则每次修改完程序后都要在编辑器中重新编译并生成新的.HEX 文件。需要注意的是,在每次下载.HEX 文件之前都需要重新装载程序文件,将最新的.HEX 文件调入缓冲区中,再执行下载。

1.2.2　微处理器

微处理器（Micro Processor Unit，MPU）是嵌入式系统的核心部件,其内部由 32 位运算器、控制器、寄存器组和存储器等组成。

1. 概述

微处理器系统的功能和标准与通用微处理器基本类似,只是在工作温度、抗电磁干扰、可靠性等方面专门做了适当的增强。与工业控制计算机相比,微处理器具有体积小、重量轻、成本低、可靠性高等优点。主流的微处理器芯片有基于 ARM（Advanced RISC Machines）、Am186/88、PowerPC、68000、MIPS 等系列的产品。具有 32 位体系结构微处理器的性能优势如下:

（1）寻址空间大。在 ARM 体系结构里,所有的资源,如存储器、控制寄存器、I/O 端口等都是在有效的地址空间内进行统一编址的,方便程序在不同的微处理器间移植。

（2）运算和数据处理能力强。由于采用了先进的 CPU 设计理念、多总线接口（哈佛结构）、多级流水线、高速缓存、数据处理增强等技术,这样使得 C、C++、Java 等高级语言得到了广泛的应用，几乎所有的通信协议栈都能在 32 位 CPU 中实现。另外，多数的微处理器都包含 DMA 控制器，这样可进一步提高整个芯片的数据能力。

（3）支持操作系统。如果某个系统有多任务的调度、图形化的人机界面、文件管理系统、网络协议等需求，那么就必须使用嵌入式操作系统。一般复杂的操作系统在多进程管理中还需要硬件存储器保护单元或内存管理单元的支持，目前 ARM9 以上的微处理器均有这些功能，可运行 Linux、WinCE 和 VxWorks 等多种嵌入式操作系统。

目前，嵌入式系统的主流是以 32 位嵌入式微处理器为核心的硬件设计，以及基于实时操作系统（RTOS）的软件设计，并强调基于平台的设计和软、硬件协同设计。MPU 系统设计的工作量主要是软件设计，约占 70% 的工作量，硬件设计约占 30% 的工作量。

2. ARM 系列 S3C2440 微处理器

1991 年 ARM 成立于英国剑桥，主要业务是设计 32 位的嵌入式处理器。但它本身并不直接从事芯片生产，而是采用技术授权、转让设计许可的方式，由合作的半导体生产商从 ARM 公司购买其设计的 ARM 处理器核，根据各自需求，加入适当的外围电路接口和先进技术，形成具有自己特色的微处理器。由于 ARM 技术获得了众多的第三方在工具、制造和软件方面的支持，又降低了系统成本，使得产品更容易进入市场并被消费者所接受，因此具备强大的市场竞争力。ARM 公司是一个纯粹的知识产权的贩卖者，公司的业务没有硬件和软件，只有图纸上的知识产权。目前，采用 ARM 技术知识产权（IP 核）、由各公司生产的处理器已遍及工业控制、消费类电子产品、通信系统、网络系统、无线系统等各类产品。随着信息化、智能化、网络化的发展，嵌入式系统技术也将获得更广阔的发展空间。

目前，常用的 ARM 系列嵌入式微处理器有 ARM7、ARM9、ARM11 和 Cortex 相关产品系列。ARM 体系架构的每个系列微处理器都提供一套特定的配置来满足设计者对功耗、性能和体积的需求。基于 ARM 体系架构的微处理器一般是由 32 位 ALU 总线、37 个通用寄存器及状态寄存器、32 位桶形移位寄存器、指令译码及控制逻辑、指令流水线和数据/地址寄存器等部件组成。ARM 系列微处理器内部结构如图 1-5 所示。

下面以由韩国三星公司生产的基于 ARM9 系列微处理器 S3C2440 作为实例进行介绍，以便读者更好地了解 MPU。

S3C2440 微处理器是韩国三星电子公司推出的基于 ARM920T 内核的 RISC 微处理器，主要面向便携式设备，以及高性价比、低功耗的应用，内部采用 CMOS 制造工艺和新的总线结构。

（1）S3C2440 微处理器主要性能。

● S3C2440 微处理器采用 ARM920T 内核来支持 ARM 调试体系结构，主频最高达 400 MHz。

● 采用 16/32 位 RISC 体系结构和基于 ARM920T 内核的指令集。

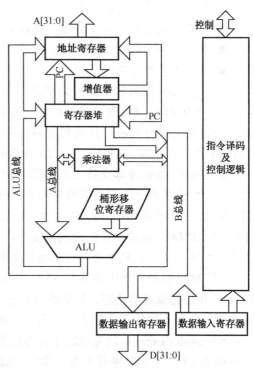

图 1-5　ARM 系列微处理器内部结构

- 具有 16 KB 的指令高速存储缓冲器（I-Cache）和 16 KB 数据高速存储缓冲器（D-Cache）。
- S3C2440 微处理器可以工作在正常模式、慢速模式（不加 PLL 的低时钟频率模式）、空闲模式（停止 CPU 的时钟）和掉电模式（所有外设和内核的电源都切断），可以通过外部中断源 EINT[15:0]或 RTC 报警中断来从掉电模式中唤醒微处理器。
- 具有 8 个存储器 BANK，其中 6 个适用于 ROM、SRAM，另外 2 个适用于 ROM、SRAM 和同步 DRAM。每个 BANK 为 128 MB，总存储容量为 1 GB。
- 具有 60 个中断源，具体是 1 个看门狗定时器、5 个定时器、9 个 UART、24 个外部中断、4 个 DMA、2 个 RTC、2 个 A/D 转换器、2 个 I2C、2 个 SPI、1 个 SDI、2 个 USB、1 个 LCD、1 个电池故障、1 个 NAND Flash、2 个 Camera、1 个 AC 97 音频。
- 具有 4 通道的 DMA 控制器，采用触发传输模式来加快传输速率，支持存储器到存储器、I/O 端口到存储器、存储器到 I/O 端口，以及 I/O 端口到 I/O 端口的传输。
- 具有全面的时钟特性，如秒、分、时、日期、星期、月和年，以 32.768 kHz 工作，具有报警中断和节拍中断功能。
- 具有 130 个多功能输入/输出端口和 24 个外部中断端口 EINT，S3C2440 的多功能 I/O 端口分为 8 类。每个端口很容易通过软件来设置，以满足各种系统配置和设计要求。
- 支持 3 种 STN 类型的 LCD 显示屏，支持彩色 TFT 的多种尺寸的液晶屏。
- 具有 3 通道 UART，可以基于 DMA 模式或中断模式工作。每个通道都具有内部 64 B 的发送先进先出（FIFO）缓冲器和 64 B 的接收 FIFO 缓冲器。
- 具有 8 通道多路复用 A/D 转换器，最大 500 ksps/10 位精度；具有内部 TFT 直接触摸屏接口和看门狗定时器。
- 具有 1 通道多主 I2C 总线；支持 1 个通道音频 I2S 总线接口，兼容 2 个通道 SPI。
- 具有 2 个 USB 主设备接口，1 个 USB 从设备接口。
- 具有 1 个相机接口。
- 采用 289 脚的 FBGA 封装形式。

（2）S3C2440 微处理器内部结构。S3C2440 微处理器内部结构主要由 ARM920T 内核和片内外设两大部分构成。片内外设具体可分为高速外设和低速外设，分别连接在高速总线（AHB）和外设总线（APB）。S3C2440 微处理器片内外设结构如图 1-6 所示。

S3C2440 微处理器支持七种操作模式（可以由软件进行配置），分别为用户执行模式（USR）、快速数据传送和通道处理模式（FIQ）、通用中断处理模式（IRQ）、操作系统保护模式（SVC）、操作系统任务模式（SYS）、数据或指令预取失效模式（ABT）和执行未定义指令模式（UND）。对这些操作模式的支持，使得 S3C2440 微处理器可以支持虚拟存储器机制，支持多种特权模式，从而使其可以运行多种主流的嵌入式操作系统。

S3C2440 微处理器内部共有 37 个 32 位寄存器，其中 30 个通用寄存器，6 个状态寄存器（1 个专用于记录当前状态、5 个备用于记录状态切换前的状态），1 个程序计数器 PC。针对处理器的七种不同的工作模式，都有一组相应的寄存器与之对应使用。

S3C2440 微处理器内部集成了具有日历功能的实时时钟（Real Time Clock，RTC）和锁相环电路（PLL）的时钟发生器。其中，RTC 给 CPU 提供精确的当前时刻，它在系统停电的情况下由后备电池供电继续工作。RTC 需要外接一个 32.768 kHz 的石英晶体振荡器，作为实时时钟的基准信号源。另外，系统还需要外接 20 MHz 的石英晶体振荡器通过锁相环电路产生 MPLL 作为系统主时钟，这样使微处理器工作频率可高达到 400 MHz。

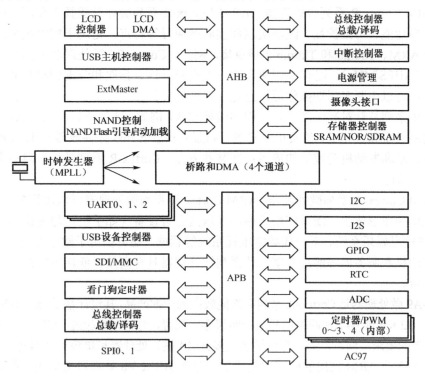

图 1-6　S3C2440 微处理器片内外设结构

S3C2440 微处理器的存储管理器提供了访问外部存储器的所有控制信号，如 26 位地址信号、32 位数据信号、8 个片选信号和读/写控制信号等。

3. ARM 公司 Cortex 系列微处理器

目前，ARM 公司 ARM V7 架构的微处理器在命名方式上已经不再用过去的数字命名方式，而是冠以 Cortex。由于应用领域的不同，基于 ARM V7 架构的 Cortex 处理器系列所采用的技术也有所不同，例如，分为 Cortex-M 系列微处理器、Cortex-R 系列微处理器和 Cortex-A 系列微处理器。其中，Cortex-M 系列微处理器主要针对控制器的应用，Cortex-R 系列微处理器主要针对实时系统的应用，Cortex-A 系列微处理器主要面向高端的基于虚拟内存的操作系统和用户的应用。

（1）ARM Cortex-M 系列微处理器。首款 Cortex-M 微处理器于 2004 年发布，当一些主流微处理器供应商选择这款内核并开始生产集成芯片后，Cortex-M 系列微处理器迅速受到市场青睐。32 位的 Cortex-M 系列微处理器如同 8 位 8051 单片机一样，成为一种受到众多供应商支持的工业标准内核。各供应商采用该内核并加上自己的开发，在市场中提供差异化的产品。例如，Cortex-M 系列微处理器能够实现在 FPGA 中作为软 IP 核来应用，但更常见的用法是作为集成了存储器、时钟和外设的 MCU。在该系列产品中，有些产品专注于最佳能效，有些专注于最高性能，而有些产品则专门应用于诸如智能电表这样的细分市场。

ARM Cortex-M 系列微处理器具有既可向上兼容，又易于应用的特点，其宗旨是帮助开发人员满足将来的嵌入式应用的需要，包括以更低的成本提供更多功能、不断增加连接、改善代码重用和提高能效。

Cortex-M 系列微处理器主要针对成本和功耗敏感的 MCU 系统的应用，例如，在智能测量、人机接口设备、汽车和工业控制系统、大型家用电器、消费性产品及医疗器械等终端产品。

（2）ARM Cortex-R 系列微处理器。ARM Cortex-R 系列微处理器具有高可靠性、高可用性、支持容错功能、可维护性、经济实惠和实时响应强等特点，是用于实时系统的嵌入式处理器，支持 ARM、Thumb 和 Thumb-2 指令集。例如，Cortex-R4 微处理器主频高达 600 MHz（具有 2.45 DMIPS/MHz），配有 8 级流水线，具有双发送、预取和分支预测功能，以及低延迟中断系统，可以中断多周期操作而快速进入中断服务程序。

Cortex-R 系列是针对高性能实时应用的微处理器，例如，硬盘控制器或固态驱动控制器、企业中的网络设备和打印机、消费电子设备（如蓝光播放器和媒体播放器），以及汽车的安全气囊、制动系统和发动机管理等的应用。在某些方面，Cortex-R 系列微处理器与高端微控制器（MCU）类似。

（3）ARM Cortex-A 系列微处理器。ARM Cortex-A 系列微处理器可以运行多种操作系统，提供交互媒体和图形体验，既可应用于移动互联网必备设备（如手机、超便携的上网本或智能本）、汽车信息娱乐系统、下一代数字电视系统等领域，还可以用于数字电视、机顶盒、企业网络、打印机和服务器等解决方案。该系列微处理器具有高效、低耗等特点，适合配置于各种移动平台。

Cortex-A9 微处理器是 Cortex-A 系列中性能较高的一款产品，其设计基于推测型 8 级流水线，支持 16 KB、32 KB 或 64 KB 四路组相连一级缓存的配置，时钟频率超过 1 GHz，可满足长时间电池供电工作的要求。同时，还具有可扩展的多核（4 核）处理器和单核处理器两种产品。

Cortex-A53 是 ARM 推出的应用比较广的、基于 ARM-V8 处理器架构的一款微处理器，它不仅是功耗效率较高的 ARM 应用处理器，能够无缝支持 32 位和 64 位代码，也是全球尺寸较小的 64 位微处理器。Cortex-A53 的可扩展性使 ARM 的合作伙伴能够针对智能手机、高性能服务器等各类不同市场需求开发系统级芯片（SoC）。

1.2.3　数字信号处理器

数字信号处理器（Digital Signal Processor，DSP）是专门用于信号处理的处理器。DSP 在系统结构和指令算法方面进行了特殊设计，编译效率较高，指令执行速度也很快。数字信号处理的理论算法在 20 世纪 70 年代就已经出现，在 1982 年世界上诞生了首枚 DSP 集成芯片。

目前 DSP 已得到了快速的发展和应用，特别是在运算量较大的智能化系统中，例如在需要进行数字滤波、FFT、频谱分析等运算的各种仪器上，DSP 得到了大规模的应用。另外，DSP 还可应用于各种带有智能逻辑的消费产品、生物信息识别终端、带加密算法的键盘、实时语音压缩/解压系统、虚拟现实显示等的信息处理方面。某些对实时性、计算强度要求较高的场合也使用 DSP。随着 DSP 运算速度的进一步提高，应用领域也从上述范围扩大到了通信和计算机方面。

DSP 经过单片化、EMC 改造、增加片上外设后，成为嵌入式 DSP，其产品有 TI 公司的 TMS320C2000/C5000/6000 等。

1.2.4　片上系统

1. 概述

片上系统（System on Chip，SoC）技术始于 20 世纪 90 年代中期，随着半导体工艺技术的发展，IC 设计者能够将越来越复杂的功能集成到单硅片上，SoC 正是在集成电路（IC）向集成系统（IS）转变的大方向下产生的。

SoC 是一个具备特定功能、服务于特定市场的软件和集成电路的混合体，它采用可编程逻辑技术把整个系统放到一块硅片上，也称为可编程片上系统。这样就能在单个芯片上集成一个完整的系统，一般包括系统级芯片控制逻辑模块、MCU/MPU 内核模块、DSP 模块、嵌入的存储器模块、与外部进行通信的接口模块、ADC/DAC 模块、电源提供和功耗管理模块等。SoC 由单个芯片实现整个系统的主要逻辑功能，具备软/硬件的系统可编程功能。SoC 是追求产品系统最大地集成器件，最大的特点是成功实现了软/硬件无缝结合，可以直接在处理器片内嵌入操作系统的代码模块。SoC 通常是客户定制的，或者是面向特定用途的标准产品。

SoC 定义的基本内容有两方面：其一是构成，其二是形成过程。系统级芯片的构成可以是系统级芯片控制逻辑模块、微处理器/微控制器（MPU/MCU）内核模块、数字信号处理器（DSP）模块、嵌入的存储器模块、与外部进行通信的接口模块。对于一个无线 SoC 而言，还有射频前端模块、用户定义逻辑模块和微电子机械模块。更为重要的是，一个 SoC 芯片内嵌了基本软件模块或可载入的用户软件等。系统级芯片形成或产生过程包含以下三个方面。

① 基于单片集成系统的软/硬件协同设计和验证；

② 利用逻辑面积技术提高使用和产能占有比例，即开发和研究 IP 核生成及复用，特别是大容量的存储模块嵌入的重复应用等；

③ 超深亚微米、纳米集成电路的设计理论和技术。

随着电子设计自动化（EDA）的推广、超大规模集成电路（VLSI）设计的普及化，以及半导体工艺的迅速发展，在一个硅片上实现一个更为复杂系统的时代已经来临。各种通用处理器内核将作为 SoC 设计公司的标准库，与许多其他嵌入式系统外设一样，成为 VLSI 设计中标准的器件。用户只须定义出整个应用系统，仿真通过后就可以将设计图交给半导体工厂制作样品。除了个别无法集成的器件，整个嵌入式系统大部分均可集成到一块或几块芯片中。这样应用系统电路板将变得很简洁，对于减小体积和功耗、提高可靠性非常有利。

SoC 可以运用 VHDL 等硬件描述语言进行系统设计，不像传统的硬件系统设计那样要绘制庞大、复杂的电路板，再对元器件进行逐一焊接。SoC 只需要使用精确的编程语言，综合时序设计可直接在元器件库中调用各种通用处理器的标准，通过仿真之后就可以直接交付芯片厂商进行生产。

目前，SoC 在声音、图像、影视、网络及系统逻辑等应用领域中发挥了重要作用。SoC 所具备的优势还有很多，比如利用改变内部工作电压来降低芯片功耗；减少芯片对外的引脚数，简化制造过程；减少外围驱动接口单元及电路板之间的信号传递，可以加快微处理器数据处理的速度；内嵌的线路可以避免外部电路板在信号传送时所造成的系统杂乱信息；减小了体积和功耗，而且提高了系统的可靠性和设计生产效率。例如，TI 公司生产的 CC2530 就是一个小型的 SoC。

2. TI 公司 CC2530 简介

CC2530 是一款通用性极强的 SoC 芯片，广泛应用于智能设备、数字家庭、消费类电子、楼宇自动化、照明、工业控制与监控、保健与医疗等众多领域。CC2530 的核心部件是一款完全兼容 8051 的内核，同时集成了支持 2.4 GHz 的 IEEE 802.15.4 协议的无线 RF 收发器，其传送速率最大可达 250 kbps、有 16 个 2.4 GHz 传输信道，传输距离为 0～100 m。

CC2530 内部具有先进的无线 RF 收发器、业界标准的增强型 8051 CPU、系统内可编程闪存、RAM 和许多其他功能。CC2530 有四种不同的闪存版本：CC2530F32/64/128/256，分别具有 32/64/128/256 KB 的闪存。CC2530 具有不同的运行模式，尤其适合超低功耗要求的系统。

CC2530 具有 21 个可编程 I/O 引脚、5 个独立的 DMA 通道、4 个定时器、8～14 位可定义的 A/D 转换器、IEEE 802.15.4 标准的低功耗局域网协议、4 个可选定时器间隔的看门狗；另外，还有 2 个串行通信接口、1 个 USB 控制器和 RF 内核控制模拟无线接收/发送模块。

CC2530 适用于 IAR 51 集成开发环境的工程仿真调试环境，通过 Z-Stack 协议栈支持路由中继功能、网络节点自动修复功能。

图 1-7 是 CC2530 芯片的电路图，图中 CC2530 的内部模块大致可以可分为三部分：CPU 和内存相关的模块，外设、时钟和电源管理相关的模块，以及无线电相关的模块。

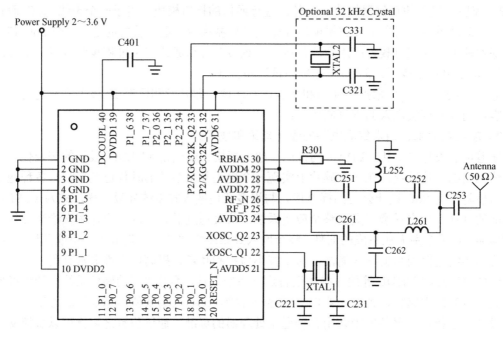

图 1-7　CC2530 芯片的电路图

1.3　嵌入式系统简介

1.3.1　嵌入式系统结构

嵌入式系统一般由硬件部分和软件部分组成，硬件部分包括嵌入式处理器、存储器、I/O 系统和配置必要的外围接口等，软件部分包括嵌入式操作系统和应用软件。嵌入式系统的软/硬件的框架如图 1-8 所示。

1.3.2　嵌入式硬件系统

　　嵌入式硬件系统主要包括微处理器、外围部件及外部设备三大部分。微处理器将 PC 中许多由板卡完成的任务集成到芯片内部，有利于系统设计小型化、高效率和高可靠性。外围部件一般由时钟电路、复位电路、程序存储器（ROM）、数据存储器（RAM）和电源模块等部件组成。外部设备包括显示器（LCD）、键盘（Key board）、USB 等设备及相关接口电路。通常，在微处理器基础上增加电源电路、时钟电路和存储器电路（ROM 和 RAM 等）就构成了一个嵌入式核心控制模块（也称为系统核心板）。在嵌入式软件部分，为了增强系统的可靠性，通常将嵌入式操作系统和应用程序都固化在程序存储器（ROM）中。典型的嵌入式硬件系统结构如图 1-9 所示。

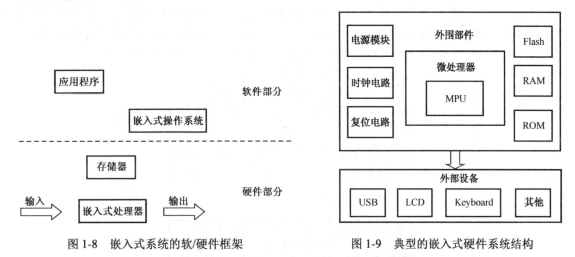

图 1-8　嵌入式系统的软/硬件框架　　　　　图 1-9　典型的嵌入式硬件系统结构

1.3.3　嵌入式软件系统

　　嵌入式软件系统是实现嵌入式计算机系统功能的软件，一般由嵌入式系统软件、支撑软件和应用软件构成。其中，嵌入式系统软件的作用是控制、管理计算机系统的资源，具体包括嵌入式操作系统、嵌入式中间件（CORBA 和 OSGI）等。支撑软件是辅助软件开发的工具，具体包括系统分析设计工具、仿真开发工具、交叉开发工具、测试工具、配置管理工具和维护工具等。应用软件面向应用领域，因应用目的的不同而不同，如手机软件、路由器软件、交换机软件、视频图像软件、语音软件、网络软件等。应用软件控制着系统的动作和行为，而嵌入式操作系统控制着应用程序与嵌入式系统硬件的交互。

　　在嵌入式系统发展的初期，嵌入式系统的软件是一体化的，即软件中没有把嵌入式系统软件和应用软件独立开来，整个软件是一个大的循环控制程序，功能执行模块、人机操作模块、硬件接口模块等通常在这个大循环中。但是，随着应用变得越来越复杂，例如需要嵌入式系统能连接互联网、具有多媒体处理功能、具有丰富的人机操作界面等，若按照传统方法把嵌入式系统设计成一个大的循环控制程序，不仅费时、费力，而且设计的程序也不可能满足需求。因此，嵌入式系统的系统软件平台（即嵌入式操作系统）得到了迅速的发展。

　　嵌入式系统软件的要求与通用计算机软件有所不同，主要有以下特点。

　　（1）软件要求固化在存储器。为了提高执行速度和系统的可靠性，嵌入式系统软件和应用软件一般都要求固化在外部存储器或微处理器的内部存储器中，而不是存储在磁盘等载体中。

（2）软件代码要求高效率、高可靠性。由于嵌入式系统资源有限，为此要求程序编写和编译工具的效率要高，以减少代码长度、提高执行速度，较短的代码同时也会提高系统的可靠性。

（3）嵌入式系统软件有较高的实时性要求。在多任务嵌入式系统中，对重要性各不相同的任务进行统筹兼顾的合理调度是保证每个任务及时执行的关键，而任务调度只能由优化编写的嵌入式系统软件来完成，因此实时性是嵌入式系统软件的基本要求。

1. 嵌入式系统软件结构

总体来说，嵌入式系统软件包含 4 个层次，分别是驱动层、操作系统层、中间件层、应用层，也有些书籍将应用程序接口 API 归属于操作系统层。由于硬件电路的可裁剪性和嵌入式系统本身的特点，其软件部分也是可裁剪的。嵌入式软件系统的体系结构如图 1-10 所示。

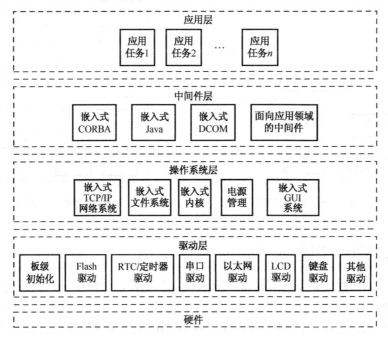

图 1-10　嵌入式软件系统的体系结构

（1）驱动层。驱动层程序是嵌入式系统中不可缺少的重要部分，使用任何外部设备都需要相应驱动层程序的支持。驱动层为上层软件提供了设备的接口，上层软件不必关注设备的具体内部操作，只需要调用驱动层提供的接口即可。驱动层程序一般包括硬件抽象层（HAL，用于提高系统的可移植性）、板级支持包（BSP，提供访问硬件设备寄存器的函数包），以及为不同设备配置的驱动程序。

板级初始化程序的作用是在嵌入式系统上电后初始化系统的硬件环境，包括嵌入式微处理器、存储器、中断控制器、DMA、定时器等的初始化。与嵌入式系统软件相关的驱动程序是操作系统和中间件等系统软件所需的驱动程序，它们的开发要按照嵌入式系统软件的要求进行。

（2）操作系统（OS）层。操作系统的作用是隐含底层不同硬件的差异，为应用程序提供一个统一的调用接口，主要完成内存管理、多任务管理和外围设备管理三个任务。在设计一个简单的应用程序时，可以不使用操作系统，仅有应用程序和设备驱动程序即可。例如，一个指纹识别系统要完成指纹的录入和指纹识别功能，尤其是在指纹识别的过程中需要高速的算法，所以需要32位处理器；但是指纹识别系统本身的任务并不复杂，也不涉及烦琐的协议和管理，对于这样的系统就没有必要安装操作系统，安装的话反而会带来新的系统开销，降低系统的性能，这是因为运行和存储操作系统需要大量的RAM和ROM，启动操作系统也需要时间。在系统运行较多任务、任务调度、内存分配复杂、系统需要大量协议支持等情况下，就需要一个操作系统来管理和控制内存、多任务、周边资源等。另外，如果想让系统有更好的可扩展性或可移植性，那么使用操作系统也是一个不错的选择。因为操作系统里含有丰富的网络协议和驱动程序，这样可以大大简化系统的开发难度，并提高系统的可靠性。现代高性能嵌入式操作系统的应用越来越广泛，操作系统的使用成为必然发展趋势。

简单来说，操作系统的功能就是隐藏硬件细节，只提供给应用程序开发人员抽象的接口。用户只需要和这些抽象的接口打交道，而不用在意这些抽象的接口和函数是如何与物理资源相联系的，也不用去考虑这些功能是如何通过操作系统调用具体的硬件资源来完成的。如果硬件体系发生变化，只要在新的硬件体系下仍运行着同样的操作系统，那么原来的程序还能完成原有的功能。

操作系统层包括嵌入式内核、嵌入式TCP/IP网络系统、嵌入式文件系统、嵌入式GUI系统和电源管理等部分。其中，嵌入式内核是基础和必备的部分，其他部分可根据嵌入式系统的需要来确定。对于使用操作系统的嵌入式系统而言，操作系统一般是以内核映像的形式下载到目标系统中的。

（3）中间件层。目前在一些复杂的嵌入式系统中也开始采用中间件技术，主要包括嵌入式CORBA、嵌入式Java、嵌入式DCOM和面向应用领域的中间件软件等，如基于嵌入式CORBA的应用于软件无线电台的中间件SCA等。

（4）应用层。应用层软件主要由多个相对独立的应用任务组成，每个应用任务完成特定的工作，如I/O任务、计算的任务、通信任务等，由操作系统调度各个任务的运行。实际的嵌入式系统应用软件建立在系统的主任务基础之上，用户应用程序主要通过调用系统的API函数对系统进行操作，完成用户应用功能的开发。在用户的应用程序中，也可创建用户自己的任务，任务之间的协调主要依赖于系统的消息队列。

2. **嵌入式软件系统的设计与运行流程**

操作系统是为应用程序提供基础服务的软件，而应用程序是在CPU上执行的一个或多个程序，在执行过程中会使用输入数据并产生输出数据。应用程序的管理包括程序载入和执行，程序对系统资源的共享和分配，并避免分配到的资源被其他程序破坏。

应用程序的设计流程是先用编辑程序编写源代码，源代码可以由多个文件组成，以实现模块化；然后用编译程序编译多个文件，使用链接程序将这些二进制文件组合为可执行文件，这些工作归结起来，可看成实现阶段；最后通过调试程序提供的命令运行得到的可执行文件，以测试所设计的程序，有时可利用解析程序找出程序中存在的性能瓶颈。在此验证阶段，如果找到错误或性能瓶颈，可以改进源代码，并重复该流程。

嵌入式软件运行流程主要分为五个阶段，分别是上电复位和板级初始化阶段、系统引导/升级阶段、系统初始化阶段、应用初始化阶段、多任务应用运行阶段。

嵌入式应用软件是基于嵌入式操作系统开发的应用程序，用来实现对被控对象的控制功能。应用软件要面对被控对象和用户，为了方便用户操作，往往需要提供一个友好的人机界面。为了简化设计流程，嵌入式应用软件的开发往往采用一个集成开发环境供用户使用。

在一般简易的嵌入式系统中常采用汇编语言来编写应用程序，而在较复杂的系统中，通常采用高级语言。C 语言具有广泛的库程序支持，是目前在嵌入式系统中应用得最广泛的编程语言。C++是一种面向对象的编程语言，在嵌入式系统设计中也得到了广泛的应用。但与 C 语言相比，C++语言的目标代码往往比较庞大、复杂，在嵌入式系统开发应用中应充分考虑这一因素。

3. 常用的嵌入式操作系统简介

随着集成电路规模的不断提高，涌现出大量价格低廉、结构小巧、功能强大的嵌入式微处理器，为嵌入式系统提供了丰富的硬件平台。操作系统可以运行较多任务，进行任务调度、内存分配，内部集成了大量协议，如网络协议、文件系统和图形用户接口（GUI）等功能，可以大大简化系统的开发难度，提高系统的可靠性。

操作系统的移植是指一个操作系统在经过适当的修改后，可以在不同类型的微处理器上运行。虽然一些嵌入式操作系统的大部分代码都是使用 C 语言编写的，但仍要用 C 语言和汇编语言完成一些与处理器相关的代码。比如，嵌入式实时操作系统 μC/OS-II 在读写处理器、寄存器时只能通过汇编语言来实现，这是因为 μC/OS-II 在设计的时候就已经充分考虑了系统的可移植性。目前，在嵌入式系统中比较常用的操作系统有 μC/OS-II、Linux、Windows CE、VxWorks、Android 等。

1.4 嵌入式系统开发环境与开发技术

PC 的软件开发从程序编辑、编译、链接、调试到程序运行等全过程都是在同一个 PC 平台上完成的，而由于嵌入式系统资源有限，本身不具备自主开发能力，即使嵌入式产品设计完成后，用户也不能对其中的软件进行修改和调试，所以嵌入式系统的开发必须借助于一套专用的开发环境，包括设计、编译、调试及下载等工具，并采用交叉开发的方式进行。通常采用在宿主机（如 PC）上完成程序编写和编译，将高级语言程序编译成可以运行在目标机（如嵌入式产品）上的二进制程序，最后进行下载和联机调试。嵌入式系统采用这种交叉开发、交叉编译的开发模式，主要因为它是一种专用的计算机系统。总之，嵌入式产品是采用量体裁衣和量身定制的方法来进行开发的。

1.4.1 嵌入式系统开发流程

在嵌入式系统开发的基本流程包括：

- 系统定义与需求分析；
- 系统设计方案的初步确立；
- 初步设计方案、性价比评估与方案评审论证；
- 完善初步方案和方案实施；
- 软/硬件集成测试；
- 系统功能测试、性能测试及可靠性测试。

　　一个嵌入式系统的开发环境通常包括宿主机、嵌入式目标机（嵌入式产品硬件）、下载调试器和软件开发工具，它们之间通过串口、JTAG 接口和网络接口等进行通信。首先利用宿主机（PC）上丰富的资源和良好的开发环境来开发、仿真、调试目标机上的软件，并通过物理连接将交叉编译生成目标代码传输并装载到目标机上；然后使用交叉调试器在监控程序或在实时内核/操作系统的支持下进行实时分析和调度；最后在目标机的环境下运行。

　　嵌入式系统的编程和其他编程工作的主要区别在于，每一个嵌入式系统的硬件平台都有可能不同，而往往只是其中的一个不同点，就会导致许多附加的软件复杂性，这也是嵌入式系统开发人员必须要注意创建过程的原因。

　　用户把嵌入式软件的源代码表述为可执行的二进制映像的过程，具体包括下面三部分内容：首先，每一个源文件都必须编译到一个目标文件上；其次，将产生的所有目标文件进行链接，称为可重定位程序；最后，在一个称为重定址的过程中把物理存储器地址指定分配给可重定位程序里的每一个相对偏移处，这一步的结果是产生一个可以运行在嵌入式系统上的可执行二进制映像的文件。图 1-11 给出了嵌入式软件的开发流程。

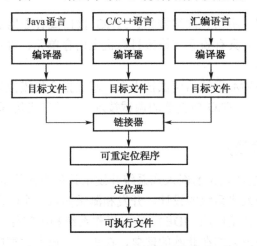

图 1-11　嵌入式软件的开发流程

　　综上所述，嵌入式软件的开发一般可分为生成、调试和固化运行三个步骤。嵌入式软件系统的生成是在宿主机上进行的，利用软/硬件各种工具完成对应用程序的编辑、交叉编译和交叉链接工作，生成可供调试或固化的目标程序。其中通过交叉编译器和交叉链接器可以在宿主机上生成能在目标机上运行的代码，而交叉调试器和硬件仿真器等则用于完成在宿主机与目标机间的嵌入式软件的调试。调试成功后还要使用一定的工具将程序固化到目标机上，然后脱离与宿主机的连接，启动目标机。这样目标机就可以在没有任何干预的情况下，自动启动运行。

1.4.2　嵌入式系统开发技术

　　工欲善其事，必先利其器。嵌入式软件开发工具的集成度和可用性将直接关系到嵌入式系统的开发效率。ARM 的开发工具包括编译器、汇编器、链接器、调试器、操作系统、函数库、JTAG 调试器和在线仿真器等。目前世界上有 40 多家公司提供不同类型的产品，用户在开发嵌入式系统时，针对不同的开发阶段及开发需求，需要选择不同的开发环境和工具。

合理使用嵌入式开发工具可以加快开发进度、节省开发成本，因此，正确建立交叉开发环境是进行嵌入式软件开发的第一步，针对嵌入式系统的不同，相应开发环境也是有所区别的。

在嵌入式系统的开发过程中，总体上可分为嵌入式系统的裸机开发阶段，以及基于操作系统和应用程序开发阶段。其中，嵌入式系统裸机开发阶段主要是指开发 Boot Loader 或者接口调试等系统底层开发阶段，基于操作系统和应用程序开发阶段主要是指开发嵌入式操作系统（包括移植和裁剪等工作），以及相关应用程序编写的阶段。

1.4.3 嵌入式系统调试技术

在嵌入式软件开发过程中，在进行程序调试时通常采用在宿主机和目标机之间的远程调试方式。调试器运行在宿主机的通用操作系统之上，但被调试的进程却运行在基于特定硬件平台的嵌入式操作系统中，调试器和被调试进程通过串口、JTAG 接口或者网络接口进行通信。调试器可以控制、访问被调试的进程，读取被调试进程的当前状态，改变被调试进程的运行状态。

远程调试允许调试器以串口、网络接口、JTAG 接口或者专用的通信方式控制目标机上被调试进程的运行方式，并具有查看和修改目标机上内存单元、寄存器，以及被调试进程中的变量值等各种调试功能。

目前，常见的基于 ARM 系统的调试技术有：基于指令集模拟器的调试技术、基于驻留监控软件的调试技术、基于 JTAG 仿真器的调试技术、实时在线仿真器的调试技术四种方式。

1.4.4 IAR 开发环境简介

IAR Systems 公司是全球领先的嵌入式系统开发工具和服务的供应商，成立于 1983 年，提供的产品和服务涉及嵌入式系统的设计、开发和测试的每一个阶段，包括：带有 C/C++交叉编译器和调试器的集成开发环境（IDE）、实时操作系统和中间件、开发套件、硬件仿真器，以及状态机建模工具。公司总部在北欧的瑞典，在美国、日本、英国、德国、比利时、巴西和中国设有分公司。

IAR Systems 公司的集成开发环境 IAR Embedded Workbench 支持众多知名半导体公司的微处理器，许多全球著名的公司也都在使用该集成开发环境开发各自的产品，例如，从消费电子、工业控制、汽车应用、医疗、航空航天到手机应用系统。

IAR Embedded Workbench（简称 EW）的 C/C++交叉编译器和调试器是目前世界上比较受欢迎嵌入式应用开发工具。EW 对不同的微处理器提供一样直观用户界面，该集成开发环境包括嵌入式 C/C++交叉编译器、汇编器、链接定位器、库管理、编辑器、项目管理器和 C-SPY 调试器。EW 支持 35 种以上的 8 位、16 位、32 位的微处理器结构，其编译器可以对一些 SoC 芯片进行专门的优化，如 Atmel、TI、ST 和 Philips 等公司的产品。除了 EWARM 标准版，IAR 公司还提供 EWARM BL（256K）的版本，方便不同层次客户的需求。

习题与思考题

（1）什么是嵌入式系统？其主要特点是什么？

（2）嵌入式系统由哪几部分组成？试写出你能想到的嵌入式系统。

（3）简述嵌入式硬件系统的组成和功能。

（4）什么是嵌入式处理器？嵌入式处理器主要有哪些类型？

（5）举例说明嵌入式系统与通用 PC 的主要差异体现在哪些方面。

（6）简介嵌入式软件系统的运行流程。

（7）什么是嵌入式操作系统？

（8）简述嵌入式系统的软件开发过程。

（9）IAR 软件开发环境主要包括哪些部分？

第2章

常用电子电路的设计与实现

2.1 系统电源部分的设计与实现

电源电路是各种电子电路系统的动力源，电源电路的性能与质量关系到整个电子电路系统的稳定性和可靠性。因此，电源电路的设计是电子电路设计中非常重要的一个环节。

目前所有的电子电路系统都对电源部分的电压或电流有一定的要求，即要求提供稳定的电压或电流。稳定的电源可以分为稳定电压和稳定电流两种类型，在我们的日常使用中，应用较多的是进行稳压电源的设计。

本节介绍的内容包括交流/直流（AC/DC）电源电路的设计原理与实现，在便携式设备中应用的 DC/DC 电压变换电路原理及转换电路模块，以及交流/直流电源的切换电路。最后给出了一个直流稳压电源设计的实例电路。

2.1.1 直流稳压电源概述

在各种电子电路系统设计中，电源是必不可少的组成部分，它不仅为系统提供能源，而且其自身的性能对系统的稳定性、抗干扰性都具有重大的影响。

1. 稳压电源的主要指标

稳压电源的指标主要分为特性指标和技术指标两种类型，下面将详细介绍。

特性指标主要包含如下方面：

（1）电源的容量。这个指标主要和功率有关，即可以输出多大功率给负载。

（2）电源的输出电压和电流。在不同的应用场合，分别会对电源的电压或电流输出提出要求。例如，如果设备是在恒压条件下工作的，那么就会要求电源输出的电压恒定，对电流要求就不是很严格；同样，如果设备是在恒流条件下工作的，那么就要求电源输出的电流要恒定，而对电压就没有严格的要求。

（3）输出电压、电流的调节范围。对于可调稳压电源，可以使电源的电压、电流输出在一定范围内调节，从而满足外部设备的使用要求。

技术指标主要包含如下方面：

（1）稳定度。当电源的负载出现变动或者当输入的电压出现变动时，电源的输出也会有变化，其变化的大小就是电源的稳定度。

（2）内阻。电源内部通过电流后出现的压降大小反映了内阻的大小，如果电源内阻过大，就会影响带动负载的能力，也会降低电源的稳定度。

（3）输出纹波。所谓纹波电压，通常是指输出电压中 50 Hz 或 100 Hz 的交流分量，一般用有效值或峰值表示。通过稳压作用，可以使整流滤波后的纹波电压大大降低。纹波电压虽然是越小越好，但是纹波电压越小，在设计上付出的代价就越大。所以根据实际的情况，纹波电压大小只要满足负载需要即可。

（4）响应速度。表示输入电压或负载出现急剧变化时，输出电压回到正常值所需要的时间。

稳压电源输出的电压只是相对的稳定，并非绝对不变的，只是变化在一个可允许的范围而已。具体使稳压电源输出的电压产生变化的原因主要有如下方面：

（1）电网输入电压不稳。电网供电的高峰期和低谷期，也会造成变压器输出电压的变化，从而引起输出电压的波动。

（2）负载变化引起电压不稳。当负载阻抗有一定变化时，由于电源内阻的存在，会引起电源输出的电压变化，从而引起输出电压的波动；当负载短路时，通过负载的电流会过大，输出电压也会严重下降，时间长的话会损坏稳压电源。

（3）稳压电源内部结构造成输出电压波动。如果构成稳压电源的元器件质量不好，元器件参数出现变动或者失效，就不可能有效调节电源输出波动，从而无法保证输出稳定。

（4）元器件受温度、湿度等环境影响改变了性能，也会造成电源输出的不稳定。

以上几点都是影响稳压电源输出稳定性的因素，在电源电路设计时需要重点考虑。

在实际应用中，嵌入式系统对直流电源的要求是：输出电压稳定、纹波小、抗干扰性能好、过载能力强。目前采用的直流稳压电源通常有串联型线性直流稳压电源和开关型直流稳压电源两种形式。

2.1.2　串联型线性直流稳压电源

串联型线性直流稳压电源一般要求从 220 V、50 Hz 的市电中获取电能，通过变压器降压、整流、滤波及稳压等环节，最后得到一个稳定的直流电源。如果电能不是从电网中获得的，而是来自电池或其他直流电源，则不需要变压、整流和滤波环节，直接通过稳压电路使输出电压稳定在某个特定值即可。串联型线性直流稳压电源的原理框图如图 2-1 所示，其中，电源变压器的作用是把电网交流电压变换成符合整流电路需要的交流电压，变压器的重要参数是变压器的功率和初/次级线圈的匝数比。整流电路的作用是把交流电变为单向脉动的直流电，常用的整流电路有全波整流、半波整流和桥式整流。滤波电路的作用是将单向脉动的直流电变为平滑的直流电，常用的有 LC 滤波器、RC 滤波器、π 形滤波器。稳压电路的作用是输出稳定的直流电压，通常采用集成稳压器完成。

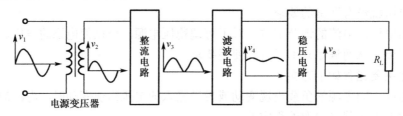

图 2-1 串联型线性直流稳压电源的原理框图

图 2-1 中的电源变压器将交流电网电压 v_1 变换为适合整流电路工作的交流电压 v_2，整流电路则将交流电压 v_2 变换为单向脉动的直流电压 v_3，滤波电路将单向脉动的直流电压 v_3 转变为平滑的直流电压 v_4，稳压电路的作用是清除电网波动及负载 R_L 变化的影响，保持输出电压 v_o 的稳定。

1. 桥式整流与电容滤波电路

在整流电路中，由于桥式整流电路的效率高，因此在实际应用中通常采用桥式整流电路。为了减小整流电路输出电压的脉动，最简单的方式是在桥式整流电路与负载电阻 R_L 之间并联一个滤波电容 C，这就构成了桥式整流与电容滤波电路，如图 2-2（a）所示，其输出电压波形如图 2-2（b）所示，图中虚线为无电容时整流输出电压波形。

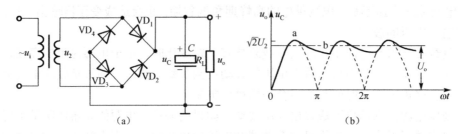

图 2-2 桥式整流和电容滤波电路及其输出电压波形

电容是一个存储电荷的元器件，要改变电容两端的电压就必须改变其上的电荷，而电荷的改变速度决定于电容充放电时间常数。充放电时间常数越大，电荷改变的速度就越慢，电容上的电压变化也就越慢，即交流分量就越小，这就是电容滤波的基本思想。

为了简化讨论，假定电路接通交流电源时，恰恰是在交流电压 u_2 通过零值时刻。当 u_2 大于零后，电路就通过 VD_1、VD_3 开始向电容 C 充电。如果忽略二极管的正向压降，这时电容 C 直接与 u_2 相连接，电容 C 两端电压随 u_2 按正弦规律上升。当 u_2 由最大值，即图 2-2（b）的 a 点开始下降时，因为 $u_C > u_2$，VD_1、VD_2 截止，负载电阻 R_L 电流靠 C 放电来维持，如果选取较大的电容值，使放电时间常数（$R_L C$）很大，使得电容端电压下降的速度比 u_2 下降速度慢，这样在 a 点到 b 点这段时间内 4 个二极管一直处于截止状态。当电容放电到图 2-2（b）所示的 b 点时，u_2 的负半周电压又大于电容端电压使 VD_2、VD_4 导通，电容又重新充电，当充电到最大值后又进行放电。如此周而复始就得到了图 2-2（b）所示的电容两端电压波形。由图可见，这时输出电压波形要比没有滤波电容时的输出电压波形平滑得多。输出电压的平均值，即直流输出电压通常为

$$U_O = (1.1 \sim 1.4)U_2$$

式中，式中 U_2 为 u_2 的有效值。U_O 具体数值要视 R_LC 的大小而定，当 R_L 开路时，$U_O \approx 1.4U_2$。在工程上，一般在有负载的情况下选取滤波电容，使 U_O 为 $1.2U_2$ 就可以了。

2. 稳压电路

交流电压经整流电路、滤波电路后，输出的是比较平滑的直流电压，但这个直流电压是不稳定的。造成直流电压不稳的原因有两个：一是交流电网电压波动；二是当负载改变时，受到整流电路、滤波电路内阻压降的影响，电路输出的直流电压会不稳定。为了能够输出稳定的直流电压，就必须采取稳压措施。

串联型晶体管直流稳压电路是目前常用的一种稳压电路，其原理图如图 2-3 所示。U_I 来自整流滤波电路的输出，VT 为调整晶体管，其作用是通过电路自动调整 VT 集电极-发射极之间的电压 U_{CE} 来使输出电压 U_O 稳定。R_1 和 R_2 为取样电路，其作用是把输出的电压变化通过 R_1 和 R_2 分压取出，然后送入比较放大器 A 的反相输入端。R_3 和稳压管 DZ 构成基准电压，使放大器同相端电位固定。A 为比较放大器，其作用是把取样电路取出的信号放大，以控制调整晶体管 VT 中 I_B 的变化，进而调整 U_{CE} 的值。串联型晶体管直流稳压电路根据对稳定程度不同要求有简有繁。例如，可采用多级放大器来提高稳压性能，但其内部含有的基本环节是相同的，串联型稳压电路方框图如图 2-4 所示。

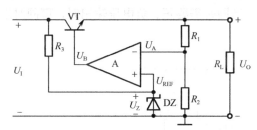

图 2-3　串联型晶体管直流稳压电路原理图

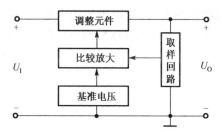

图 2-4　串联型稳压电路方框图

稳压电路的稳压过程实质上就是负反馈的自动调节过程，假如由于某种原因使 U_O 降低，通过 R_1 和 R_2 的分压作用，使放大器 A 的反相端电位下降。因为 A 连接成反相放大器，所以输出端电位增加，即 U_B 增加；而 U_B 增加使 U_E 随之增加，即 U_{CE} 减少，从而使 U_O 增加。由此可见，如果外部因素使 U_O 出现减小的趋势，稳压电路内部的调节过程会使 U_O 有增加的趋势。由于这两种趋势恰好相反，从而使输出电压 U_O 基本维持不变。同理，若外部因素使 U_O 有增加的趋势，也会通过稳压电路内部的自动调节，使 U_O 基本保持不变。

随着半导体工艺的发展，将串联型线性调整式直流稳压电路及其保护电路等制作在一块芯片上，就构成了目前广泛应用的线性集成稳压器。按外部引脚的数量不同，线性集成稳压器可以分为多端集成稳压器和三端集成稳压器两类。目前使用的多为三端集成稳压器，它具有体积小、可靠性高、使用灵活、价格低廉等优点。

三端集成稳压器只有输入端、输出端和公共端三个引脚（故称为三端集成稳压器），应用的型号包括：最大输出电流 $I_{OM} = 100$ mA 的小功率正向稳压器 W78LXX 系列（如果需要负向电压选为 W79LXX 系列），$I_{OM} = 500$ mA 的中功率正向稳压器 W78MXX（负向选为 W79MXX）系列，$I_{OM} = 1.5$ A 的大功率正向稳压器 W78XX（负向为 W79XX）系列。在以上型号中，最后两位数 XX 表示稳压器的输出电压值。例如，三端集成稳压器最后两位数字为 05、06、08、09、12、24，那么稳压器的输出电压为分别 5 V、6 V、8 V、9 V、12 V、24 V。W78XX 系列外形及电路符号如图 2-5 所示，主要参数如下：

- 输出电压 U_O：集成稳压器可能输出稳定电压的范围。
- 最小电压差 $(U_I - U_O)_{min}$：维持稳压所需要的 U_I 与 U_O 之差的最小值。
- 容许输入电压的最大值 U_{IM}。
- 容许最大输出电流值 I_{OM}。
- 容许最大功耗 P_{CM}。

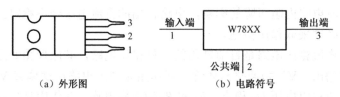

（a）外形图　　　　　（b）电路符号

图 2-5　W78XX 三端集成稳压器外形图和电路符号

图 2-6 所示为固定输出电压的稳压电路，其输出电压 U_O 为三端式集成稳压器标称的输出电压。图中电容 C_1 的作用是进一步减小输入电压的纹波，并消除内部电路的自激振荡；电容 C_2 用于消除输出高频噪声。当所设计的稳压电路输出电压为负值时，可选用负压输出的集成稳压器，如 W79XX 系列，但是，需要注意的是其引脚的作用与 W78XX 稳压器不同，其 3 引脚为输入端、2 引脚为输出端、1 引脚为公共端。当同时需要正、负电压输出时，可同时选择 W78XX 和 W79XX 两个稳压器，如图 2-7 所示。

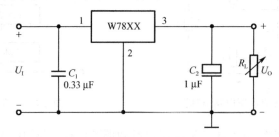

图 2-6　固定输出电压的稳压电路

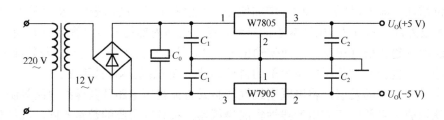

图 2-7　具有正、负两路输出稳压电路

2.1.3　开关型直流稳压电源

串联型线性直流稳压电源的最大优点是稳定度高、输出纹波小，但是在实际应用中存在以下三个主要问题：

（1）调整晶体管 VT 在工作中一直处于线性放大状态，即要求 VT 的 U_{CE} 压降较大，其流过的电流也较大（大于负载电流），所以调整晶体管自身产生的功耗就会很大，这样会使其工作效率降低，一般只为 40%~60%，并且还需要较大的散热装置。

（2）电源变压器的工作频率为 50 Hz，由于工作频率低而使得变压器体积大、质量大。

（3）串联型线性直流稳压电源的抗干扰能力也较差。当外界干扰（尤其是脉冲干扰）电压幅值超过调整范围时，干扰信号就直接串入系统内硬件电路，严重时会使系统不能正常工作。

为了解决以上的问题，目前在一些计算机系统中通常采用串联开关型稳压电源，其换能、控制与采样电路结构框图如图 2-8 所示，换能电路将未经稳压的输入电压 U_I 转换成脉冲电压，再经 LC 滤波后转换成直流电压。控制电路则根据采样电路所采集到的输出电压变化信号，以及控制换能电路的工作情况，使输出电压保持稳定。

1. 换能、控制与采样电路结构和工作原理

换能、控制与采样电路由工作在开关状态的调整晶体管 VT、LC 滤波电路和续流二极管 VD 组成，换能、控制与采样电路原理如图 2-9 所示。换能、控制与采样电路的电压、电流波形如图 2-10 所示，图中的 u_B 为正负交替的脉冲电压，用于控制 VT 的导通和截止；输入电压 U_I 是未经稳压的直流电压。

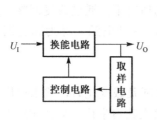

图 2-8　换能、控制与采样电路结构框图

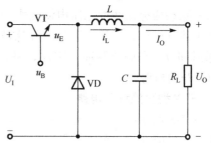

图 2-9　换能、控制与采样电路原理图

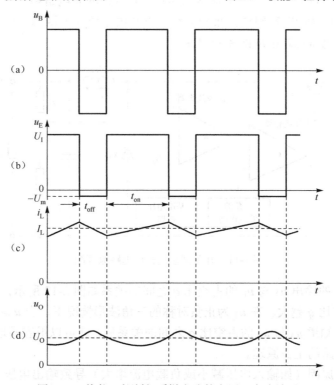

图 2-10　换能、控制与采样电路的电压、电流波形

当 u_B 为高电平时，VT 饱和导通，VD 反向偏置截止，电感 L 存储能量，电容 C 充电；

发射极电位 $u_E = U_I - U_{CE} \approx U_I$。当 u_B 为低电平时，VT 截止，虽然此时发射极电流为 0，但是由于电感 L 中所存储的能量通过续流二极管 VD 对负载释放能量，其感生电动势使 VD 导通。与此同时，C 通过 R_L 放电。由此可见，虽然开关调整晶体管 VT 处于开关工作状态，但由于储能元件 L、C 和续流二极管 VD 的作用，负载电流始终为单方向流通的直流电流。如果忽略开关和滤波元件的损耗，输出电压 U_O 为

$$U_O \approx U_{I \times ton}/T = qU_I$$

式中，$T = t_{on} + t_{off}$ 是开关的周期，t_{on} 是导通时间，t_{off} 是截止时间；$q = t_{on}/T$，是脉冲占空比系数。由上式可见，输出电压 U_O 除了与输入电压 U_I 有关外，还与脉冲占空比系数 q 成正比。如果电路能根据输出电压的变化情况自动调节 u_B 的脉冲占空比系数 q，就能够调节 U_O 的大小，从而达到稳定输出电压的目的。

输出电压 U_O 的脉动成分与负载电流的大小和滤波电路 L、C 的取值有关，L、C 的取值越大，输出电压 U_O 越平滑。由于 I_O 是 U_O 通过开关调整晶体管 VT 和 LC 滤波电路轮流提供的，通常脉动成分比线性稳压电源要大一些，这是开关型稳压电路的缺点之一。

由上述分析可知，稳压调节过程就是在保持周期 T 不变的情况下，通过改变调整晶体管的导通时间 t_{on} 来调节脉冲占空比，从而达到稳压的目的，故这种电源又称为脉宽调制型（PWM）开关电源。

2. 开关型直流稳压电路

在图 2-8 所示的开关型直流稳压电路中，当输入电压波动或负载变化时，输出电压将随之变化。如果能在 U_O 增大时减小其占空比，而在 U_O 减小时增大其占空比，那么输出电压就可保持稳定。在图 2-11 中，除了开关调整晶体管 VT、LC 滤波电路和续流二极管 VD 组成的换能电路，还包括由 R_1 和 R_2 组成的采样电路，以及由比较放大器 A、电压比较器 C、三角波发生电路和基准电压电路组成的控制电路。

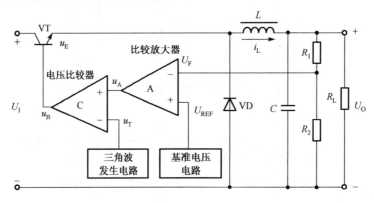

图 2-11 开关型直流稳压电路原理图

比较放大器 A 的输出 u_A 与 u_B 的占空比 q 之间的关系如图 2-12 所示，可以清楚地看到，u_A 越大，u_B 的占空比 q 越大。在 u_T 为正负对称的三角波形情况下，当 $u_A > 0$ 时，$q > 50\%$；当 $u_A < 0$ 时，$q < 50\%$。知道 u_A 与 u_B 的占空比 q 之间的关系后，就可以很容易理解图 2-11 所示的开关型直流稳压电路的工作原理。

例如，因某种原因（如输入电压减小或负载电流增大）导致输出电压 U_O 减小时，经采样电路 R_1 和 R_2 分压后送入比较放大器 A 反相输入端的 U_F 也减小，与同相输入端的基准电压比较、放大后，比较放大器 A 的输出电压 u_A 增大，经电压比较器 C 比较后，u_B 的占空比 q

增大，输出电压增大。当因某种原因使输出电压 U_O 增大时，则与上述过程相反。

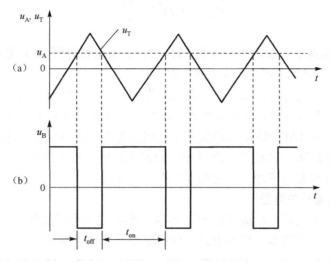

图 2-12　u_A 与 u_B 的占空比之间的关系图

　　LM2576 是一种降压型 DC/DC 集成开关型直流稳压电路转换芯片，能够提供 3 A 的电流输出，内部集成了振荡器、基准源、保护电路等结构，只需少量外围元器件就可以构成性能优良的开关型直流稳压电路。LM2576 系列开关型直流稳压电路芯片提供了 3.3 V、5 V、12 V 及可调输出四种型号，输入电压范围为 4～40 V，因此，使用起来非常灵活。

　　图 2-13（a）是 LM2576-5.0 固定输出电压型稳压电路的设计。电感 L_1 的值，需要根据输出电压、最大输入电压、最大负载电流等因素来选择。在 LM2576 的数据手册中，有很详细的电感选择表格供参考。二极管 VD_1 必须使用肖特基二极管，其额定电流要大于负载最大电流的 1.2 倍，反向耐压应大于最大输入电压的 1.25 倍，推荐使用 1N582x 系列的肖特基二极管。输出电容 C_{OUT} 的选择可参考以下公式。

$$C_{OUT} \geqslant 13300 \times \frac{V_{IN(Max)}}{V_{OUT} \cdot L}$$

式中，$V_{IN(Max)}$ 是最大输入电压，V_{OUT} 是输出电压，L 是选择的电感值（单位为 pH）。合适的输出电容可以保证输出电压有更小的纹波，电容的耐压值应达到输出电压的 1.5 倍以上。

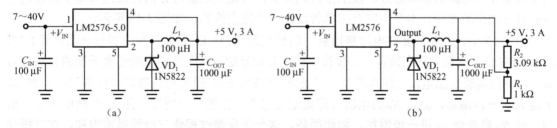

图 2-13　LM2576 系列开关型直流稳压电路外围电路的设计

　　可调输出电压型稳压电路的参考设计如图 2-13（b）所示，其电路结构与参数选择和固定输出电压型稳压电路基本类似，不同的是需要调节反馈电压来调整输出值。LM2576 输出电压与电阻 R_1、R_2 的关系为

$$V_{\text{OUT}} = 1.23\left(1 + \frac{R_2}{R_1}\right)$$

式中，R_1 的取值范围为 $1\sim5$ kΩ，当 R_1 取 1 kΩ 时，如果想要得到 10 V 的输出电压，R_2 应该取 7.13 kΩ，可以选用最接近的 7.15 kΩ 的电阻。

在实际应用中，应充分发挥线性直流稳压电源和开关型直流稳压电源的优点，可以结合使用来获得高效率、低纹波的直流稳压电源。比如，需要从 40 V 的直流电源中获得 5 V 的直流稳压电源，直接使用 LM7805 芯片将会产生比较大的热量，甚至不能连续长期稳定工作。这时，可以使用 LM2576 芯片进行一次降压，输出 7.5 V 左右的直流电源，再使用 LM7805 芯片进一步稳压，即可获得纯净、稳定的 5 V 直流电源。

3. 无工频变压器开关电源

无工频变压器开关电源的组成框图如图 2-14 所示，它由电网滤波器、输入整流滤波器、直流变换器、输出整流滤波器、控制电路、保护电路及辅助电源组成。

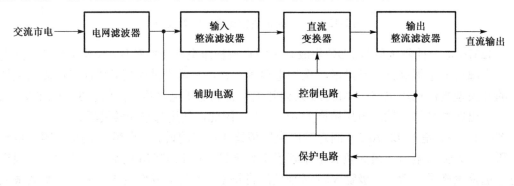

图 2-14 无工频变压器开关电源的组成框图

来自市电的交流电压经电网滤波器后进入输入整流滤波器，其输出的直流电压经直流变换器（也称为变换器，其内部三极管工作在开关状态）后得到高频脉冲电压，然后经过输出整流滤波器就可获得所需要的直流输出电压。输出电压的稳定是靠控制电路调整直流变换器的输出脉冲宽度来实现的。

直流变换器又称为逆变器，其作用是把输入的直流电压转换成高频脉冲电压，它是无工频变压器开关电源的核心部分。按工作方式分类，直流变换器可分为自激式直流变换器与它激式直流变换器两种。本节主要介绍单管自激式直流变换器，如图 2-15 所示。

图 2-15 中，当整流滤波电路接通后，U_I 经电阻 R_1 给 C_B 充电，在三极管（晶体管）VT 的基极-射极之间加上正向偏置，三极管由截止开始导通。集电极电流流过变压器的初级绕组 N_P，在其两端感应出电压（标有符号"·"的同名端为正），通过变压器耦合使基极电位增加，于是 i_B 进一步增加，流过 N_P 的电流（即集电极电流）也进一步增加，使 N_P 两端电压随之增加，经 N_B 耦合使 u_B 进一步增加，如此循环。这个正反馈过程使三极管迅速饱和，在三极管饱和期间，集电极电流 i_C 继续线性增加并维持 N_P 上电压近似等于输入电压 U_I。N_B 两端电压为 $U_I \times n_B/n_P$，其中 n_B、n_P 分别为 N_B、N_P 的匝数，其方向为下正上负，电容 C_B 通过 N_B 充电，如图 2-15（a）所示。

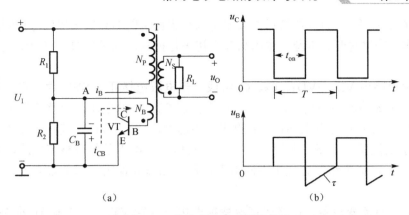

图 2-15　单管自激式直流变换器

随着电容 C_B 的不断充电，A 点电位逐渐下降，i_B 逐渐减小。当 i_C 减小到一定值时，三极管脱离饱和区而进入放大区，于是 u_C 增加，u_C 增加使 N_P 两端电压减小，通过变压器耦合使 u_B 减小，u_B 减小又使 u_C 进一步增加，如此循环。这一正反馈过程使三极管 VT 迅速由导通变为截止，VT 截止后，C_B 通过 R_1、R_2 放电，随着电容放电，A 点电位逐渐升高，当 u_A 大于发射结死区电压后 VT 又饱和导通，重复上述过程。单管自激式直流变换器的 u_C、u_B 的波形如图 2-15（b）所示。由于 U_1 是常数，所以 N_P 两端电压波形与 u_C 反相，脉冲电压通过变压器耦合输出，于是通过直流变换器就可以把输入的直流电压变成输出的高频脉冲电压。

无工频变压器开关电源与串联型线性直流稳压电源相比，具有以下优点。

（1）体积小，重量轻。由于它不用工频变压器，只用一个体积小、质量轻的高频变压器，因此整个体积和质量远远小于串联型线性直流稳压电源。注意，它的体积只有串联型线性直流稳压电源的 20%～30%。

（2）功耗小、效率高。以 5 V 电源为例，串联型线性直流稳压电源效率只有 30%～40%，而无工频变压器开关电源的效率可高达 80% 以上。

（3）不容易出现过压现象。串联型线性直流稳压电源由于输入和输出电压差值大，起着串联作用的调整晶体管一旦被击穿短路，输入电压将会全部加到输出端，以致过压保护电路还未来得及动作就已经损坏负载。无工频变压器开关电源属于变换器式开关电源，不论高压晶体管是开路还是击穿短路，其输出电压都下降为零，没有过压现象。

（4）容易做成低电压、大电流电源。在串联型线性直流稳压电源中，由于调整晶体管与负载串联，因此负载电流受调整晶体管的允许电流限制，不能做成大电流的电源。无工频变压器开关电源是一种功率转换电路，高频变压器的初级电压高。由于调整晶体管接在变压器初级回路，所以调整晶体管流过较小电流就能在变压器次级获得很大的电流。

由于上述优点，无工频变压器开关电源得到了越来越广泛的应用，但其缺点是电路复杂、输出纹波较大、瞬态响应较差。

4. 微机中的直流稳压电源

微机中的主机、快速打印机、彩色监视器等均采用无工频变压器开关电源。本节以 IBM 微型计算机中所使用的自激式脉冲调宽式开关稳压电源为例，具体分析微机中直流电源的结构和工作原理。自激式脉冲调宽式开关稳压电源共有+12 V、−12 V、+5 V、−5 V 四路直流输出电压，如图 2-16 所示，下面将分几个部分进行简要介绍。

（1）输入回路。输入回路由抑制高频干扰的低通滤波器和整流滤波电路两部分组成。

图 2-16 中，C_1、C_2 和 L_1 组成的低通滤波器可以将来自电网的高频干扰信号抑制掉，保证计算机正常工作，同时对开关电源产生的高频干扰进行抑制，以避免通过交流输电线传导到其他设备中去。

整流滤波电路由 $VD_1 \sim VD_4$、C_5、C_6 组成，当电压选择开关 SW1 中两点断开时，电路就构成了一个桥式整流滤波电路，这时适用于交流 220 V 的电压，经整流滤波后得到的直流电压为 300 V 左右；当开关 SW1 中的两点接通时，VD_3、VD_4 不起作用，VD_1、VD_2 和 C_5、C_6 组成了倍压整流电路，适用于 110 V 电网电压。由于是倍压整流电路，其直流输出仍是 300 V 左右。这种结构对使用不同电网电压的国家和地区使用都很方便，而且便于标准化生产。

（2）自激式直流变换器。自激式直流变换器由三极管 VT_1、变压器 Tr 的 N_P 绕组和 N_B 绕组、R_4、R_{12}、VD_5、R_6、VD_6、R_{S1}、R_3、C_8、VD_3 等组成。这个电路的工作原理与图 2-15 所示的电路工作原理基本相同，这里不再重复。注意，这个电路在三极管饱和导通时 N_P 电压为上正下负，在变压器副侧 N_S 两端感应出的电压是同名端为正，异名端为负。这就使接到副侧的二极管处于截止状态。当三极管由饱和变为截止时，由于在变压器原侧 N_P 绕组中感应出上负下正的电压，故副侧 N_S 两端电压是异名端为正而同名端为负，使二极管正向偏置而导通。

这种三极管导通时次级回路的整流二极管截止、三极管截止时，二极管导通的电路结构又称为反激式电路。采用反激式电路的优点是三极管导通期间把能量存储在变压器原侧，次级相当于断开。而在次级获得能量时，三极管 VT_1 相当于断开，这样电网的干扰信号就不能直接耦合到次级，从而提高了整个电路的抗干扰能力。

（3）控制电路。控制电路由图 2-16 中光电耦合器 PC_1、VD_{13}、可调节稳压管 TL-430、VT_4、VT_2 及其他一些元器件组成，主要用来控制+5 V 电源输出电压的稳定。

控制电路的作用是根据输出电压的变化来自动改变直流变换器产生的脉冲宽度，以达到稳定输出电压的目的。控制电路与变换器、电源输出一起构成了一个闭环负反馈系统，其工作过程为：由于某种原因，如负载变化、电网电压波动等引起输出电压变化，例如，输出电压升高，经电阻 R_W、R_{19}、R_{20} 分压后加到 TL-430 的控制端，使流过 TL-430 的电流增加，光电耦合器中发光二极管亮度增强，光电三极管电流增加，VT_4 基极电位下降，经 VT_4 和 VT_2 两级反相后使 VT_1 基极电位随着下降，从而使 VT_1 导通时间变短。所以在三极管开关周期不变的情况下，t_{on} 减小使得输出电压下降，从而达到稳压的目的。同理，当外部因素使 U_O 降低时，控制电路将使 VT_1 导通时间 t_{on} 增加，从而达到稳定输出电压的目的。

（4）其他几路直流稳压输出电路。在图 2-16 所示电路中+5 V 电源的稳压如上所述，它是依靠调整 t_{on} 的大小来实现的。-5 V、-12 V 两路直流输出因电流较小，所以采用了三端集成稳压器 79M05 和 79M12 来实现。而+12 V 是由变压器次级输出经整流后与+5 V 电源串接而得到的，这样做的目的是使+12 V 电源能达到一定的稳定度。因为在 VD_9、VD_{10} 截止期间，+12 V 的负载靠 C_{14} 和 C_{23} 串联对其供电，所以 C_{23} 的电压随+12 V 电源的负载不同而变化。当+12 V 电源的负载变化时就会引起+5 V 电源输出电压的变化，而使+5 V 的控制电路进行调整，这不但保证了+5 V 电源的稳定度，同时使+12 V 电源也相对稳定。当电网电压变化时，由于+5 V 电源控制电路的调节作用，次级中任一组线圈的输出都是稳定的。

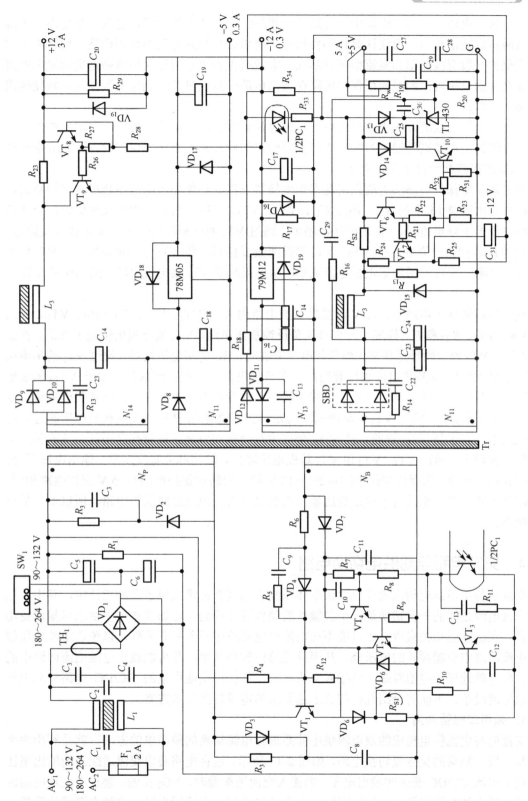

图2-16　IBM微机中所采用的自激式脉冲调宽式开关稳压电源

（5）保护电路。在稳压电源中，为防止负载短路或过载损坏电源，也为了防止由于电源意外故障造成输出过压，而使计算机部件损坏，所以必须加入有效的保护措施。稳压电源的过电流保护一般有限流型和截流型两种形式。限流型保护电路通过保护电路把电源输出电流限制在允许的范围内；而截流型保护电路在输出电流一旦超过某一规定的数值时，将使输出电流接近于零。

在串联型线性直流开关稳压电源中，是通过控制调整晶体管的基极电流实现保护的，而开关型直流稳压电源则是通过控制直流变换器输出的脉冲宽度来实现保护的。图 2-16 电路中变压器原/副两侧都设置了保护电路。

变压器原侧保护电路的主要作用是限制变换器三极管的集电极电流不超过规定的数值，其保护电路由图 2-16 中的 R_{S1}、R_{10}、C_{12}、VT_2、VT_3、VT_4 等组成。由于某种原因，当 VT_1 发射极电流大于规定值时，R_{S1} 上的压降增加，通过 VT_3 的反相作用使 VT_3 集电极电位降低，从而使 VT_4 基极电位降低，经 VT_2、VT_4 进行两级反相后，使 VT_1 基极电位降低，VT_1 导通时间变短，流过 VT_1 的平均集电极电流减小，从而限制了 VT_1 集电极电流，达到保护 VT_1 的目的。

变压器副侧保护电路中，+5 V 电源的保护电路由 R_{S2}、VT_6、VT_7、$R_{21} \sim R_{25}$、VT_{10}、R_{31}、R_{32} 组成。VT_6、R_{22} 和 R_{23} 构成了一个直流负反馈稳压电路，VT_6 集电极电位是不变的。在正常情况下，VT_7 处于微导通状态，当负载电流增加时，R_{S2} 两端电压增加，通过 VT_7 的集电极电流随之增大，VT_{10} 基极电位也随着增高。在负载电流小于规定值以前，由于 VT_{10} 的发射结压降小于其死区电压，从而一直处于截止状态，故保护电路不起作用。当负载电流达到规定值及以上一定的数值时，VT_7 的集电极电流足够大，使 VT_{10} 基极与发射极间电压超过发射结的死区电压，于是 VT_{10} 导通，经 VD_{14} 使光电耦合器的发光二极管亮度增强，从而使光电三极管电流增大。通过 VT_4、VT_2 使 VT_1 基极电位降低，输出脉冲宽度变窄，输出电压下降，输出回路电流减小，从而达到保护的目的。+12 V 输出回路的保护电路与+5 V 保护电路相同。−12 V 和−5 V 电路中都采用了集成稳压器，内部已具有过流及过热保护电路，所以不再另设保护电路。

2.1.4 交流电和电池供电切换电路

交流电与电池供电构成的双电源供电体系经常出现在便携式电子产品设计中，其中，电池和交流电源之间的平稳切换是一个关键性的硬件设计课题。在切换过程中要求尽量避免用户干预、保证能量损失最少；尽可能不在电池供电回路中插入串联元件，以免在电池电压较低时电流回路中引起额外的电压降，从而降低总体转换效率；尽可能减小电池电流回路中的电阻，可有效地延长电池寿命。当接入交流电时，任何由电池供电的 DC/DC 电路应从电池中吸取电流最小。下面将介绍几种符合上述要求的电源转换技术方案。

1. 采用二极管隔离

交流电与电池供电构成的双电源供电体系进行电源切换的最简单的方法，就是利用两个肖特基二极管隔离的交直流切换电路，如图 2-17 所示。这种电路要求交流适配器的输出电压必须高于电池 DC/DC 变换的输出电压。当接入交流适配器时，VD_2 反偏，禁止电流从电池流向负载。当去掉交流电源时，VD_1 可防止电流从电池流入交流适配器。这种方案设计简单，占用 PCB 的面积小。但它存在两个缺点：一是 VD_2 的正向电压（大约为 0.4 V）降低了 DC/DC

的输出电压，如果输出电压低于启动电压，该方案将不适用；二是 VD$_2$ 的正向电压浪费了电池的功率，VD$_2$ 所耗散的功率等于负载电流乘以正向压降。

2. 利用 MOS-FET 开关

图 2-18 采用一个 P 沟道 MOSFET 代替图 2-17 中的二极管 VD$_2$，接入交流适配器时，MOSFET 的栅极电压高于源极电压，处于关断状态，从而切断了电池与负载的连接。对于 100 mA 的负载电流，一个导通的 P 沟道 MOSFET 的电压降为 0.5 mV，耗电仅 0.5 mW。而图 2-17 所示的二极管配置方式，电压降为 400 mV，功率损耗为 40 mW。

如图 2-18 所示，切换到电池时，由于无交流电源供电，MOSFET 的栅极电压为零，源极为电池电压，MOSFET 导通，电池向负载供电。由于 MOSFET 的导通电阻在此偏压下足够低，从而保证了最大负载电流下能够获得所期望的输出电压。

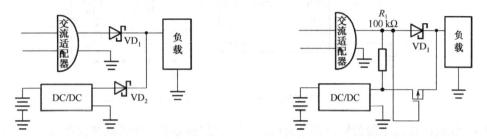

图 2-17　采用两个肖特基二极管隔离的交直流切换电路　图 2-18　采用 P 沟道 MOSFET 的交直流切换电路

3. 交/直流切换的双输出集成 IC

如图 2-19 所示的电源设计方案中，有 5 V、600 mA 和 3.3 V、200 mA 两个输出电压，其输入可以是交流电源或 2 节电池。此方案避免了图 2-17 和图 2-18 所示电路的一些缺点，特别是在电池供电回路中省去了肖特基二极管或 MOSFET。U1(MAX608)是一个开关式 DC/DC 升压转换器，它的输入是未经稳压的直流（2～5 V），输出为 5.1 V 的稳定电压。另一个开关型升压转换器（U2）内含线性稳压器，它由转换器的升压输出供电。将 U1 的输出设置为 5.1 V 的目的是为了确保 U1 的输出高于 U2 的输出。另外，为保证在交流适配器供电时由 U1 为 U2 的线性稳压器供电，需要将 U1 和 U2 的输出连接在一起。U1 可以提供 300 mA 的负载电流，其效率为 95%，在内置线性稳压器输出为 3.3 V 时，可提供 200 mA 电流。为了防止电池的电流流入 U1，当去掉交流适配器时，U2 中的比较器 LBP 和 LBO 会关闭 U1。若电池和交流电源一起供电，在 U2 的反馈端 FB 测得输出电压高于它的稳定电压值时将一直保持在空闲模式。

2.1.5　稳压电源设计实例

本节将介绍在嵌入式系统中的常用的一种电源供电电路设计实例，设计要点如下。

（1）稳定性：系统的电源一定要稳定，这是保证整个系统正常工作的前提条件。在设计时，应尽量选用集成的电源芯片，避免使用分立元器件。

（2）考虑设计余量：对系统来讲，在正常工作的情况下，总体需要的电压、电流参数是可以估算出来的，但是在设计时，需要留有一定的余量，避免突发事件造成系统的瘫痪。例如，当系统正常工作时，需要电源具备 500 mA 电流的输出能力，那么在设计时就应按照 750 mA 或者 1 A 的电流输出能力来设计，从而在负载突变引起一个瞬态尖峰电流时，依然可以保证电源的正常稳定输出能力。

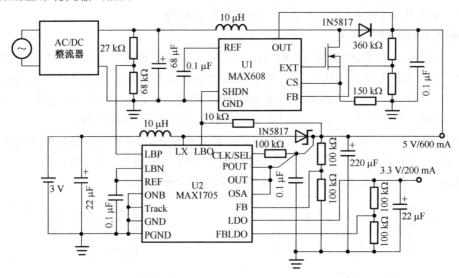

图 2-19 具有交/直流切换功能的双输出 DC/DC 方案

（3）纹波：稳压电源的输出都会有纹波，它是指稳定输出电源的变化范围。在保证系统电路正常工作的前提下，尽可能地使系统纹波减小，这对系统的稳定性有很大的好处。

（4）安全性：是指对电源电路要有一定的保护措施，避免在发生负载短路产生大电流的情况下造成元器件损坏或者发生火灾等严重的事件。

（5）在满足各要求的前提下，电路要尽量简洁。

根据前面几节的介绍可知，系统工作共需要 5 V、3.3 V、1.8 V 的三组电源，系统总共需要的电流大概为 500 mA（没有考虑外接 USB 设备的情况）。由于系统总体被设计为底板和微处理器板两大部分，所以电源部分的设计也分割成了两个部分，即系统底板供电（原理如图 2-20 所示）和微处理器板供电（原理如图 2-21 所示）。在系统底板的电路中用到了 5 V 与 3.3 V 两组电压，而 1.8 V 只在微处理器板中应用。根据以上分析，把电源电路也分成了两部分来单独设计。

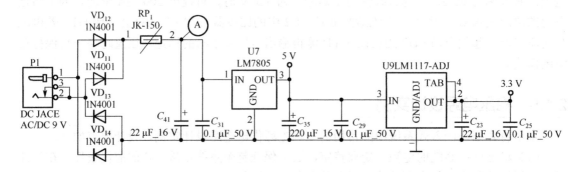

图 2-20 系统底板供电原理图

由于系统总体电流消耗不大，所以在每一路的电源设计中都采用了线性集成稳压电源芯片的方案，该方案的优点如下：

● 线性集成电源芯片的技术成熟，输出的电压稳定，输出电流能力强，可以达到 1 A；

● 芯片内部带有保护电路，当发生短路时可以起到保护作用；

● 输出电压纹波很小，可以控制在 15 mV 以内；

● 电路简洁，在芯片外围仅需要增加几个滤波电容即可。

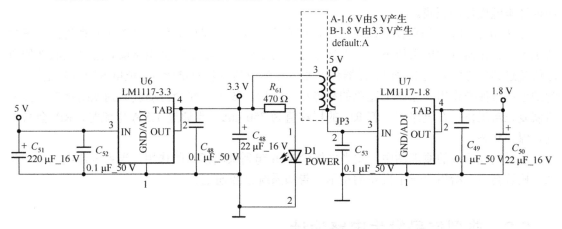

图 2-21　微处理器板供电原理图

在系统的电源设计中，采用了三种不同电压的线性集成稳压电源芯片，其性能特点对比如表 2-1 所示。

表 2-1　三种型号的线性集成稳压电压芯片性能对比

芯 片 型 号	LM7805	LM1117-3.3	LM1117-1.8
输出电压 V_I/V	5	3.3	1.8
最大输入电压 V_O/V	35	15	15
输入/输出最小压差 V_{drop}/V	3	1.2	1.2
最大输出电流 I/mA	1000	800	800
最大纹波输出/mV	15	10	10
最大消耗功率 P_D/W	—	—	—

在使用线性集成稳压电源芯片时，除了输出电压和输出电流，还有一个参数指标要特别注意，即最大消耗功率。很多人在设计的时候都忽略了该指标，从而在产品使用过程中经常出现烧毁元器件的现象。

$$最大消耗功率\ P_D = 通过元器件的电流 × 元器件输入/输出的压差$$

表 2-1 中的最大消耗功率是指当元器件在此功率下时还可以正常工作，如果功率超过这个值，元器件就会损坏。例如，如果 LM7805 的输入是 9 V，输出是 5 V，那么其输入/输出压差就是 4 V。当输出电流为 800 mA 时，元器件的消耗功率为 4×0.8 = 3.2 W，超过了最大消耗功率的 3 W，所以元器件就可能会被烧毁，此时可以看出其输出电流还没有达到最大值 1 A。

需要特别注意的是，LM7805 芯片最大消耗功率有两个值，当使用了散热片后，最大消耗功率会明显增加，可以比不使用散热片时提高 10 倍左右，相应地提高了输出电流的能力，所以为了使其输出电流能力得到提高，可以在元器件上增加散热片。

外部供电电源一般可分为交流和直流两种，市面上的标准供电电源变压器接口一般都一样，但是往往会有正负相反的情况。如果在电源入口的地方不做好处理，则很有可能用到一个接口极性与系统板的接口极性相反的变压器，从而使整个板子都烧毁。为了避免这个问题，在电路入口的地方使用 VD_{11}、VD_{12}、VD_{13}、VD_{14} 构成一个二极管整流桥电路，这样不论输入电源是交流还是直流、接口的极性如何，都会保证在图 2-20 中 A 点的位置为正电压，从而保证电源极性的正确。

图 2.20 中的 RP_1 为自恢复保险电阻，该元器件为一个保护器件，其工作原理为：在正常情况下，该元器件的电阻值很小，保证电路正常工作；当电路发生短路或者通过元器件的电流值超过其标称限定值 2 倍时，元器件会发生自热使其电阻阻抗增加，把电流限制到足够小，起到过电流保护作用。当产生过流的故障排除之后，该元器件会自动复原到低阻状态，使电路恢复正常工作。在电路中，若 RP_1 的标称值为 750 mA，当通过 1.5 A 电流时，RP_1 会马上进入保护状态。

在微处理器板的原理图中，发光二极管 VD_1 起到供电指示的作用，当系统通电之后，发光二极管会亮，给用户一个直观的指示，告知系统已经通电。

2.2　典型信号发生电路设计

2.2.1　函数信号发生器

函数信号发生器在电路实验和设备检测中具有十分广泛的应用，能够产生三角波、锯齿波、矩形波（含方波）、正弦波等多种周期性时间函数波形信号，其频率范围为超低频到几十兆赫。函数信号发生器不仅可以用于通信、仪表和自动控制系统测试，还广泛用于其他非电测量领域。

函数信号发生器可以采用硬件电路实现，也可以采用软件编程方式实现。图 2-22 所示为使用硬件电路产生上述波形的方法之一，这里将积分电路与具有滞回特性的阈值开关电路（如施密特触发器）相连成环路，积分器能将方波积分成三角波。施密特电路又能使三角波上升到某一阈值或下降到另一阈值时发生跃变而形成方波，频率除了能随积分器中的 RC 值的变化而改变，还能用外加电压控制两个阈值而改变。将三角波加到由很多不同偏置二极管组成的整形网络时，可形成许多不同斜度的折线段，从而形成正弦波。

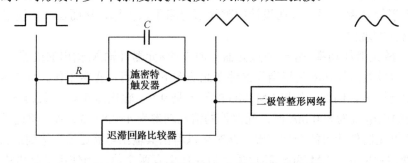

图 2-22　使用硬件电路产生常见的信号波形

图 2-23 所示为使用密勒积分器和迟滞回路比较器构成的方波和三角波信号发生器的应用电路。迟滞回路比较器的阈值电压为

$$U_{\text{T}} = \pm \frac{R_1}{R_2} U_{\text{Z}}$$

电路振荡频率为

$$f_0 = \frac{R_2}{4R_1(R_{\text{r}} + R_{\text{w}})C_{\text{f}}}$$

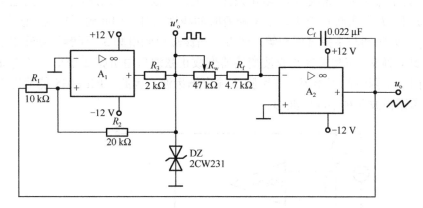

图 2-23　使用密勒积分器和迟滞回路比较器构成的方波和三角波发生器的应用电路

正弦波可由三角波获得，其方法是通过二极管整形网络对三角波采用分段折线逼近法。分段折线逼近法的实现电路如图 2-24 所示。

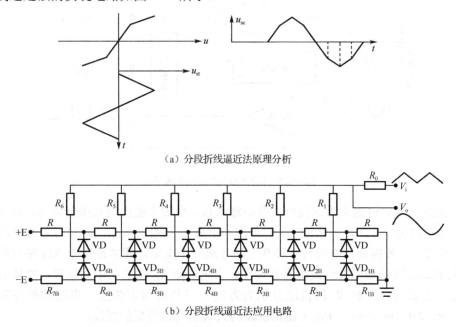

（a）分段折线逼近法原理分析

（b）分段折线逼近法应用电路

图 2-24　分段折线逼近法的实现电路

前面讨论了由分立元器件或局部集成器件组成的正弦波和非正弦波信号产生电路，下面对目前应用较多的集成函数发生器 ICL8038 进行简单介绍。

由手册和有关资料可知，ICL8038 由恒流源 I_1、I_2，电压比较器 C_1、C_2 和触发器等组成，其内部结构框图和外部引脚分别如图 2-25 和图 2-26 所示。

在图 2-25 中，电压比较器 C_1、C_2 的门限电压分别为 $2V_R/3$ 和 $V_R/3$（其中 $V_R=V_{CC}+V_{EE}$），I_1 和 I_2 的大小可通过外接电阻调节，且 I_2 必须大于 I_1。当触发器的 Q 端输出为低电平时，控制开关 S 使电流源 I_2 断开。而恒流源 I_1 则向外接电容 C 充电，使电容两端电压 v_C 随着时间线性上升。当 v_C 上升到 $2V_R/3$ 时，比较器 C_1 输出发生跳变，使触发器输出端 Q 由低电平变为高电平，控制开关 S 使恒流源 I_2 接通。由于 $I_2>I_1$，因此电容 C 放电，v_C 随着时间线性下降。当 v_C 下降到 $V_R/3$ 时，比较器 C_2 输出发生跳变，使触发器输出端 Q 又由高电平变为低电平，I_2 再次断开，I_1 再次向 C 充电，v_C 又随着时间线性上升。如此周而复始，便会产生振荡。若 $I_2=2I_1$，v_C 上升时间与下降时间相等，产生三角波输出到引脚 3；而触发器输出的方波，经缓冲器输出到引脚 9。三角波经正弦波变换器变成正弦波后由引脚 2 输出。当 $I_1<I_2<2I_1$ 时，v_C 的上升时间与下降时间不相等，在引脚 3 输出锯齿波。因此，ICL8038 能输出方波、三角波、正弦波和锯齿波四种不同的波形。

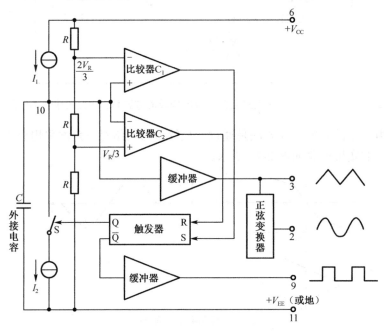

图 2-25　ICL8038 内部结构框图

由图 2-26 可见，引脚 8 为调频电压控制输入端，引脚 7 输出调频偏置电压，其值（引脚 6 与 7 之间的电压）是（$V_{CC}+V_{EE}/5$），它可作为引脚 8 的输入电压。此外，方波输出端为集电极开路形式，一般需在正电源与引脚 9 之间外接一个电阻，通常选用 10 kΩ 左右的电阻。图 2-27 为 ICL8038 构成的波形发生器原理图。当电位器 R_{p1} 动端在中间位置，并且引脚 8 与 7 短接时，引脚 9、3 和 2 的输出分别为方波、三角波和正弦波。电路的振荡频率 $f\approx 0.3/[C(R_1+R_{P1}/2)]$。调节 R_{P1}、R_{P2} 可使正弦波的失真达到较理想的程度。

图 2-27 中，当 R_{P1} 动端在中间位置，断开引脚 8 与 7 之间的连线，若在 $+V_{CC}$ 与 $-V_{EE}$ 之间接入一个电位器，使其滑动端与引脚 8 相连，改变正电源 $+V_{CC}$ 与引脚 8 之间的控制电压（即调频电压），则振荡频率随之变化，因此该电路是一个频率可调的函数发生器。如果控制电压按一定规律变化，则可构成扫频式函数发生器。

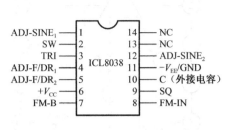

图 2-26　ICL8038 外部引脚

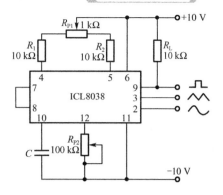

图 2-27　ICL8038 构成的波形发生器原理图

2.2.2　电压-频率转换电路

电压-频率转换器（Voltage Frequency Converter，VFC）的基本功能是将输入的模拟电压转换为与之成比例的脉冲串输出。因此，一定时间内脉冲串的个数便代表了输入模拟电压的大小。

VFC 主要是利用计数器对脉冲串进行计数的，这样可以使用 VFC 实现模/数转换器（A/D 转换器）的功能。VFC 利用积分原理，将输入电压（或电流）转换成频率输出，脉冲频率与输入电压（或电流）成比例，其精度高、线性度好、转换速度居中、转换位数与速度可调、与 CPU 的连线较少，且增加转换位数时不会增加与 CPU 的连线。VFC 型 A/D 转换器主要用于对精度要求很高，而对速度要求不太高的数据测量系统。

VFC 能够完成 A/D 转换功能的实质是一个两次积分过程：第一步是利用 VFC 将输入的模拟信号转换成与其成正比的频率信号；第二步是在设定的时间内，用计数器对频率信号进行计数，则计数器的输出就是要转换的模拟量对应的数字量，如图 2-28 所示。在整个转换过程中有两个积分过程，因此有较高的抗干扰能力。只要保证 VFC 的精度与计数时间的准确性，就可以提高转换的精度。而改变计数时间的大小，又可以改变计数器的输出，即改变 A/D 转换器的位数和转换速度。

基于 VFC 功能的集成芯片有多种型号，其中 AD650 是一种既可以作为电压-频率转换器（VFC），又可以作为频率电压转换器（FVC）的高性能单片集成电路芯片。AD650 的最大满度频率达 1 MHz，能用于低成本、高分辨率的 A/D 转换器或 D/A 转换器；在满度频率为 10 kHz，非线性误差为 0.005%，相当于 14 位的 A/D 转换器的线性误差。AD650 的内部结构如图 2-29 所示。

AD650 的模拟输入部分是一个差分输入的运算放大器，可以通过改变外部元器件接法，方便地接成单极性正电压输入、单极性负电压输入或双极性电压输入等多种模拟输入方式；并且既可以实现电压输入，也可以实现电流输入；输入失调和满度误差可以通过外接元器件调整。AD650 的输出部分采用集电极开路输出方式，可以方便地与 TTL 和 CMOS 数字电路接口相连。实际应用电路原理图如图 2-30 所示。

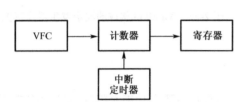

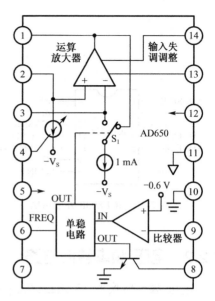

图 2-28　VFC 实现 A/D 转换的示意图　　　　　图 2-29　AD650 的内部结构

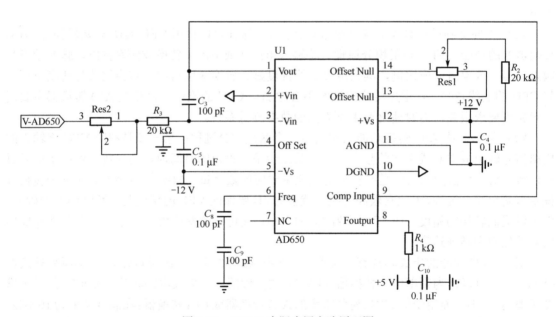

图 2-30　AD650 实际应用电路原理图

2.3　常用控制单元电路的设计

2.3.1　声控电路及其设计

　　声音检测电路是自动控制系统中常用的一种装置，其主要原理是在有声音时空气振动引起 MIC 动圈振动，从而产生局部小电流，经放大后可以驱动继电器等执行机构。

　　图 2-31 是一种基本的声控电路。由 MIC 接收的声音信号通过 C_1 进入运算放大器 IC_1 进

行放大，并由 IC$_1$ 的引脚 6 输出，电阻 R_3 用来调整电路对声音信号的灵敏度。当外界安静时，因为 C_1 具有隔离直流的作用而不可能向 IC$_1$ 的引脚 2 提供电流，所以 IC$_1$ 的引脚 6 输出高电平。当外界有足够强的声音信号时，麦克 MIC 上产生交变电压信号，从而使 IC$_1$ 的引脚 6 输出负脉冲信号。

IC$_2$（NE555）被连接成单稳态触发器，其作用是将有足够强度的声音（如掌声）触发信号整形，延长并由 IC$_2$ 的引脚 3 输出。因为 IC$_2$ 接成单稳态触发器，所以在一次的掌声中，IC$_2$ 的引脚 3 由安静时的低电平变为稳定的高电平，并在掌声停止后约 0.1s 回落为低电平，从而完成一个正脉冲的输出。

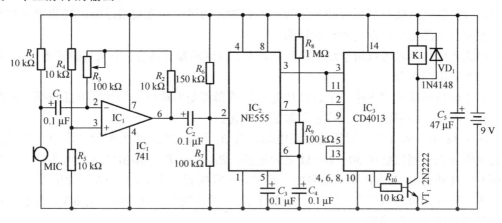

图 2-31　基本的声控电路

IC$_3$（CD4013）内部含有两个 D 触发器，由 IC$_2$ 的引脚 3 进来的触发信号通过 IC$_3$ 的 D 触发器，可以使 IC$_3$ 的引脚 1 电平随声音信号变换，从而使 VT$_1$ 导通、截止，达到控制目的。由于 IC$_3$ 的接法，连续两次的击掌声会使 IC$_3$ 的引脚 1 输出高电平，VT$_1$ 导通，继电器 K1 吸合接通电源；同样，再连续两次击掌会使 IC$_3$ 的引脚 1 输出为低电平，VT$_1$ 截止，继电器 K1 失电断开电源。调节电路中的 R_3 可使声控的灵敏度达到一个合适值。目前，已经具有多种型号集成的声控传感器，读者可查阅相关资料。

2.3.2　光控电路及其设计

光控电路主要由光敏元件、信号放大电路和整形电路等几部分构成，常见的光敏元件包括光敏二极管、光敏电阻和硅光电池几种。从光敏元件能检测的波长来讲，又可分为可见光光敏元件和红外光敏元件；按检测的方式分，还可以分为反射式检测和对射式检测。

光控电路在自动控制系统中有着广泛的应用。

（1）反射式光敏元件用于检测黑白物体。由于黑白物体具有不同的反射系数，反射式光电传感器在照射黑色和白色表面时，传感器信号会有显著的差异。用于检测黑白表面的光电传感器，通常使用红外光发射和接收，既可以避免可见光带来的干扰，又可避免发射管所产生可见光对被检测对象或环境造成额外的干扰。

反射式光电传感器发射和接收元件相互间可以以一固定的角度安装在同一表面上，经由物体对光线的反射而探测出该物体的存在或位置。为达到更好的效果，建议使用高对比值（如白色与黑色）的材料。为满足各式各样的应用需要，厂家提供了感应距离、封装形式、尺寸、安装形式、输出构形等方面不同的传感器，可以根据实际需要进行选择。

这种传感器不仅可以用于检测黑白物体，同样也可以检测传感器与被检测物体的接近程度。这是因为当被检测物体逐渐远离传感器时，光敏元件能接收到的反射光强度也同样会迅速降低，导致接收信号变弱。

（2）使用对射式光敏元件检测物体的通过。对射式光敏元件的工作原理与反射式光敏元件类似，只是在传感器结构上有一些差异。对射式光电传感器的发射和接收管并不是平行、同高度排列的，而是在一定距离内相对布置的。对射式光敏元件通常需要透镜聚焦，使发射光束尽量多地投射到接收管上，或者直接使用激光发射和接收。发射管与接收管间没有物体阻隔时，接收管可以接收到很强的光信号；当有物体通过时，光束被阻隔，接收管接收到的信号将发生显著的变化，以达到检测目的。

对射式光电传感器可以用于流水线产品计数、转速测量等场合。小型对射式光电传感器，又称为槽形光电耦合器。

（3）光电传感器应用电路。上述几种光电传感器都是四端口元器件，内部包括一只发射管和一只接收管，并用塑料外壳将它们封装在一起。

在图 2-32 中，R_1 作为发射管的限流电阻，若 R_1 阻值过大，则发射管功率会大幅降低，所以其阻值可以根据需要在 $50\sim200\ \Omega$ 之间选择，R_1、R_2、R_3 的阻值要综合考虑确定，其基本工作原理是通过 R_3 来确定输出信号的门限值，当发射管压降 V_D 高于 R_3 上的压降时，由于运放的饱和特性，输出电压为 5 V；当 V_D 低于 R_3 上的电压时，输出电压为 0 V。目前，已有多种型号的集成光电传感器。

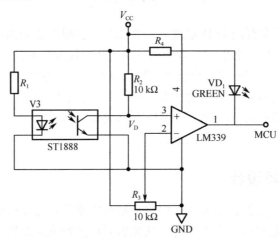

图 2-32　光电传感器应用电路

2.3.3　红外遥控电路及其设计

单通道红外遥控电路是一种容易实现、工作可靠的遥控电路，这种遥控电路不需要使用较贵的专用编/译码器，因此成本较低。

单通道红外遥控发射电路如图 2-33 所示。在发射电路中使用了一片高速 CMOS 型 4 组二输入与非门 74HC00。其中与非门 3、4 组成载波振荡器，振荡频率 f_0 调在 38 kHz 左右；与非门 1、2 组成低频振荡器，振荡频率 f_1 不必精确调整。f_1 对 f_0 进行调制，所以从与非门 4

输出的波形是断续的载波，这也是经红外发光二极管传送的波形。

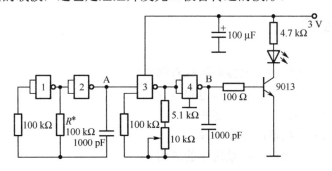

图 2-33　单通道红外遥控发射电路

几个关键点的波形如图 2-34 所示，其 B′波形是 A 点不加调制波形而直接连接高电平时 B 点输出的波形。由图 2-34 可以看出，当 A 点波形为高电平时，红外发光二极管发射载波；当 A 点波形为低电平时，红外发光二极管不发射载波，这一停一发的频率就是低频振荡器频 f_1。

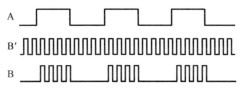

图 2-34　几个关键点的波形

图 2-35 是红外接收解调控制电路，图中 IC_2 是 LM567，它是一片锁相环电路，采用 8 引脚双列直插塑封，其引脚 5、6 外接的电阻和电容决定了内部压控振荡器的中心频率 f_2，$f_2 \approx RC/1.1$。其引脚 1、2 通常分别通过一个电容接地，形成输出滤波网络和环路单级的低通滤波网络。引脚 2 所接电容决定锁相环路的捕捉带宽，电容值越大，环路带宽越窄。引脚 1 所接电容的容量应至少是引脚 2 连接的电容 2 倍。引脚 3 是输入端，要求输入信号≥25 mV。引脚 8 是逻辑输出端，其内部是一个集电极开路的三极管，允许最大灌电流为 100 mA。LM567 的工作电压为 4.75～9 V，工作频率为从直流到 500 kHz，静态工作电流约为 8 mA。

LM567 的内部电路及详细工作过程比较复杂，这里仅将其基本功能概述如下：当 LM567 的引脚 3 输入幅度≥25 mV、频率在其带宽内的信号时，引脚 8 由高电平变成低电平，引脚 2 输出经频率/电压变换的调制信号。如果在 LM567 的引脚 2 输入音频信号，则在引脚 5 脚输出受引脚 2 输入调制信号调制的调频方波信号。在图 2-35 所示的电路中，我们仅利用了 LM567 接收到相同频率的载波信号后引脚 8 的电压由高变低这一特性来形成对控制对象的控制。目前，已有多种型号的集成红外遥控传感器。

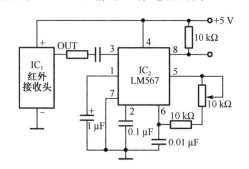

图 2-35　红外遥控接收解调电路

习题与思考题

（1）衡量直流稳压电源的主要技术指标有哪些？

（2）比较一下串联型线性直流稳压电源与开关型直流稳压电源各自的特点。

（3）直流稳压电源的设计要点有哪些？

（4）简述电压频率转换器的工作原理。

（5）举例说明光控电路在自控系统中的应用。

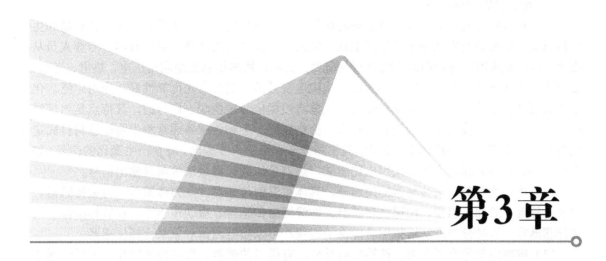

第3章

系统前向通道电路设计

3.1 传感器及应用技术

传感器是能感受被测量（如物理、化学、生物等）并按照一定的规律将其转换成可用输出信号的器件或装置，其内部一般由敏感器件和转换电路两部分组成。敏感器件是能直接感受或响应被测量的部件，转换电路是将敏感元件感受或响应的被测量转换成适用于传输或检测的电信号的部件。由于传感器自身的输出信号一般都很微弱，因此在实际应用中还需要配置信号调理电路对其进行放大、滤波及适当的处理等才能满足需要。随着半导体器件与集成技术在传感器中的应用，目前部分传感器的信号调理及转换电路已经与敏感元件一起集成在同一芯片上。在实际电子系统应用中，传感器通常被安装在系统的最前端，以便获取检测信息。传感器的性能优劣将直接影响整个测试系统，对测量精确度起着决定性的作用。

3.1.1 概述

传感器是检测系统进行信息采集的首要环节，也是决定整个信息检测部分性能的关键部件。在选用传感器时，首先要明确所设计的系统需要什么样的传感器，其次要挑选符合要求的性价比高的传感器。由于传感器的种类繁多，往往同一种被测量可以用不同类型的传感器来测量，如检测压力时可用电容式、电阻式、光纤式等传感器来进行测量；而对于同结构原理组成的传感器又可测量多种物理量，如电阻式传感器可以测量位移、温度、压力和加速度等。因此，在应用时要了解传感器的各种分类方法。

1. 传感器的分类方法

（1）按转换原理分类。按传感器的转换原理分，主要包含物理传感器、化学传感器和生物传感器。这种分类方法便于从原理上认识输入与输出之间的转换关系，有利于专业人员从原理、设计及应用上进行归纳性的分析与研究。其中，物理传感器是利用压电、热电、光电、磁电等物理效应将被测信号的微小变化转换成电信号的，其特点是可靠性好、应用广泛。化学传感器是利用化学吸附、电化学反应等现象将被测信号转换成电信号的，其特点是内部结构相对复杂、准确度受外界因素影响较大，价格偏高。生物传感器通常将生物敏感材料固定在高分子人工膜等固体载体上，被识别的生物分子作用于人工膜时，将会产生变化的信号（如电位、热、光等）输出，然后采用电化学法、热测量法或光测量法等测量输出信号。

（2）按用途分类。按传感器的用途分，具体有温度传感器、压力传感器、力敏传感器、位置传感器、液面传感器、加速度传感器、射线辐射传感器、振动传感器、湿敏传感器、气敏传感器等。这种分类方法给使用者提供了方便，可以根据测量对象来选择传感器。

（3）按输出信号类型分类。按输出信号分，有模拟传感器、数字传感器和开关量传感器等。

另外，还有其他的一些分类方法，如按测量原理分类、按检测对象分类、按输入与输出关系是否线性分类，以及按能量传递形式分类等。

2. 传感器的选用原则

在实际选用传感器时，可根据具体的测量目的、测量对象及测量环境等因素合理选用，主要应考虑以下两个方面。

（1）传感器的类型。对于同一物理量的检测，可能有多种传感器可供选用，具体操作时可根据被测量的特点、传感器的使用条件，如量程、体积、测量方式（接触式还是非接触式）、信号的输出方式、传感器的来源（国产还是进口）和价格等因素考虑选用何种传感器。

（2）传感器的性能指标。

① 精度。精度是传感器的一个重要性能指标，关系到整个系统的测量精度。传感器精度越高，价格越昂贵。

② 灵敏度。当灵敏度提高时，传感器输出信号的值会随被测量的变化加大，有利于信号处理。但传感器灵敏度提高，混入被测量中的干扰信号也会被放大，会影响测量精度。因此，要求传感器本身应具有较高的信噪比，尽量减少从外界引入的干扰信号。

③ 稳定性。传感器的性能不随使用时间而变化的能力称为稳定性。传感器的结构和使用环境是影响传感器稳定性的主要因素，应根据具体使用环境选择具有较强环境适应能力的传感器，或采取适当措施减小环境的影响。

④ 线性范围。传感器的线性范围（模拟量）是指输出与输入成正比的范围，在选择传感器时，当确定传感器的种类以后首先要看其量程是否满足要求。

⑤ 频率响应特性。传感器的频率响应特性决定了被测量的频率范围，传感器的频率响应特性越好，可测的信号频率范围越大。在实际应用中，传感器的响应总会有一定的延迟，当然延迟时间越短越好。

3.1.2 常用传感器及应用技术

在现代电子系统应用项目中，经常使用的有温度传感器、力传感器、磁电式传感器、气敏传感器、湿度传感器、转速传感器、智能传感器、光电式传感器、加速度传感器、位移传感器等，下面将分别予以介绍。

1. 温度传感器

温度是表征物体冷热程度的物理量，是物体内部分子无规则剧烈运动程度的标志。在很多生产过程中，温度都直接影响着生产的安全、产品质量、生产效率、能源的使用等情况，因而对温度测量方法及测量的准确性提出了更高的要求。

按照感温器件是否与被测介质接触，温度测量方法可以分为接触式与非接触式两大类。接触式测温是指温度敏感元件与被测对象相接触，测温传感器的输出大小反映了被测温度的高低。这类传感器的优点是结构简单、工作可靠、测量精度高、稳定性好、价格低；其缺点是测温时由于要进行充分的热交换，所以有较大的滞后现象。另外，这种方式也不方便用于对运动物体的温度进行测量，以及被测对象的温度场易受传感器接触的影响等情况。

非接触式测温是利用被测对象的热辐射能量随其温度变化而变化的原理来进行的，常见的非接触式测温的温度传感器主要有光电高温传感器、红外辐射温度传感器等。这类传感器的优点是不存在测量滞后和温度范围的限制，因此广泛应用在量高温、腐蚀、有毒、运动物体及固体、液体表面的温度，而又不会影响被测温度的场合。其缺点是受被测对象热辐射率的影响，测量精度较低。另外，在使用中测量距离和中间介质对测量结果精度也有影响。

测量温度的传感器有热电阻、热电偶、热敏电阻、半导体 PN 结、智能温度传感器、光纤温度传感器等多种类型。在能满足测量范围、精度、速度、使用条件等情况下，应侧重考虑成本、辅助配置电路是否简单等因素，尽可能选择性价比高的传感器。

（1）热电阻。热电阻采用的主要金属材料是铜和铂。当有电场存在时，自由电子在电场作用下定向运动形成电流。随着金属温度升高和热运动加强，自由电子与其碰撞的机会增多，形成电子波散射，阻碍了电子的定向运动，金属的导电能力降低，电阻增加。金属导体具有正温度特性，电阻值与温度之间有良好的线性关系。

铂电阻的电阻体采用直径为 0.02~0.07 mm 的铂丝，按一定的规律绕在云母、石英或陶瓷上。铂是目前公认最好的制作热电阻的材料，具有性能稳定、重复性好、测量精度高等优点，其电阻值与温度之间有非常近似线性的关系。铂电阻主要用于制成标准电阻温度计，其测量范围一般为-200℃～650℃。

铜电阻的电阻体是一个铜丝绕组，绕组是由直径为 0.1 mm 的漆包绝缘铜丝分层双向绕在圆形骨架上构成的。铜电阻的特点是价格便宜、重复性好、电阻温度系数大，其测温范围为-50℃～150℃。主要缺点是电阻率小、测温范围小，因此铜电阻常用于介质温度不高、腐蚀性不强、测温元件体积不受限制的场合。

另外还有热敏电阻，它是一种新型的半导体测温元件，按温度系数可分为负温度系数热敏电阻（NTC）和正温度系数热敏电阻（PTC）两大类。NTC 研制得较早，也较为成熟，最常见的是由金属氧化物组成的，如由锰、钴、铁、镍、铜等多种氧化物混合烧结而成。典型的 PTC 通常在钛酸钡陶瓷中加入施主杂质以增大电阻温度系数，其温度与电阻特性曲线成非线性的关系。

（2）热电偶。当两种不同导体 A 和 B 连接成闭合回路时，若两节点处的温度不同，则在两导体间产生热电势，回路中就会产生电流，这种现象称为热电效应，两种导体的组合称为热电偶。热电偶的特点是精度高、性能稳定、结构简单、易制作、互换性好和多点切换、测温范围广。具体的类型包括有铜-康铜（T 型，-200℃～350℃）、镍铬-镍硅（K 型，-200℃～

1100℃）、镍铬-铜镍（E 型，−200℃～600℃）、铂铑 10-铂（S 型，−200℃～1600℃）、铂铑 30-铂铑 6（B 型，−200℃～1800℃）等热电偶。

（3）半导体温敏二极管和三极管。温敏二极管是利用二极管正向压降与温度的关系来实现温电转换的，即温度每升高 1℃，PN 结的正向压降 V_D 就下降约 2 mV。温敏三极管的温度特性相比温敏二极管好，并具有一定的放大能力。

（4）集成温度传感器。目前在实际应用中，通常采用数字式集成温度传感器，如 DALLAS 公司的 DS18B20 数字式集成温度传感器，其性能特点如下。

① 采用 DALLAS 公司独特的单线总线技术，通过串行通信接口（I/O）直接输出被测温度值，非常适合微控制器或微处理器。

② 测温范围是−55℃～+125℃，在−10℃～+85℃范围内，可确保测量误差不超过±0.52℃。

③ 温度分辨力可编程。用户可分别设定各路温度的上、下限并写入随机存储器 RAM 中。利用报警搜索命令和寻址功能，可快速识别出越限报警的器件。

④ 内含 64 位经过激光修正的只读存储器 ROM，出厂前作为 DS18B20 唯一的产品序列号存入存储器 ROM 中。在构成大型温控系统时，允许在单线总线上挂接多片 DS18B20。

⑤ 内含寄生电源。该器件既可由单线总线供电，也可选用外部 3.3～5 V 电源（允许电压范围为+3.0～+5.5 V），在进行温度/数字转换时的工作电流约为 1 mA，在待机时电流仅为 0.75 μA，典型功耗为+3.3～+5 mW。

⑥ 具有电源反接保护电路。当电源电压的极性接反时，能保护 DS18B20 不会因发热而烧毁。

DS18B20 与微控制器的通信过程是：系统首先搜索 DS18B20 的序列号，然后启动在线 DS18B20 进行温度转换，最后读出在线 DS18B20 转换后的温度数据，从而实现温度测量。 DS18B20 封装外形和多个集成温度传感器的连接如图 3-1 所示。另外，还有电流型集成温度传感器（如 AD590）、电压型集成温度传感器（如 LM354 系列）等。

有关 DS18B20 的内部结构、工作原理及编程应用详见本书 6.2.4 节。

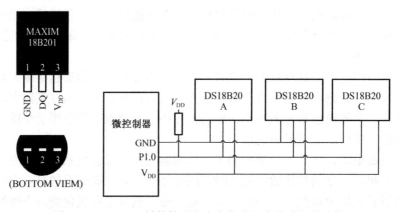

图 3-1　DS18B20 封装外形和多个集成温度传感器的连接

2. 力传感器

力是物质之间的一种相互作用，它可以使物体产生形变、在物体内产生应力，也可以改变物体的机械运动状态或改变物体所具有的动能和势能。由于对力本身是无法进行测量的，因而对力的测量总是通过观测物体受力作用后，形状、运动状态或所具有的能量的变化来实现的。在国际单位制中，力是一个导出量，由质量和加速度的乘积来定义。依据这一关系，在法定计量单位中规定：使 1 kg 的物体产生 1 m/s^2 加速度的力称为 1 牛顿，记为 1 N，作为力的计量单位。

进行力测量所依据的原理是力的静力效应和动力效应。力的静力效应是指弹性物体受力作用后产生相应形变的物理现象。由胡克定律可知：弹性物体在力作用下产生形变时，若在弹性范围内，物体所产生的变形量与所受的力成正比。因此，通过一定手段测出物体的弹性变形量就可间接地确定物体所受的力的大小，可见利用静力效应测力的特征是间接测量力传感器中"弹性元件"的变形量。力的动力效应是指具有一定质量的物体受到力的作用时，其动量将发生变化，从而产生相应加速度的物理现象。由牛顿第二定律可知：当物体质量确定后，该物体所受力与由此力所产生的加速度间具有确定的对应关系。因此测出物体的加速度，就可间接测得所受的力的大小。可见利用动力效应测力是通过测量力传感器中质量块的加速度而间接获得的。

力传感器可以是位移型、加速度型或物性型，按其工作原理则可以分为电阻应变式、电感式、电容式、压电式与压磁式等。下面将以电阻应变式力传感器为例进行简单介绍。

金属丝未受力时，其电阻阻值可以表示为

$$R = \rho L / S$$

若金属丝受到拉力 F 作用时，长度 L 将伸长，横截面积 S 相应减少，电阻率则因晶格发生变形而改变，从而引起电阻阻值的变化。应用时首先采用黏接剂将应变片贴到被测件上，这样应变片可以将被测件的应变转换成电阻阻值的相对变化，然后进一步转换成电压或电流值进行测量。在实际应用中，通常采用电桥电路实现这种转换。

电阻应变式力传感器是一种利用电阻应变效应，由电阻应变片和弹性敏感元件组合起来的传感器。将应变片贴在各种弹性敏感元件上，当感受到外力、位移、加速度等参数的变化时，电阻应变片可将这些参数的变化转换为电阻阻值的变化。根据敏感元件材料与结构的不同，应变片可分为金属电阻应变片和半导体式应变片。

（1）金属电阻应变片。金属电阻应变片主要由敏感栅、基底、盖片和引线构成，将金属丝贴在基片上，再覆一层薄膜，使它们成为一个整体，这就是金属电阻应变片的基本结构。当金属丝在外力作用下发生机械变形时，会引起电阻阻值的变化。

（2）半导体式应变片。在应力作用下，半导体材料（Si 或 Ge）的晶格间距会发生变化，能带的宽度发生变化，使载流子的浓度发生变化，迁移率也发生变化，从而导致电导率的变化，这称为半导体压阻效应。例如，扩散硅型压阻式传感器（又称为固态压阻式传感器）是在半导体材料的基片上，采用集成电路工艺制成的。半导体力传感器主要用于测量力、加速度、扭矩、压力、差压等物理量。半导体式应变片最突出的优点是体积小、灵敏度高、频率响应范围很宽、输出幅值大，不需要放大器，可直接与微控制器相连接，使测量系统简单化。但其缺点是温度系数大，应变时非线性比较严重。

3. 气敏传感器

气敏传感器主要是用于测量气体的类别、浓度及成分。按构成气敏传感器所用材料的特性，可分为半导体和非半导体两大类，其中，半导体气敏传感器目前应用最多。半导体气敏传感器是利用半导体敏感元件与气体接触时，它的特性发生变化，从而检测气体的成分及浓度的。半导体气敏传感器分类按原理，可分为电阻型和非电阻型气敏传感器；按测量气体，可分为 H_2、O_2、CO 等气敏传感器；按制作方法，可分为烧结型、薄膜型、厚膜型、半导体型气敏传感器；按结构，可分为旁热式、直热式气敏传感器。

（1）二极管气敏传感器。金属与半导体接触时会形成肖特基势垒，这样构成的金属-半导体二极管同样具有二极管正向导通、反向截止特性。当金属和半导体接触面吸附某种气体时，会使整流特性发生变化。随着被测气体浓度增加，电流也会增大。

（2）Pd-MOSFET 气敏传感器。它是利用平面工艺制成的，随着被测气体浓度增加，阈值电压 V_T 会减小，测量 V_T 值就可确定被测气体的变化量。

4. 湿度传感器

湿度传感器可分为陶瓷湿度传感器（如 $MgCr_2O_4$ 系列）、碳膜湿度传感器（如 Fe_3O_4 覆膜系列）、氧化铝湿度传感器（如 Al_2O_3 膜式、多孔 Al_2O_3 系列）、半导体湿度传感器（如 Si、Ge 等半导体材料）、化学感湿膜传感器（如电解质系列、高分子电解质）等。

（1）陶瓷湿度传感器。陶瓷湿度传感器采用的材料大多为多孔状的多晶体、金属氧化物半导体，例如，$MgCr_2O_4$ 就是一种较好的感湿材料。

（2）半导体陶瓷湿度传感器。半导体陶瓷湿度传感器是表面电阻控制型器件，当没有吸湿前电阻值较大，可达 $10^6 \sim 10^8 \, \Omega \cdot cm$。随着湿度的增加，电阻值将下降几个数量级，从而实现湿电转换。

（3）碳膜湿度传感器。上面讲的湿度传感器都是负的感湿特性，而碳膜湿度传感器则是正的感湿特性。碳膜湿度传感器是在陶瓷基片上制成梳状电极，在其上面涂一层电树脂和导电粒子（碳粒子）构成电阻膜而制成的。电阻膜吸附水分子后产生膨胀、导电粒子间距变大，因而电阻膜的阻值升高。在低湿时，阻值因电阻膜的收缩而变小。

5. 位移传感器

位移测量在工程中应用得很广，其中一类是直接检测物体的移动量或转动量，如检测机床工作台的位移和位置、振动的振幅、物体的变形量等；另一类是通过位移测量，特别是微位移的测量来反映其他物理量的大小，如力、压力、扭矩、应变、速度、加速度、温度等。此外，物位、厚度、距离等长度参数也可以通过位移测量的方法来获取，所以位移测量也是非电量电测技术的基础。

在工程应用中，一般将位移测量分为模拟式测量和数字式测量两大类。在模拟式测量中，需要采用能将位移量转换为电量的传感器。随着传感器技术及检测方法的进步，这类传感器发展非常迅速，几乎包含了从传统到新型传感器的各种类型，常见的有电阻式传感器、电感式传感器、电容式传感器、电涡流式传感器、光电式传感器、光导纤维传感器、超声波传感器、激光及辐射式传感器、薄膜传感器等。数字式测量方法是将线位移或角位移转换为脉冲信号输出，常用的转换装置有感应同步器、旋转变压器、磁尺、光栅和各种脉冲编码器等。

此外，根据传感器原理和使用方法的不同，位移测量可分为接触式测量和非接触式测量两种方式；根据作用机理的不同，还可分为主动式测量和被动式测量等方式。

用于位移测量的传感器很多，因测量范围的不同，所用传感器也不同。小位移量的测量通常采用应变式、电感式、差动变压器式、电容式、霍尔式等传感器，测量精度可以达到 0.5%～1.0%，其中电感式传感器的测量范围要大一些，有些可达 100 mm。小位移量传感器主要用于测量微小位移，从微米级到毫米级，如进行蠕变测量、振幅测量等。大位移量的测量则常采用感应同步器、计量光栅、磁栅、编码器等传感器，这些传感器具有较易实现数字化、测量精度高、抗干扰性能强、可避免人为的读数误差、方便可靠等特点。

6. 加速度传感器

速度、加速度与振动是物体机械运动的重要参数。物体运动时单位时间内的位移增量就是速度。当物体运动的速度不变时称为等速运动，如果物体运动的速度是变化的，那么单位时间内速度的增量就是加速度，加速度不变的运动称为等加速度运动。实际上，大多数物体的运动都不是完全等速的或完全等加速的，如摆的运动，其加速度和速度均是变化的。

常用的加速度传感器有压电式加速度传感器、电容式加速度传感器、光纤式加速度传感器、霍尔式加速度传感器、差动式变压器加速度传感器、压阻式加速度传感器等。速度、加速度与振动的测量在工业、农业、国防中应用较多，如对汽车、火车、轮船及飞机等行驶速度和加速度的测量，工程中对大型设备、堤坝、桥梁等振动情况的测量等。

压电式加速度传感器是利用压电晶体的正压电效应来测量加速度的。压电式加速度传感器中的压电元件由两片压电片组成，采用并行连接，一根引线接至两个压电片中间的金属片上，另一端直接与基座相连。压电片通常用压电陶瓷制成，压电片上放一块由重金属制成的质量块，用弹簧压紧，对压电元件施加预负载，整个组件装在一个有厚基座的金属壳体中，壳体和基座约占整个传感器质量的一半。在测量时，通过基座底部螺孔将传感器与试件刚性地固定在一起，传感器感受与试件相同频率的振动。由于弹簧的刚度很大，因此质量块也感受与试件相同的振动，质量块就有一正比于加速度的交变力作用在压电片上，由于压电效应，在压电片两个表面上就有电荷产生。传感器的输出电荷（或电压）与作用力成正比，即与试件的加速度成正比。这种结构谐振频率高、频响范围宽、灵敏度高，而且结构中的敏感元件（弹簧、质量块和压电元件）不与外壳直接接触，受环境影响小。

另外，电容式加速度传感器的精度较高、频率响应范围宽、量程大，可用于较高加速度值的测量；光纤式加速度传感器最大的优点是不受电磁感应的影响，具有优越的安全防爆性能；霍尔式加速度传感器的输出电动势与加速度之间有较好的线性关系。

7. 光电式传感器

如果在光电晶体的两极间加上电压，则会有电流流动。当光照在晶体上时，电流就会增加，即材料的电阻阻值下降，该现象称为光电导效应。

光电式传感器若按工作原理大致可分为四大类，利用光电导效应工作的传感器（如光敏电阻），利用光电效应工作的传感器，如光敏二极管、光敏三极管、光电池、光电耦合器、CCD 器件等，利用热释放效应工作的传感器，利用光电发射效应工作的传感器。下面，介绍一下常用的几种光电式传感器。

（1）光敏电阻。光敏电阻是根据光电导效应实现光电转换的，光敏元件对于各种光的响应灵敏度随入射光的波长变化而变化，对应的一定敏感程度的波长区间，称为光谱响应范围；对光谱响应最敏感的波长数值，称为光谱响应峰值波长，它取决于制造光敏元件所用半导体材料的禁带宽度。

（2）光电二极管。在光电二极管上加反向电压，则管中那些多余的载流子所建立的电场的方向，将与外加电压所建立的电场相同。在内外两个电场的共同作用下，光生载流子参与导电，从而形成电流。此电流也是反向电流，但比无光照射时 PN 结的反向电流大得多。通常，把光照下流过光电二极管的反向电流称为管子的光电流，流过不受光照的 PN 结反向漏电流称为暗电流。既然光电二极管的光电流是光生载流子参与导电而形成的，而光生载流子的数目又直接取决于光照度，因此，光电流必定随入射光的照度变化而改变，这就表明，加有反向电压的光电二极管能够把光信号变成光电流信号。

（3）硅光电晶体三极管。硅光电晶体三极管与光电二极管不同，它具备三极管的放大功能。通常，基极和集电极的 PN 结完成了光电三极管承担的任务。也就是说，入射光在 PN 结的附近被吸收，形成电子和空穴，电子向集电极方向移动，空穴向基极方向移动，形成了基极电流 I_{BO}。根据三极管的放大原理，这时 $I_{CO} = \beta I_{BO}$。

（4）光电池。当入射光照在两种结合的半导体时，若光子能量大于半导体材料的基带宽度时，则每吸收一个光子能量，将产生一个电子-空穴对。光照度越强，产生的电子-空穴对越多。这些电子在 N 区集结，使 N 区带负电；光生空穴在 P 区集结，使 P 区带正电，这样 P 区和 N 区之间就形成光生电动势。把 PN 结两端用导线连接起来，电路中便产生了电流，这就是光电效应，也是光电池的工作原理。

光电池是把光能转换成电能的器件，它也可以用于光电信号的探测。制造光电池的材料有硅、硒、锗、多晶硅等，目前以硅光电池应用最为广泛。

光电式传感器是将光信号转换成电信号的光敏元件，可用于检测直接引起光照度变化的非电量，如辐射测温、气体成分分析等；也可用来检测能转换成光量变化的其他非电量，如零件尺寸、表面粗糙度、位移、速度、加速度等。

光电式传感器也可用在数字控制系统中组成光编码器，在自动售货机中检测硬币数目，在各种程序控制电路中作为定时信号发生器，在计算机终端设备中读取纸带、卡片，在高速印刷机中用于定时控制或印字头的位置控制等。反射型光电式传感器正日益广泛地应用于传真、复印机等设备的纸检测或图像色彩浓度调整。光电式传感器具有响应快、性能可靠、能实现非接触测量等优点。

8. 磁电式传感器

磁电式传感器是利用电磁感应原理将被测量（如振动、位移、速度等）转换成电信号的一种传感器，也称为电磁感应传感器。根据电磁感应定律，当 N 匝线圈在恒定磁场内运动时，穿过线圈的磁通会在线圈内产生感应电动势。线圈中感应电动势的大小跟线圈的匝数和穿过线圈的磁通变化率有关，一般情况下，匝数是确定的，而磁通变化率与磁场强度、磁路磁阻、线圈的运动速度有关，故只要改变其中一个参数，就会改变线圈中的感应电动势。

目前，磁电式传感器的种类繁多，其中应用最多的是半导体磁敏传感器，如霍尔传感器、磁敏二极管、磁敏三极管和磁敏元件等，这些传感器广泛应用于自动控制、信息传递、电磁测量等各个领域。

磁敏二极管是电特性随外部磁场变化而变化的一种二极管，当输出电压一定，磁场为正时，随着磁场增加，电流减小，表示磁阻增加；当磁场为负时，随着磁场向负反向增加，电流增加，表示磁阻减小。

霍尔效应是导体材料中的电流与磁场相互作用而产生电动势的物理效应。集成霍尔传感器仍以半导体硅作为主要材料，按其输出信号的形式可分为线性型和开关型两种。开关型集成霍尔传感器是把霍尔元件的电压经过一定的处理和放大，输出一个高电平或低电平的数字信号，它能与数字电路直接配合使用，因此可直接满足控制系统的需要。

9. 转速传感器

在工程上经常遇到旋转轴的转速测量，以每分钟的转数来表达，即 r/min。测量转速的传感器种类繁多，按测量原理可分为模拟法、计数法和同步法；按变换方式又可分为机械式、电气式、光电式和频闪式等。

10. 智能传感器

由于应用在物联网感知与识别层的传感器节点往往需要满足体积小、精度高、生命周期长的要求，在高新技术的渗透下，尤其是计算机硬件和软件技术的渗入，使微处理器和传感器得以结合，产生了具有一定数据处理能力，并能自检、自校、自补偿的新一代智能传感器。智能传感器的出现是传感技术的一次革命，对传感器的发展产生了深远的影响。智能传感器如图 3-2 所示，与传统的传感器相比，智能传感器具有以下几个显著的特点。

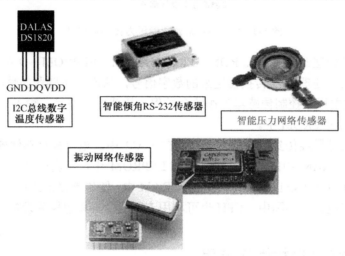

图 3-2　传感器+微处理器=智能传感器

（1）自学习、自诊断与自补偿能力。智能传感器具有较强的计算能力，能够对采集的数据进行预处理，剔除错误或重复的数据，进行数据的归并与融合。通过自学习，能够调整传感器的工作模式，重新标定传感器的线性度，以适应所处的实际环境。另外，还可以提高测量精度与可信度，调整针对传感器温度漂移的非线性补偿，以及根据自诊断算法发现外部环境与内部电路引起的不稳定因素，采用自修复方法改进传感器。

（2）复合感知能力。通过研究新型传感器或集成多种感知能力的传感器，使得智能传感器对物体与外部环境的物理量、化学量或生物量具有复合感知能力，可以综合感知光强、波长、相位、偏振、压力、温度、湿度、声强等参数，帮助人类全面感知和研究环境的变化规律。

（3）灵活的通信能力。网络化是传感器发展的必然趋势，这就要求智能传感器具有灵活的通信接口，能够提供适应互联网、无线个人区域网、移动通信网、无线局域网等通信的标准接口，具有接入无线自组网通信环境的能力。

下面介绍 ST-3000 系列智能压力传感器，以加深读者对智能传感器的理解。

ST-3000 系列智能压力传感器原理如图 3-3 所示，它由检测部分和变送部分组成。被测的力或压力通过隔离的膜片作用于扩散电阻上，引起阻值变化。扩散电阻接在惠斯通电桥中，电桥的输出代表被测压力的大小。在硅片上制成两个辅助传感器，分别检测静压和温度。由于采用接近于理想弹性体的单晶硅材料，传感器的长期稳定性很好。在同一个芯片上检测的差压、静压和温度三个信号，经多路开关分时地接到 A/D 转换器中进行 A/D 转换，然后将转换后的数字量送到变送部分。

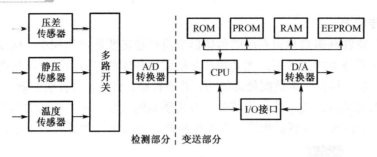

图 3-3　ST-3000 系列智能压力传感器原理

变送部分由微处理器（CPU）、ROM、PROM、RAM、EEPROM、D/A 转换器、I/O 接口组成。微处理器负责处理 A/D 转换器送来的数字信号，从而使传感器的性能指标大大提高。存储在 ROM 中的主程序控制传感器工作的全过程，传感器的型号、输入/输出特性、量程可设定范围等存储在 EEPROM 中。

设定的数据通过导线传到传感器内，存储在 RAM 中。电可擦写存储器（EEPROM）为 RAM 后备存储器，RAM 中的数据可随时存入 EEPROM 中，不会因突然断电而丢失数据。恢复供电后，EEPROM 可以自动地将数据送到 RAM 中，使传感器继续保持原来的工作状态，这样可以省掉备用电源。实际中，CPU 也可利用 I/O 接口与其他相关设备进行数据传输。

3.2　自动识别技术及应用

3.2.1　概述

在现实生活中，各种各样的活动或者事件都会产生相应的数据，这些数据的采集与分析对于生产或者生活决策来说都是十分重要的。如果没有这些实际的数据支持，生产和决策就会成为一句空话，缺乏现实基础。数据的采集是信息系统的基础，这些数据通过数据系统的分析和过滤，最终成为影响决策的信息。

自动识别技术是信息数据自动识读、自动输入计算机的重要方法和手段，是一种高度自动化的信息和数据采集技术。自动识别技术近几十年来在全球范围内得到了迅猛的发展，初步形成了一个包括条形码技术、磁条磁卡技术、IC 卡技术、光学字符识别技术、无线射频识别技术（Radio Frequency Identification，RFID）、声音识别及视觉识别技术等集计算机、光、磁、物理、机电、通信技术为一体的高新技术学科。

在 20 世纪 20 年代，人们发明了由基本元器件组成的条形码识别设备。时至今日，条形码技术的应用已经无处不在了。例如，商场中，物品的条形码扫描系统就是一种典型的自动识别技术，售货员通过扫描仪扫描商品的条形码，可获取商品的名称、价格，输入数量后后台 POS 系统即可计算出该批商品的价格，从而完成账单的结算。当然，顾客也可以采用银行卡支付的形式进行支付，银行卡支付过程本身也是自动识别技术的一种应用形式。

进入 21 世纪，条形码在越来越多的情况下已经不能满足人们的需求。虽然条形码系统价格低廉，但它还存在过多的缺点，如读取速度慢、存储能力小、工作距离近、穿透能力弱、适应性不强，以及不能进行写操作等。与此同时，非接触射频识别（RFID）技术很快地席卷全球，改变了条形码一统天下的现状。RFID 技术具有防水、防磁、穿透性强、读取速度快、识别距离远、存储数据能力大、数据可加密、可进行读写等特点。

　　自动识别技术就是应用一定的识别装置，通过被识别物品和识别装置之间的接近活动，自动获取被识别物品的相关信息，并提供给后台的计算机处理系统来完成相关后续处理的一种技术。本节首先对各种自动识别技术进行介绍，然后深入学习非接触型射频识别技术。自动识别方法综合示意图如图 3-4 所示。

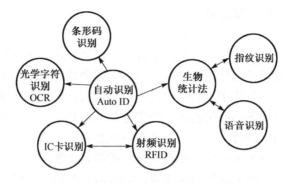

图 3-4　自动识别方法综合示意图

　　在现代化的信息处理系统中，自动数据识别单元完成了系统原始数据的收集工作，解决了人工输入的速度慢、错误率高、劳动强度大、工作简单、重复性高等问题，为计算机信息处理提供了快速、准确、有效的数据输入手段。

　　完整的自动识别计算机管理系统包括自动识别系统、应用程序接口或中间件、应用软件。也就是说，自动识别系统完成系统的采集和存储工作，应用软件对自动识别系统所采集的数据进行处理，应用程序接口软件提供自动识别系统和应用软件之间的通信接口，将自动识别系统采集的数据信息转换成应用软件系统可以识别和利用的信息，并进行数据传递。

　　根据识别对象的特征，自动识别技术可以分为数据采集技术和特征提取技术两大类。其中，数据采集技术的基本特征是要求被识别物体具有特定的识别特征载体（如标签等，光学字符识别除外），特征提取技术是根据被识别物体本身的行为特征（包括静态、动态和属性的特征）来完成数据的自动采集的。

　　常用的自动识别技术有条形码技术、无线射频识别技术（RFID）、光学字符识别（OCR）技术、IC 卡识别技术、声音识别技术、视觉识别技术和指纹识别技术等，本节重点介绍条形码技术和无线射频识别技术。

3.2.2　条形码及应用

　　条形码技术是伴随计算机应用产生并发展起来的一种识别技术。在计算机及网络出现后，手工输入的方式在生产制造、运输、控制等领域经常变成系统的瓶颈，人们迫切需要一种可以快速、准确地对物体进行识别以配合计算机系统处理的技术，条形码技术应运而生。经过几十年的发展，条形码技术已被广泛应用于各行各业。相对手工输入方式而言，条形码技术具有速度快、精度高、成本低、可靠性强等优点，在自动识别技术中占有重要的地位。

　　目前市场上流行的有一维条形码和二维条形码（二维码）。一维条形码所包含的全部信息是一串几十位的数字和字符，而二维条形码相对复杂，但包含的信息量也更多，可以达到几千个字符。当然，计算机系统还要有专门的数据库保存条形码与物品信息的对应关系。当读入条形码的数据后，计算机上的应用程序就可以对数据进行操作和处理了。

条形码技术有很多优点：首先，作为一种经济实用的快速识别输入技术，条形码极大地提高了输入速度；其次，条形码的可靠性高，键盘输入的数据出错率一般为 1/300，而采用条形码技术的误码率低于百万分之一，同时条形码也有一定的纠错能力；另外，条形码制作简单，可以方便地打印成各种形式的标签，对设备和材料没有特殊要求；同时，条形码识别设备的成本相对较低，操作也很容易。

1. 一维条形码

一维条形码只是在一个方向（一般是水平方向）表达信息，而在垂直方向则不表达任何信息。一维条形码的优点是编码规则简单，条形码识读器造价较低。但是它的缺点是数据容量较小，一般只能包含字母和数字；条形码尺寸相对较大，空间利用率较低；条形码一旦出现损坏将被拒读。多数一维条形码所能表示的字符集不过是 10 个数字、26 个英文字母及一些特殊字符，所能表示的字符最大个数是 128 个 ASCII 符。

一维条形码将宽度不等的多个反射率相差很大的黑条（条）和白条（空），按照一定的编码规则排列，用以表达一组信息的图形标识符。通过激光扫描，即通过照射在黑色线条和白色间隙上的激光的不同反射，来读出可以识别的数据。所有一维条形码都有一些相似的组成部分：具有一个称为静区的空白区，位于条形码的起始和终止部分边缘的外侧；可以标出物品的生产国、制造商、产品名称、生产日期、图案分类等信息内容；校验符号在一些码制中也是必需的，它可以用数学的方法对条形码进行校验以保证译码后的信息正确无误。

目前应用的一维条形码目前大概有数十种，其中，广泛使用的条形码是 EAN 码（欧洲商品条形码），它是美国通用的产品条形码的进一步发展。目前美国通用的产品条形码只是欧洲商品条形码的一个子集，两者相互兼容。

欧洲商品条形码由 13 个数字组成：国家标记（2 位）、联邦统一的企业编号（5 位）、厂商的商品编号（5 位），以及一个校验数字（1 位），其编码结构如图 3-5 所示。除了欧洲商品条形码代码，以下条形码在其他领域也有着广泛的应用，例如，Cobabat 条形码主要应用在医学临床应用领域；ITF25 条形码（交叉 25 码）多应用于汽车工业、商品仓库、产品品种、船舶集装箱物流和重工业；CODE39 条形码多应用于加工工业、后勤、大学和图书馆等，例如含有 ISBN 的条形码见图 3-6。

国家标记		联邦统一的企业编号					生产者的个人商品编号					校验码
4	0	1	2	3	4	5	0	8	1	5	0	9
BRD 联邦德国		厂址：依登特大街 1 号 80001 号，慕尼黑					巧克力 100 g					

图 3-5　欧洲商品条形码的编码结构举例

要将条形码转化为有意义的信息，需要经历扫描和译码两个过程。白色物体能反射各种波长的可见光，黑色物体则吸收各种波长的可见光，当条形码扫描器光源发出的光经条形码反射后，反射光射入条形码扫描器内部的光电转化器上，光电转化器将强弱不同的反射光信号转化为相应的电信号，电信号经条形码扫描器的放大电路增强之后，再送到整形电路将模拟信号转化为数字信号。白条、黑条的宽度不同，相应的电信号持续时间长短也不相同，然后译码器通过测量脉冲数字电信号 0、1 的数目来判别条和空的数目，通过测量脉冲数字电信号持续的时间长度来判别条和空的宽度。最后，根据对应的编码规则将条形符号转化为相应的数字、字符等信息。图 3-7 所示为一个手持式条形码扫描仪。

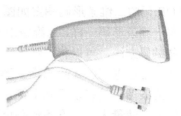

规格参数：扫描距离为 0～50 mm；扫描

宽度为 80 mm；扫描速度为 50 scans/s

图 3-6　含有 ISBN 的条形码　　　　　图 3-7　手持式条形码扫描仪

　　上述这些条形码都是一维条形码，为了提高一定面积上的条形码信息密度和信息量，又发展出了一种新的条形码编码形式，即二维条形码。

2. 二维条形码

　　条形码给人们的工作和生活带来了巨大的改变，然而，一维条形码仅仅只是一种商品的标识，其内部不包含有对商品的任何描述。人们只有通过后台的数据库，提取相应的信息才能明白商品标识的具体含义。此外，一维条形码无法表示汉字的图像信息，在有些应用汉字和图像的场合，显得十分不方便。

　　现代社会的发展迫切要求条形码在有限的几何空间内表示更多的信息，从而满足千变万化的信息需求。二维条形码正是为了解决一维条形码无法解决的问题而诞生的，可以在有限的几何空间内存储大量的信息。

　　20 世纪 70 年代，在计算机自动识别领域出现了二维条形码技术，这是在传统一维条形码基础上发展起来的一种编码技术。自 1990 年起，二维条形码技术开始得到广泛的应用，现已广泛应用于国防、公共安全、交通运输、医疗保健、工业、商业、金融、海关及政府管理等领域。

　　一维条形码只能从一个方向读取数据，而二维条形码将某种特定的几何图形按一定规律分布在平面（二维方向）上，黑白相间的图形是用来记录数据符号信息的。二维条形码在代码编制上，巧妙地利用构成计算机内部逻辑基础的 0、1 比特流的概念，使用若干个与二进制相对应的几何形体来表示文字数值信息，通过图像输入设备或光电扫描设备自动识读以实现信息的自动处理。二维条形码具有条形码技术的一些共性，例如，每种码制有其特定的字符集，每个字符占有一定的宽度，具有一定的校验功能等。同时，还具有对不同行的信息的自动识别功能和处理图形旋转变化等功能。

　　二维条形码可以从水平、垂直两个方向来获取信息，因此包含的信息量远大于一维条形码，并且具备自纠错功能。二维条形码的工作原理与一维条形码类似，在进行识别时，将二维条形码打印在纸带上。阅读条形码符号所包含的信息，需要一个扫描装置和译码装置，称为阅读器。阅读器的功能是把条形码条符宽度、间隔等空间信号转换成不同的输出信号，并将该信号转化为计算机可识别的二进制编码后输入计算机。扫描器也称为光电读入器，它装有照亮被读条形码的光源和光电检测器件，并且能够接收条形码的反射光。当扫描器所发出的光照在纸带上时，每个光电池根据纸带上条形码的有无输出不同的图案，将来自各光电池的图案组合起来，从而产生一个高密度信息图案，经放大、量化后送译码器处理，译码器存储了需要译读的条形码编码方案数据库和译码算法。在早期的识别设备中，扫描器和译码器是分开的，目前的设备大多已合成一体。采用 QR 码的二维条形码图案如图 3-8 所示。

图 3-8　采用 QR 码的二维条形码图案

与一维条形码一样，二维条形码也有许多不同的编码方法，根据这些编码方法，可以将二维条形码分为线性堆叠式二维条形码、矩阵式二维条形码、邮政二维条形码三种类型。

二维条形码具有以下几个特点。

（1）存储量大。二维条形码可以存储 1100 个字节，比起一维条形码的 15 个字节，存储量大为增加，而且还能够存储和处理中文、英文、数字、汉字、记号等。

（2）抗损坏性强。二维条形码采用了世界上先进的数学纠错理论，如果破损面积不超过50%，可以照常破译出由于玷污、破损等原因丢失的信息，误读率为 1/6100 万。

（3）安全性高。二维条形码具有多重防伪特性，它可以采用密码防伪、软件加密，以及利用所包含的信息，如指纹、照片等进行防伪，因此具有极强的保密、防伪性能，使其安全性得到大幅度提高。与磁卡、IC 卡相比，二维条形码由于自身的特性，具有强抗磁力、抗静电能力。

（4）印刷多样性，可传真和影印。对于二维条形码来讲，它不仅可以在白纸上黑白印刷，还可以进行彩色印刷，而且印刷机器和印刷对象都不受限制，印刷起来非常方便。另外二维条形码经传真和影印后仍然可以使用，而一维条形码在经过传真和影印后通常是无法进行识读的。

（5）编码范围广。二维条形码可以对照片、指纹、掌纹、签字、声音、文字等所有可数字化的信息进行编码。

（6）容易制作且成本很低。利用现有的点阵、激光、喷墨、热敏、热转印、制卡机等打印技术，即可在纸张、卡片、PVC，甚至金属表面上印上二维条形码。另外，可变二维条形码的形状可以根据载体面积及美工设计等进行改变和调整。

3.2.3　无线射频识别技术及应用

无线射频识别技术是利用射频信号和空间耦合传输特性，从而实现对被识别物体的自动识别的。射频系统的优点是不局限于视线的范围，识别距离比采用光学系统识别的距离远，有些 RFID 识别产品的识别距离可以达到上百米。另外，射频识别卡具有读写能力，可携带大量数据，同时具有难以伪造和智能性较高等特点。射频识别和条形码一样，也属于非接触式识别技术。由于无线电波能"扫描"数据，所以 RFID 标签可做成各种形式，RFID 标签也可做成可读写的。

RFID 最早出现在 20 世纪 80 年代，与其他识别技术相比，其明显的优点是电子标签和阅读器无须接触便可完成识别，它的出现改变了条形码依靠"有形"的一维或二维几何图案来提供信息的方式，通过芯片来提供存储在其中的数量巨大的"无形"信息。RFID 首先在欧洲市场上得以使用，最初被应用在一些无法使用条形码跟踪技术的特殊工业场合（如目标定位、身份确认及跟踪库存产品等），随后在世界范围内得到普及。

射频标签最大的优点就在于非接触性，因此完成识别工作时无需人工干预，能够实现自动化且不易损坏,可识别高速运动物体并可同时识别多个射频标签,操作快捷方便。另外,射频标签不怕油渍、灰尘污染等恶劣的环境,但其缺点是成本相对较高。

1. 无线射频识别系统的组成

目前,RFID 系统通常由传输器、接收器、微处理器、天线、标签五部分构成,其中传输器、接收器和微处理器通常都封装在一起,统称为读写器(或阅读器、读头),因此人们经常将 RFID 系统分为读写器、天线和标签三大部分。

读写器是 RFID 系统最重要也最复杂的一个部分,因为读写器一般是主动向标签询问标识信息的,所以又被称为询问器。读写器一方面通过标准网络接口、RS-232 串口或 USB 接口同主机相连,另一方面通过天线同 RFID 标签通信。有时为了方便,可将读写器、天线和智能终端设备集成在一起组成可移动的手持式读写器。

天线同读写器相连,用于在标签和读写器之间传递射频信号。读写器可以连接一个或多个天线,但每次使用时只能激活一个天线。天线的形状和大小会随着工作频率和功能的不同而不同。RFID 系统的工作频率从低频到微波,范围很广,这使得天线与标签芯片之间的匹配问题变得比较复杂。在某些设备中,常将天线与阅读器、天线与标签模块集成在一个设备单元中。

标签(Tag)是由耦合元件、芯片及微型天线组成的,每个标签内部都有唯一的电子编码,附着在物体上用来标识目标对象。标签进入 RFID 读写器扫描场以后,接收到读写器发出的射频信号,凭借感应电流获得的能量发送存储在芯片中的电子编码(被动式标签),或者主动发送某一频率的信号(主动式标签)。

RFID 标签的原理和条形码相似,但与条形码相比,还具有以下优点。

(1)体积小且形状多样。RFID 标签在读取上并不受尺寸大小与形状限制,不需要为了读取精度而配合纸张的固定尺寸和印刷品质。

(2)耐环境性。条形码容易被污染而影响识别,但 RFID 对水、油等物质却有极强的抗污性。另外,即使在黑暗的环境中,RFID 标签也能够被读取。

(3)可重复使用。标签具有读写功能,电子数据可被反复覆盖,因此可以被回收而重复使用。

(4)穿透性强。标签在被纸张、木材和塑料等非金属或非透明的材质包裹的情况下也可以进行穿透性通信。

(5)数据安全性。标签内的数据采用循环冗余校验的方法,可以保证标签发送数据的准确性。

在 RFID 的实际应用中,标签附着在被识别的物体上(表面或内部),当带有标签的被识别物品通过其可识读范围时,读写器自动以无接触的方式将标签中的约定识别信息读取出来,从而实现自动识别物品或自动收集物品标志信息的功能,RFID 系统结构如图 3-9 所示。

RFID 通常作为物联网感知和识别层中的一种核心技术,主要由数据采集和后台数据库网络应用系统两大部分组成。目前已经发布或者正在制定中的标准主要与数据采集相关,其中包括标签与读写器之间的接口、读写器与计算机之间的数据交换协议、RFID 标签与读写器的性能和一致性测试规范,以及 RFID 标签的数据内容编码标准等。此外,为了更好地完成无线射频识别技术的识读功能,在较大型的 RFID 系统中,还需要用到中间件等附属设备来完成对多读写器识别系统的管理。RFID 芯片、标签、读写器如图 3-10 所示。

2．RFID 技术的分类方法

从 2001 年至今，RFID 标准化问题日趋为人们所重视。RFID 产品种类更加丰富，有源标签、无源标签及半无源标签均得到了发展。标签成本不断降低，应用规模和应用行业不断扩大，RFID 技术的理论得到了丰富和完善。单芯片标签、多个标签识读、无线可读可写、无源标签的远距离识别、适应高速移动物体的 RFID 正在成为现实。

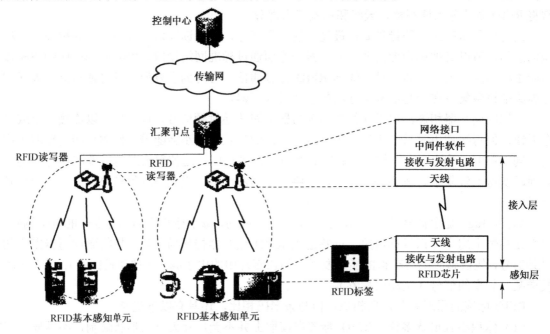

图 3-9　RFID 系统结构

（1）按照标签的供电形式分类。按照标签的供电形式可分为有源标签和无源标签两种。由于有源标签内含电池，所以识别距离较长（可达几十米甚至上百米）。但是由于自带电池，因此有源标签的体积比较大，无法制作成薄卡（如信用卡标签）。

图 3-10　RFID 芯片、标签、读写器

大部分无源标签内部不包含电池，利用与之耦合的读写器发射的电磁场能量作为自己的

能量，所以其质量轻、体积小、价格便宜，可以被制成为各种各样的薄卡或挂扣卡。但是，这种供电形式的发射距离会受到限制，一般是几厘米至几十厘米，如果需要实现较长距离的识别，就需要有较大发射功率的读写器支持。

（2）按照标签的数据调制方式分类。按照标签的数据调制方式可分为被动式标签、主动式标签和半主动式标签。

被动式标签也称为无源标签。对于无源标签，当标签接近读写器时，标签处于读写器天线辐射形成的近场范围内，标签的天线通过电磁感应产生感应电流来驱动 RFID 芯片电路。芯片电路通过标签的天线将存储在标签中的标识信息发送给读写器，读写器的天线再将接收到的标识信息发送给主机。无源标签工作过程就是读写器向标签传递能量，标签向读写器发送标识信息的过程。读写器与标签之间能够双向通信的距离称为可读范围或作用范围。

主动式标签也称为有源标签。处于远场的有源标签由内部配置的电池供电，出于节约能源、延长标签工作寿命的考虑，有源标签可以不主动发送信息，仅当有源标签接收到读写器发送的读写指令时，标签才向读写器发送存储的标识信息。有源标签工作过程就是读写器向标签发送读写指令，标签向读写器发送标识信息的过程。

无源标签体积小、质量轻、价格低、使用寿命长，但是读写距离短、存储数据较少，工作过程中容易受到周围电磁场的干扰，一般用于商场货物、身份识别卡等运行环境。有源标签需要内置电池，标签的读写距离较远、存储数据较多、受到周围电磁场的干扰相对较小，但是其标签的体积比较大、比较重、价格较高、维护成本较高，一般用于高价值物品的跟踪上。在比较两种基本的标签优缺点的基础上，人们自然会想到是不是能够将两者的优点结合起来，设计一种半主动式 RFID 标签呢？

半主动式标签继承了被动式标签体积小、质量轻、价格低、使用寿命长的优点，内置的电池在没有读写器访问的时候，只为芯片内很少的电路提供电源。只有在读写器访问时，内置电池向 RFID 芯片供电以增加标签的读写距离，提高通信的可靠性，半主动式标签一般用在可重复使用的集装箱和物品的跟踪上。

（3）按照标签的工作频率分类。工作频率是 RFID 系统的一个很重要的参数指标，它决定了 RFID 系统的工作原理、通信距离、设备成本、天线形状和应用领域等，按照工作频率的不同，标签可分为低频标签、高频标签和超高频标签。

低频（LF）范围一般为 30 Hz～300 kHz，RFID 系统典型的低频工作频率有 125 kHz 和 133 kHz。低频标签一般都是无源标签，其工作能量是通过电感耦合的方式从读写器耦合线圈的辐射场中获得的，通信范围一般小于 1 m。除了金属材料影响，低频信号一般能够穿过任意材料的物品而不缩短读取距离。虽然该频率的电磁场能量下降得很快，却能够产生相对均匀的读写区域，非常适合近距离、低速、数据量要求较少的识别应用。相对其他频段的 RFID产品而言，该频段数据传输速率比较慢，因标签天线线圈的匝数多而成本较高，标签存储数据量也很少。典型的应用包括畜牧业的管理系统、汽车防盗和无钥匙开门系统、自动停车场的收费和车辆管理系统、自动加油系统、门禁和安全管理系统等。

高频（HF）范围一般为 3～30 MHz，RFID 典型工作频率为 13.563 MHz，通信距离一般小于 1 m。该频率的标签不再需要线圈绕制，可以通过腐蚀印刷的方式制作标签内的天线，采用电感耦合的方式从读写器辐射场获取能量。除了金属材料，该频率的波长可以穿过大多数的材料，但是往往会降低读取距离。在高频工作的 RFID 具有一定的防碰撞特性，也可以同时读取多个标签，并把数据信息写入标签中。另外，高频标签的数据传输率比低频标签高，价格也相对便宜。其典型的应用包括图书管理系统、服装生产线系统、物流系统、预收费系统、酒店门锁管理系统、大型会议人员通道系统、固定资产管理系统、智能货架管理系统等。

超高频（UHF）范围一般为 330 MHz～3 GHz，3 GHz 以上为微波范围。采用超高频和微波的 RFID 系统一般统称为超高频 RFID 系统，典型的工作频率为 433 MHz、860～900 MHz、2.45 GHz、5.8 GHz。超高频标签可以是有源的，也可以是无源的，通过电磁耦合方式同阅读器通信。通信距离一般为 4～6 m，甚至可超过 10 m。注意，超高频频段的电波不能通过污水、灰尘、雾等悬浮颗粒物质。超高频读写器有很高的数据传输速率，可以在很短的时间内读取大量的标签。读写器一般安装定向天线，只有在读写器天线定向波速范围内的标签才可被读写。标签内的天线一般是长条状或标签状，天线有线性和圆极化两种设计来满足不同应用的需求。从技术及应用角度来说，标签并不适合作为大量数据的载体，其主要功能还是在于标识物品并完成非接触识别过程。典型的数据容量指标有 1024 bit、128 bit 和 64 bit 等。超高频 RFID 系统的典型应用有供应链管理系统、生产线自动化系统、航空包裹管理系统、集装箱管理系统、铁路包裹管理系统、后勤管理系统、火车监控系统和高速公路收费系统等。

射频识别技术应用领域及使用频率如表 3-1 所示。

表 3-1 射频识别技术应用领域及使用频率一览表

区分	领域	主要内容	使用频率
物流/流通	制造业	附着在部件、全面质量管理（TQM）及部件传送（JIT）	915 MHz
	物流管理	附着在托盘、货物、集装箱等，可降低费用并提供配送信息，收集 CRM 信息	433 MHz
	支付	在需要加油、过路费等非现金支付时自动计算费用	13.56 MHz
	零售业	商品检索、陈列场所的检索、库存管理、防盗、特性化广告等	915 MHz
	装船/受领	附着托盘或集装箱、商品上，可缩短装船过程及包装时间	433 MHz
	仓储业	个别货物的调查，可减少错误发生，节省劳动力	915 MHz
健康管理/食品	制药	在药品容器附着存储处方、用药方法、警告等信息的 RFID 标签，并通过识别器把信息转换成语音，并进行传送，可方便视觉障碍者	915 MHz
	健康管理	防止制药的伪造和仿造，提供利用设施的识别手段，可附着在老年性痴呆患者的收容设施及医药品/医学消耗品	915 MHz
	畜牧业流通管理	家畜出生时附着 RFID 标签，可把饲养过程及宰杀过程的信息存储在中央数据库里	125 kHz、134 kHz
确认身份保安/支付	游乐公园/活动	给访客内置 RFID 芯片的手镯或 ID 标签，可进行位置跟踪及防止走失，提供群体间位置确认服务	433 MHz
	图书馆、录像带租赁	在书和录像带附着 RFID 芯片，可进行借出和归还管理，防止盗窃	13.56 MHz、915 MHz
	保安	用于个人 ID 标签，防止伪造，可确认身份及控制出入，跟踪对象防止盗窃	2.45 GHz
	接待业	自动支付及出入控制	13.56 MHz
运输	交通	在车辆附着 RFID 标签，可进行车辆管理（注册与否、保险等），以及交通控制实时监控、管理大众交通情况	433 MHz、915 MHz、2.45 GHz

（4）按照标签的可读写性分类。按照标签内部使用存储器类型的不同，可分为可读写（RW）卡、一次写入多次读出（WORM）卡和只读（ROM）卡三种形式。RW 卡一般比 WORM 卡和 ROM 卡价格贵，如信用卡等；WORM 卡是用户可以一次性写入的卡，写入后数据不能改变；ROM 卡存有一个唯一的 ID，不能修改，这样具有较高的安全性，这种形式的存储器仅用于标识目的的标识标签。

3. 运行环境与接口方式

（1）运行环境。运行环境应当包括读写器、标签、应用软件和计算机平台等。无线射频识别技术的运行环境比较宽松，从应用软件的运行环境来看，可以在现有的任何系统上运行基于任何编程语言编写的应用软件，计算机平台系统包括 Windows、Linux 等操作系统。

（2）接口方式。接口方式主要是指读头和应用系统计算机的连接方式，RFID 系统的接口方式非常灵活，包括 RS-232、RS-485、以太网（RJ45）、WLAN 802.11（无线网络）等。

（3）接口软件。制造厂商会提供相应的接口软件甚至软件的源代码，通过这种接口软件可以对设备进行测试，也可以直接生产一定格式的数据文件，供用户分析使用，还可以向其他应用软件提供数据接口。TagMaster 和 iPico 分别是目前已经进入中国的有源和无源 RFID 射频设备制造商，其中 TagMaster 的软件需要与设备联机才能进入下一级菜单，而 iPico 的 ShowTags 则可以离线进行软件分析。

3.3　模拟信号检测电路设计

检测是指利用各种物理、化学效应，选择合适的方法与装置，将与生产、生活、科研等各方面的有关信息，通过检查与测量的方法赋予定性或定量结果的过程。自动检测与转换技术是一种能够自动完成整个检测处理过程的技术。

在现代电子系统应用中，模拟信号检测一般包括硬件部分和软件部分。硬件部分主要由信号调理电路、模/数（A/D）转换器、微处理器及总线接口电路等部分组成；软件部分包括嵌入式操作系统，信号的采集、处理与分析等应用程序功能模块。

3.3.1　检测系统结构

传感器用于获取被测信息，在其输出的信号中不可避免地会包含杂波信号，幅度也不一定适合直接进行 A/D 转换，所以需要对传感器输出的信号进行调理。完成放大、滤波、幅度变换等功能的电路称为信号调理电路，一般由放大器、滤波器等组成。调理后的信号经采样/保持电路和 A/D 转换电路转换为数字信号后方可送入微处理器进行处理。当被转换信号为直流或低频模拟信号时，可省略采样/保持电路。将实际存在的电压、电流、声音、温度、压力等连续变化的模拟信号直接进行放大、滤波等处理，再转换成微处理器能接收的逻辑信号的电路称为模拟量输入通道。

从被转换模拟信号的数量及要求看，模拟量检测系统可分为单通道结构（单路采集方式）和多通道结构（多路采集方式）两种方式。

当系统中只有一个被测信号时通常采用单通道结构，这种方式常用于对频率较高的模拟信号进行 A/D 转换。传感器输出的信号进入信号调理电路进行滤波、放大等处理后送入 A/D

转换器，经 A/D 转换后，再将输出的数字信号送入嵌入式微处理器（部分微处理器内部已集成 A/D 转换器）。

如果数据采集系统需要同时测量多种物理量或对同一种物理量设置多个测量点时，通常采用多路采集方式。按照系统中数据采集电路是各路共用一个，还是每路各用一个，可将多路模拟输入通道分为分散采集式和集中采集式两大类。其中，多路分散采集方式是分时对多路数据逐一进行数据采集、保持和转换的，其结构形式如图 3-11（a）所示；多路集中采集方式则是同时对多路数据进行数据采集和保持的，再分时逐一转换，其结构形式如图 3-11（b）所示。

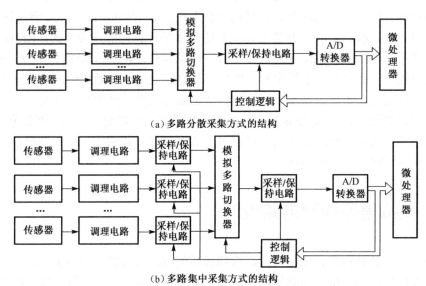

图 3-11　多路采集方式的结构组成示意图

物理世界中存在着大量连续变化的模拟量信号，现代电子系统能够对它们进行处理的前提是这些模拟信号可以转换为数字信号。首先将这些模拟量信号通过某种方式转换为相对应电信号，再将其通过 A/D 转换器等转换为数字信号送到微处理器中进行处理。本节主要介绍常见模拟量信号的检测方法，包括电压类信号、电流类信号和电阻类信号等的检测。

1. 电压类信号的检测

检测的主要参量是电压，因为利用标准电阻可测出电压值，进而可通过计算得到相应的电流与功率。对电压检测有如下几方面的基本要求。

（1）频率范围宽：被测电压的频率可以是直流、低频、高频信号，其频率范围为 0 Hz 到几百 MHz，甚至达到 GHz 量级。

（2）电压测量范围广：被测电压值可以小到微伏甚至毫微伏级，或者大到上千伏。

（3）输入阻抗高：由于检测器件的输入阻抗是被测电路的额外负载，为了尽量减少检测器件接入电路后对被测电路的影响，因此要求检测器件具有较高的输入阻抗。

（4）测量准确度高：由于电压测量的基准是直流标准电池，同时在直流测量中各种分布性参量的影响极小，因此采用直流电压的测量方式可获得极高的准确度。

（5）抗干扰能力强：当测量仪器工作在高灵敏度时，干扰会引入测量误差，因此要求有较高的抗干扰能力。

2. 电流类信号的检测

测量电流的基本原理是将被测电流通过已知电阻（取样电阻），在其两端产生电压，该电压与被测电流成正比。

在自动检测系统中，一般以电流信号的最大值确定所需电阻，例如，最大值为 100 mA，A/D 转换器的输入最大值为 10 V，可选电阻为 0.1 kΩ。如果将自动量程分为四个挡位，可用 4 个 25 Ω 的电阻串联，再通过模拟开关引出不同挡位的信号，电路如图 3-12 所示，图中运算放大器起输入缓冲作用，这种方法对于直流电流和交流电流的测量都适用。

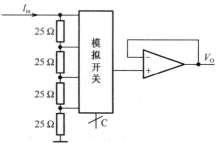

图 3-12　电流检测示意图

3. 电阻类信号的检测

测量电阻最简单的方法是根据欧姆定理，即利用一个恒定电流通过电阻后，先测量电压再计算电阻。

（1）恒流法测电阻。图 3-13 所示为一种恒流法测电阻的基本电路，其中 R_x 为被测电阻，I_C 是已知的恒流源；图 3-14 所示为另一种恒流法测电阻的基本电路，其中 V_e 为基准电压源，R_O 为标准电阻，I_C 为流过负载的电流。

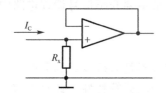

图 3-13　恒流法测电阻示意图（一）

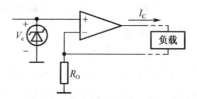

图 3-14　恒流法测电阻示意图（二）

（2）恒压法测电阻。如图 3-15 电路所示，设 V_{ref} 为恒定的参考电压，R_O 为标准电阻，则

$$V_O = V_{ref}R_O/(R_x+R_O)$$

经过推导后得到

$$R_x = V_{ref}R_O/V_O-R_O$$

需要注意的是，在采用恒压法测电阻时，参考电压（V_{ref}）、标准电阻的误差会直接反映在测量值 R_x 中。

3.3.2　多路信号选择电路

多路选择器也称为数据选择器，它在多路数据传送过程中，能够根据需要将其中任意一路数据选择出来，因此也称为多路开关。

4 选 1 数据选择器原理示意图如图 3-16 所示，其中，D_0、D_1、D_2、D_3 为 4 路被选择的输入信号，A_1、A_0 为选择控制端，Y 为输出端。当 A_1、A_0 取不同的值时，开关打向不同的位置，Y 将连通对应的信号输入端。

其数据逻辑表示式

$$Y= \overline{A_1}\ \overline{A_0} D_0+\overline{A_1} A_0D_1+A_1\overline{A_0} D_2+A_1A_0D_3$$

常见的多路选择器有 4 选 1 数据选择器、8 选 1 数据选择器、16 选 1 数据选择器等。

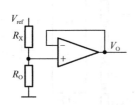

图 3-15 恒压法测电阻示意图

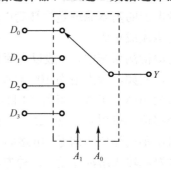

图 3-16 4 选 1 数据选择器原理示意图

3.3.3 信号调理电路设计

信号调理电路是数据获取中一个重要的组成部分,例如,传感器的输出电压信号较小(如毫伏级)或信号中存在一定的干扰,那么将该信号在接入 A/D 转换器前,必须首先经过信号调理电路进行处理。信号调理电路一般包括有放大、滤波、信号变换、线性化、电平移动、零点校正、温度补偿、误差修正和量程切换等功能环节,本节主要介绍信号调理电路中的放大电路和滤波电路部分。

1. 集成运算放大器

放大器是信号调理电路中的重要部分,合理选择使用放大器是系统设计的关键。为了提高检测的精度,放大器需要有高输入阻抗、高共模抑制比、低功耗等特性。针对被放大信号的特点,并结合数据采集电路的现场要求,目前应用较多的是测量放大器(也称为仪表专用放大器)和程控增益放大器等。

(1)测量放大器。在实际应用中,常常需要放大带有一定共模干扰的微弱电信号,这就要求放大器本身具有输入阻抗高、共模抑制比高、误差小和稳定性好等性能。这种用来放大传感器输出的微弱电压或电流信号的放大器称为测量放大器,其内部一般是由三个运算放大器组成的,同相放大器 A_1、A_2 构成输入级,信号从 A_3 输出,如图 3-17 所示。

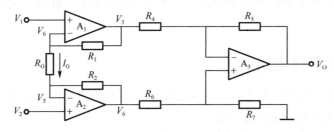

图 3-17 测量放大器示意图

测量放大器中所用的元器件是对称的,即图中 $R_1=R_2$,$R_4=R_6$,$R_5=R_7$。放大器闭环增益为

$$A_f = -(1+2R_1/R_G)\ R_5/R_4$$

假设 $R_4=R_5$,即第二级运算放大器 A_2 的增益为 1,则可以得到测量放大器的闭环增益,即

$$A_\mathrm{f} = -(1+2R_1/R_\mathrm{G})R_5/R_4$$

由上式可知，通过调节电阻 R_G 可以很方便地改变测量放大器的闭环增益，当采用集成测量放大器时，R_G 一般为外接电阻。

典型的集成测量放大器有 Analog Device 公司的 AD522、AD512、AD620、AD623、AD8221，BB 公司的 INA114、INA118，MAXIM 公司的 MAX4195、MAX4196、MAX4197 等。其中，INA114 是一种通用测量放大器，尺寸小、精度高、价格低，其主要性能如下。

● 失调电压低（≤50 μV）；

● 漂移小（≤0.25 μV/℃）；

● 输入偏置电流低（≤2 nA）；

● 共模抑制比高（在增益 G=1000 时，≥115 dB）。

（2）程控增益放大器。在许多实际应用中，为了在整个测量范围内获得合适的分辨率，常常采用可变增益放大器。可变增益放大器的放大倍数由微处理器的程序控制，这种由程序控制增益的放大器称为程控增益放大器，其内部结构如图 3-18 所示。

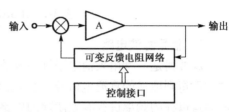

图 3-18　程控增益放大器内部结构

图 3-18 中，可变反馈电阻网络包含有多个不同阻值的电阻和模拟开关，其中模拟开关的闭合位置受控制接口信号的控制，模拟开关闭合位置不同，反馈电阻也不同，从而使放大器的增益由程序控制。如果当放大倍数小于 1，程控增益放大器便成了程控衰减器。

集成程控增益放大器种类繁多，如单端输入的 PGA103、PGA100，差分输入的 PGA204、PGA205 等。以 TI 公司的 PGA202/203 程控增益放大器为例，它应用灵活方便，又无需外围芯片，而且可以将 PGA202 与 PGA203 进行级联组成 1～8000 倍的 16 级程控增益放大器，其性能参数如下。

● PGA202 的增益倍数为 1、10、100、1000，PGA203 的增益倍数为 1、2、4、8。

● 增益误差：G<1000 时为 0.05%～0.15%，G=1000 时为 0.08%～0.1%。

● 非线性失真：G=1000 时为 0.02%～0.06%。

● 快速建立时间：2 μs。

● 快速压摆率：20 V/μs。

● 共模抑制比：80～94 dB。

● 频率响应：G<1000 时为 1 MHz，G=1000 时为 250 kHz。

● 电源供电范围：±6～±18 V。

PGA202/203 采用双列直插封装，根据使用温度范围的不同，可分为陶瓷封装（25℃～+85℃）和塑料封装（0℃～+70℃）两种。PGA202/203 的引脚排列和内部结构如图 3-19 所示，其中，A_0、A_1 为增益数字选择输入端。

PGA202 不需要任何外部调整元器件就能可靠地工作，但为了使效果更好，通常会在正、负电源端并接一个 1 μF 的旁路钽电容到模拟地，且尽可能靠近放大器的电源引脚，如图 3-20 所示。由于 11 引脚和 4 引脚上的连线电阻会引起增益误差，因此 11 引脚和 4 引脚的连线应尽可能短。

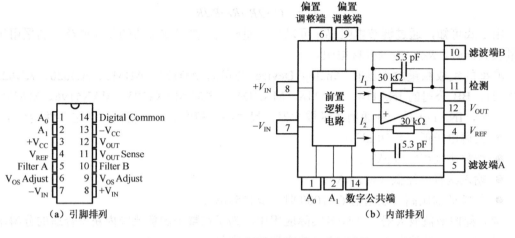

（a）引脚排列　　　　　　（b）内部排列

图 3-19　PGA202/203 的引脚排列和内部结构

2. 信号滤波电路

滤波器是一种用来消除干扰杂波的器件，将输入或输出经过过滤而得到纯净的直流电信号。滤波器就是对特定频率的频点或该频点以外的频率进行有效滤除的电路，其功能是得到一个特定频率或消除一个特定频率，如低通滤波器、高通滤波器、带通滤波器和带阻滤波器等。总之，滤波器可以让有用信号尽可能无衰减地通过，并尽可能大地衰减无用信号。

在进行模拟滤波设计时，也应考虑尽可能使用集成器件解决方案，常用的集成滤波器有低通电源开关滤波器（如 MAX7420、MAX7480、MAX7419、MAX7418 等），可配置开关电容滤波器（如 MAX260、MAX263 等）。

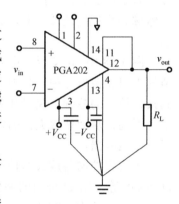

图 3-20　PGA202 连接电路图

在现代电子系统中，信号的滤波可采用模拟滤波的方式，也可采用数字滤波的方式。与模拟滤波方式相比，数字滤波具有灵活性强、滤波效果好的特点，而且滤波操作可由软件实现，不需要额外的硬件电路。与其他器件相比，由嵌入式微处理器进行数字滤波时功耗相对低而且参数也容易调整，但是数字滤波具有分辨率有限、动态范围小、响应慢等缺点，因此在满足滤波性能要求的前提下应尽可能选用数字滤波方式。

3.3.4　模/数转换器及应用

在计算机检测系统中处理的都是数字量，而自然界大部分物理量又都是模拟量，所以需要一种器件将模拟量转换成数字量，这种器件就是模/数（A/D）转换器（ADC）。模/数转换器一般常用于信号的检测系统中，而数/模（D/A）转换器（DAC）与之正好相反，一般用于计算机控制系统的输出电路中。

模拟信号是具有连续值的信号，如温度或速度，其可能值有无限多。数字信号是具有离散值的信号，在微处理器系统中，数字信号可以用二进制编码表示。有了模拟信号和数字信号之间的转换，就可以将微处理器用于模拟环境测控系统中。

1. A/D 转换器的分类

按照 A/D 转换器工作原理区分，常用的 A/D 转换器有逐次比较型、双积分型、∑-Δ型、并行比较型和电压/频率变换型等类型。下面将简单介绍这几种类型的主要特点，以便在实际应用中进行选择。

逐次比较型：逐次比较型 A/D 转换器内部由一个比较器和 D/A 转换器采用逐次比较逻辑构成，工作时从最高位 MSB 开始，顺序地对每一位的输入电压与内置的 D/A 转换器输出进行比较，经 n 次比较而输出数字值，其优点是速度较高、功耗低。

双积分型：积分型 A/D 转换器的工作原理是将输入电压转换成时间或频率，然后由定时器/计数器获得数字值，其优点是分辨率高和抗工频干扰能力强，缺点是转换精度依赖于积分时间，所以转换速度相对要慢一些。

∑-Δ 型：∑-Δ 型 A/D 转换器内部由积分器、比较器、1 位 D/A 转换器和数字滤波器等组成，其中，∑ 表示求和，Δ 表示增量，其工作原理是利用反馈环来提高量化器的有效分辨率并整形其量化噪声的。∑-Δ 型 A/D 转换器的模拟部分比较简单（类似一个 1 位的 A/D 转换器），而数字部分比较复杂，包括数字滤波和抽取单元。在数字音频、图像编码、过程控制及频率合成等许多领域的应用中，通常需要 16 位以上高分辨率、高集成度和价格低的 A/D 转换器，一般选用 ∑-Δ 型 A/D 转换器可以满足要求。

并行比较型：并行比较型 A/D 转换器采用多个比较器，仅做一次比较就能实现转换。由于转换速率极高，n 位的转换器需要 2^n 个电阻和 2^n-1 个比较器，因此其电路规模大、价格高，适用于视频等对速度要求特别高的领域。

电压/频率变换型：电压/频率变换型 A/D 转换器是通过间接转换方式实现 A/D 转换的，首先将输入的模拟电压信号转换成频率，然后用计数器将频率转换成数字量，其优点是分辨率高、功耗小、价格低。

按照 A/D 转换器的转换精度区分，有 8 位、10 位、12 位、14 位、16 位、24 位、3 位半、4 位半等 A/D 转换器；按照 A/D 转换器的转换速度区分，有慢速、中速、高速等 A/D 转换器等类型；按照 A/D 转换器的输出接口方式区分，有并行接口和串行接口两种方式。

2. A/D 转换器的主要技术指标

A/D 转换器的主要技术指标如下。

（1）精度、分辨率和量化误差。A/D 转换器的精度定义为 A/D 转换器所能分辨的输入模拟量的最小变化量。例如，满量程输入电压为 5 V、内部为 8 位的 A/D 转换器，则分辨率为

$$5V/(2^8-1)= 5000 \text{ mV}/255 = 19.6 \text{ mV}$$

通常也将 A/D 转换器的分辨率定义为输入信号值的最小变化量，这个最小数值变化会改变数字输出值的一个数值。例如，A/D 转换器的输出为 12 位二进制数，其分辨率为

$$LSB = 1/2^{12}=1/4096$$

由 A/D 转换器的有限分辨率而引起的误差称为量化误差，通常是指半个最小数字量的变化量，即 LSB/2。

（2）转换速度。A/D 转换器的转换速度常用转换时间或转换速率来描述，转换时间是指完成一次 A/D 转换所需要的时间；转换速率是转换时间的倒数，一般指在 1 s 内可以完成的转换次数，转换速率越高越好。例如，积分型 A/D 转换器的转换时间是毫秒级，属于低速 A/D 转换器；逐次比较型 A/D 转换器的转换时间是微秒级，属于中速 A/D 转换器；全并行型 A/D 转换器的转换时间可达到纳秒级，属于高速 A/D 转换器。

（3）满量程输入范围。满量程输入范围是指 A/D 转换器输出从零变到最大值时对应的模拟输入信号的变化范围。例如，某 12 位 A/D 转换器输出 000H 时对应输入电压为 0 V，输出

FFFH 时对应输入电压为 5 V，则其满量程输入范围是 0～5V。

其他指标还有偏移误差、线性度等。

例题 1 某温度测量系统（线性关系）的测温范围为 100～1100℃，经过 12 位 A/D 转换器转换后对应的数字量为 000H～FFFH，当 CPU 检测到 A/D 转换器中的数值为 500H 时，试写出该数值所对应的温度值。

解： 设被求温度值为 A_x，温度最大值为 A_m，温度最小值为 A_o，已知 A/D 转换器的数字量值为 N_x，最大数字量为 N_m，最小数字量值为 N_o，则

$$A_x=(A_m-A_o)(N_x-N_o)/(N_m-N_o)+ A_o=(1100-100)\times500H/FFFH+100$$
$$=1000\times1280/4095+100=412.6℃$$

3．A/D 转换器的选用原则

不同的系统所要求使用的 A/D 转换器输出的数据位数、系统的精度、线性度等也不同，一般而言，选用 A/D 转换器时应主要考虑下列几点。

（1）采样速度。采样速度决定了数据采集系统的实时性，采样速度由模拟信号带宽、数据通道数和每个周期的采样数决定。采集速度越高，对模拟信号复原就越好，即实时性越好。根据奈奎斯特采样定理可知，数据采集系统对源信号无损再现的必要条件是，采样频率至少为被采样信号最高频率的 2 倍。

（2）A/D 转换精度。A/D 转换精度与 A/D 转换的分辨率有密切关系。在一个复杂的检测系统中，其各环节的误差、信号源阻抗、信号带宽、A/D 转换器分辨率和系统的通过率都会影响误差的计算。在正常情况下，A/D 转换前向通道的总误差应小于等于 A/D 转换器的量化误差，否则选取高分辨率的 A/D 转换器也没有实际意义。

（3）孔径误差。A/D 转换是一个动态的过程，需要一定的转换时间。而输入的模拟量总是在连续不断变化的，这样便造成了转换输出的不确定性误差，即孔径误差。为了确保较小的孔径误差，则要求 A/D 转换器具有与之相适应的转换速度；否则，就应该在 A/D 转换器前加入采样/保持电路以满足系统的要求。

（4）系统通过率。系统的通过率由模拟多路选择器、输入放大器的稳定时间、采样/保持电路的采集时间及 A/D 转换器的转换时间确定。

（5）基准电压源。基准电压源的参数有电压幅度、极性及稳定性，基准电压源对 A/D 转换器的精度有很大的影响。

另外，在实际应用中还要考虑成本及芯片来源等其他因素。

4．逐次比较型 A/D 转换器

逐次比较（逼近）型 A/D 转换器内部结构组成主要包括比较器、数/模转换器（DAC）、控制电路、逐次逼近寄存器等部分。在目前应用的一些中高档微处理器中，内部都集成有逐次逼近型 A/D 转换器，其工作原理是将输入模拟电压与不同的基准电压多次比较后，从而获得相应的数字值。在比较工作开始时，需要从 DAC 输入数字量的高位到低位逐次进行，依次确定各位数码的 0、1 状态，使转换所得的数字量在数值上逐次逼近输入模拟量的对应值。

下面举例说明 4 位逐次比较型 A/D 转换器转换过程，4 位逐次比较型 A/D 转换器结构如图 3-21 所示，假设输入模拟电压 V_i=3.44 V，内部基准电压 V_{REF}=5 V。

首先在 A/D 转换开始前将逐次逼近寄存器输出清零（即 0000），4 位 DAC 输出的模拟电压 V_o=0。在 CLK 第 1 个时钟脉冲作用下，控制逐次逼近寄存器输出为 1000，经过 4 位 DAC 转换为与之对应的新模拟电压 $V_o= V_{REF}\times8/16=2.5$ V，送入比较器与模拟输入信号 V_i=3.44 V

进行比较，由于 $V_i > V_o$，逐次逼近寄存器高位的 1 应保留。在第 2 个时钟脉冲作用下，按同样的方法将次高位置 1，使逐次逼近寄存器输出 1100，此时经 DAC 输出 $V_o = V_{REF} \times 12/16 = 3.75$ V，由于 $V_i < V_o$，确定次高位由 1 变为 0。在第 3 个时钟脉冲作用下，使逐次逼近寄存器输出 1010，此时经 DAC 输出 $V_o = V_{REF} \times 10/16 = 3.125$ V，由于 $V_i > V_o$，确认逐次逼近寄存器该位的 1 应保留。在第 4 个时钟脉冲作用下，使逐次逼近寄存器输出 1011，此时经 DAC 输出 $V_o = V_{REF} \times 11/16 = 3.4375$ V，由于 $V_i > V_o$，确认逐次逼近寄存器该位的 1 应保留。所以，经 4 次比较后最终得到转换数值为 1011。

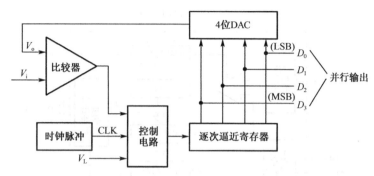

图 3-21　4 位逐次比较型 A/D 转换器结构

逐次比较型 A/D 转换器的转换时间取决于输出数字位数 n 和时钟频率，位数越多，时钟频率越低，转换所需要的时间就越长。在输出相同位数的情况下，该转换方式的转换速度仅次于并联比较型 A/D 转换器。另外，由于其输出位数较多时电路规模相对较小，所以目前在大多数嵌入式微处理器内部都集成有逐次比较型 A/D 转换器。

5. A/D 转换器与微处理器的接口

由于不同厂商生产的 A/D 转换器芯片种类繁多，性能参数又各有不同，所以在将 A/D 转换器与微控制器相连时，应该考虑如下一些问题。

- 数据输出线的连接，按照数据线的输出方式主要分为并行和串行两种；
- A/D 转换器启动信号的连接；
- 转换结束信号的处理方式；
- 时钟的提供；
- 参考电压的接法，采用片内式还是外接参考电压。

（1）A/D 转换器的控制方式。根据 A/D 转换器与微控制器的连接方式及要求的不同，A/D 转换器的控制方式有程序查询方式、延时等待方式和中断方式。

① 程序查询方式。首先由微控制器向 A/D 转换器发出启动信号，然后读入转换结束信号，查询转换是否结束。若转换结束，则读取数据；否则继续查询，直到转换结束为止。该方法简单、可靠，但查询占用 CPU 时间，效率较低。

② 延时等待方式。微控制器向 A/D 转换器发出启动信号之后，根据 A/D 转换器的转换时间延时，一般延时时间稍大于 A/D 转换器的转换时间。在延时结束后，读入数据。该方式简单、不占用查询端口，但占用 CPU 时间，效率较低，适合微控制器处理任务较少的情况。

③ 中断方式。微控制器启动 A/D 转换后可去处理其他事情，A/D 转换结束后主动向 CPU 发出中断请求信号，CPU 响应中断后再读取转换结果。微控制器可以和 A/D 转换器并行工作，从而提高了工作效率。

（2）并行输出 A/D 转换器与微控制器接口实例。ADC0809 是美国国家半导体公司生产的 8 位逐次比较型 A/D 转换器芯片，片内有 8 路模拟开关，可输入 8 个模拟量；输入信号为单极性，量程为 0～+5 V；外接 CLK 为 640 kHz 时，典型的转换速度为 100 μs；片内带有三态输出缓冲器，这样数据输出可与数据总线直接相连。其性价比有明显的优势，是使用比较广泛的芯片之一。

① ADC0809 的结构。ADC0809 有 28 个引脚，其内部结构可分为模拟输入、转换器和三态输出缓冲器三大部分，如图 3-22 所示。

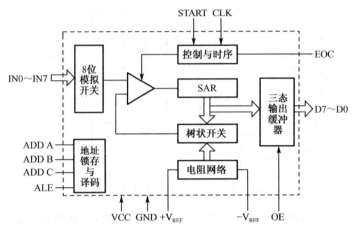

图 3-22 ADC0809 的结构框图

② ADC0809 的引脚功能及引脚分布。ADC0809 的引脚分布如图 3-23 所示，各引脚功能如下所述。

- IN0～IN7：模拟量输入通道，ADC0809 对输入模拟量的要求主要是输入信号为单极性，电压范围为 0～5 V，若信号过小，还需要进行放大；另外，模拟量输入信号在 A/D 转换过程中，值不会被变换，对速度快的模拟量信号，需要在输入 A/D 转换器前增加采样保持电路。

- ADD A、ADD B、ADD C：三位地址选择线，地址线排序是 ADD A 为低位地址，ADD C 为高位地址，三位地址线可以对 8 路模拟通道进行选择。

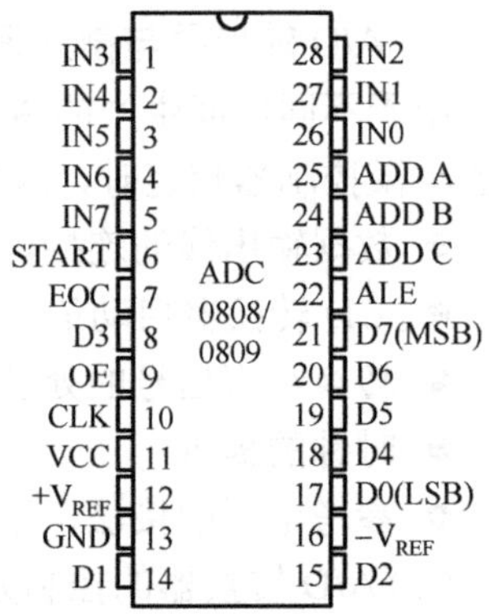

图 3-23 ADC0809 的引脚分布

- ALE：地址锁存允许信号，在 ALE 上升沿，将 ADD A、ADD B、ADD C 地址送入地址锁存器中。

- START：转换启动信号，在 START 上升沿时，所有内部寄存器清零；在 START 下降沿时，开始进行 A/D 转换；在 A/D 转换期间，START 应保持低电平。

- D7～D0：数据输出线，在三态输出缓冲形式下可以与微处理器的数据线直接相连。

- OE：输出允许信号，用于控制三态输出缓冲器，当 OE 低电平时，输出数据呈高阻态；当 OE 高电平时，允许转换获得的数据输出。

- CLK：时钟信号，ADC0809 内部没有时钟电路，所需的时钟信号必须由外部提供，其典型值为 640 kHz，最小时钟频率为 10 kHz，最大时钟频率为 1280 kHz。

● EOC：转换结束信号，当 A/D 转换完成之后，发出一个正脉冲，表示 A/D 转换结束，此信号可作为查询的状态标志，也可作为中断请求信号。

● V_{REF}：基准参考电压，基准参考电压是用来与输入的模拟信号进行比较的，作为逐次逼近的基准，其典型值为+5 V（$V_{REF} = +5\,V$，$-V_{REF} = 0\,V$）。

● VCC：接+5 V 电源电压。

● GND：接地端。

③ ADC0809 的工作时序。在 ADC0809 中，有 ALE、START、OE 三个使能控制信号，其作用分别为转换通道地址锁存、转换开始，以及数据读出使能，它们均为信号上升沿有效。ADC0809 输出的 EOC 信号由低变高时表示转换完成，可以读出转换数字量。ADC0809 的工作时序如图 3-24 所示。

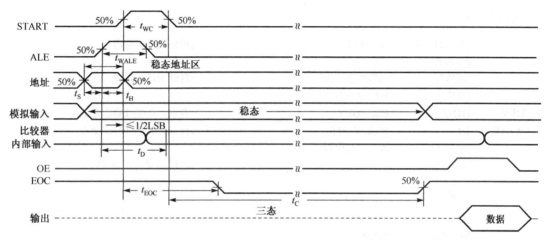

图 3-24　ADC0809 的工作时序

从图 3-24 中可以看出，初始状态时，START、ALE、OE 信号均为低电平，当 ALE 信号跳变为高电平，START 与 OE 信号为低电平时，ADC0809 将数据转换通道地址锁存，然后当 START 信号跳变为高电平，ALE 信号保持高电平，OE 保持低电平，启动 A/D 转换。当 START、ALE 与 OE 信号均为低电平时需要等待转换，EOC 信号为低电平时，进入数据转换，转换结束后 EOC 从低电平跳变为高电平，然后置 OE 信号为高电平，输出数据总线由高阻状态转变为输出有效，从而输出转换结果。

④ ADC0809 与微控制器的接口。ADC0809 采用总线工作方式，片内有地址锁存与译码，输出也有三态锁存，可以直接与微处理器或单片机总线相连。例如，ADC0809 与 Intel 51 系列单片机的接口电路如图 3-25 所示。Intel 51 系列单片机通过地址线 P2.7 和读写控制线 $\overline{RD}$、$\overline{WR}$ 来控制转换的输入通道地址锁存、启动和输出允许。ADC0809 的 START、ALE 信号用于启动 A/D 转换，EOC 在开始转换时变为低电平，当转换结束时变为高电平，而 OE 是输出允许信号，用以打开三态输出缓冲器。

⑤ ADC0809 接口编程。ADC0809 数据转换的汇编程序如下：

结合图 3-25 所示的 ADC0809 与 Intel 51 系列单片机的接口电路，分别给出查询、定时等待和中断这三种方式下的 A/D 转换程序，功能是将由 IN0 端口输入的模拟信号转换为对应的数字量，然后存入单片机内部 RAM 的 30H 单元。

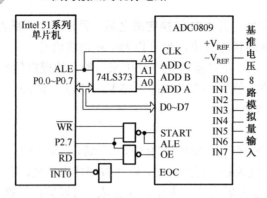

图 3-25 ADC0809 与 Intel 51 系列单片机的接口电路

查询方式：

	MOVDPTR,	#07FF8H	;指出 INT0 通道
	MOVA,	#00H	
	MOVX	@DPTR, A	;启动 INT0 通道
	MOVX	R2, #20H	
DLY:	DJNZ	R2, DLY	;查询，等待 EOC 变低
WAIT:	JB	P3.2, WAIT	;查询，等待 EOC 变高
	MOVX	A, @DPTR	
	MOV30H, A		;转换结果存入 30H

延时等待方式：

	MOVDPTR,	#07FF8H	
	MOV A,	#00H	
	MOVX	@DPTR, A	;启动 INT0 通道
	MOVX	R2, #48H	
WAIT:	DJBZ	R2, WAIT	;延时约 140 μs
	MOVX	A, @DPTR	
	MOV 30H,	A	;转换结果存入 30H

中断方式。主程序如下：

MAIN:	SETB	INT0	;选 INT0 为边沿触发
	SETB	EX0	;允许 INT0 中断
	SETB	EA	;打开中断
	MOV DPTR,	#07FF8H	
	MOV A,	#00H	;启动 A/D 转换
	MOVX	@DPTR, A	
	……		;执行其他相应任务

中断服务程序如下：

INTR1:	PUSH	DPL	;保护现场
	PUSH	DPH	
	PUSH	A	
	MOV	DPTR, #07FF8H	
	MOVX	A, @DPTR	;读转换结果

```
    MOV     30H, A                          ;结果存入 30H
    MOV A,  #00H
    MOVX    @DPTR, A                         ;启动下一次转换
    POP     A                               ;恢复现场
    POP     DPH
    POP     DPL
    RETI                                    ;返回
```

ADC0809 数据转换的 C 语言程序如下：

```
#INCLUDE <ABSACC.H>
#INCLUDE <REG51.H>
#INCLUDE <INTRINS.H>
#DEFINE UCHAR UNSIGNED CHAR
#DEFINE IN0 XBYTE [0X7FF8]               //设置 AD0809 的通道 0 地址

UCHAR IDATA AD[8];
SBIT    AD_BUSY = P3^2;                  //即 EOC 状态
void    AD0809    (UCHAR IDATA *X)       //采样结果在指针中的 A/D 采集函数
{
    UCHAR I;
    UCHAR XDATA *AD_ADR;
    AD_ADR = &IN0;
    for ( I=0; I<8; I++)                 //处理 8 通道
    {
        *AD_ADR=0;                      //启动转换
        _NOP_();
        _NOP_();                        //延时等待 EOC 变低
        WHILE (AD_BUSY == 0);           //查询等待转换结果
        X[I]= *AD_ADR;                  //存储转换结果
        AD_ADR++;                       //下一通道
    }
}
void main(void)
{
    STATIC UCHAR IDATA AD[10];          //采样 AD0809 通道的值
    AD0809(AD);
}
```

（3）串行 A/D 转换器 TLC2543。TLC2543 是 TI 公司生产的 12 位串行电容型逐次比较型 A/D 转换器。由于是串行转换结构，可节省与处理器的接口资源，且价格适中。TLC2543 芯片引脚分布如图 3-26 所示。

① TLC2543 特点如下。

● A/D 转换器的分辨率为 12 位；
● 在工作温度范围内转换时间为 10μs；
● 具有 11 个模拟输入通道；
● 3 路内置自测试方式；

- 采样率为 66 kbps；
- 线性误差为±1LSB（Max）；
- 有转换结束（EOC）输出；
- 具有单、双极性输出；
- 可编程的 MSB 或 LSB 前导；
- 可编程输出数据长度；
- 采用 CMOS 技术。

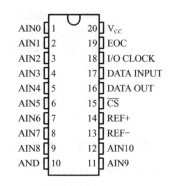

图 3-26　TLC2543 芯片的引脚分布

② TLC2543 的引脚功能如下。

- AIN0～AIN10：模拟输入端，由内部多路器选择，对于大于 4.1 MHz 的 I/O CLOCK，驱动源阻抗必须小于或等于 50 Ω。
- $\overline{CS}$：片选端，$\overline{CS}$ 由高电平变为低电平时将复位内部的计数器，并控制和使能 DATA OUT、DATA INPUT 和 I/O CLOCK；$\overline{CS}$ 由低电平变为高电平时将在一个设置时间内禁止 DATA INPUT 和 I/O CLOCK。
- DATA INPUT：串行数据输入端，串行数据以 MSB 为前导并在 I/O CLOCK 的前 4 个上升沿移入 4 位地址，用来选择下一个要转换的模拟输入信号或测试电压，之后 I/O CLOCK 将余下的几位依次输入。
- DATA OUT：A/D 转换结果三态输出端，在 $\overline{CS}$ 为高电平时，该引脚处于高阻状态；当 $\overline{CS}$ 为低电平时，该引脚由前一次转换结果的 MSB 值被置成相应的逻辑电平。
- EOC：转换结束端，在最后的 I/O CLOCK 下降沿之后，EOC 由高电平变为低电平并保持到转换完成及数据准备传输。
- V_{CC}、GND：电源正端、地。
- REF+、REF-：正、负基准电压端，通常 REF+接 V_{CC}，REF-接 GND，最大输入电压范围取决于两端的电压差。
- I/O CLOCK：时钟输入/输出端。

12 位串行 A/D 转换器 TLC2543 采用 SPI 总线的通信方式，它与微控制器的连接方式、工作原理及应用程序详见 6.2.6 节。

3.4　数字信号与非电量参数的检测技术

数字信号的检测技术包括对开关量信号、时间型信号、频率及周期型信号的检测技术和非电量参数的检测技术。

3.4.1　开关量信号的检测

开关量信号是指只有开和关（或通和断、高和低）两种状态的信号，它们可以用二进制数 "0" 和 "1" 来表示。对采用嵌入式微处理器的检测系统而言，其内部已具有并行 I/O 端口，当外界开关量信号的电平幅度与嵌入式微处理器 I/O 端口电平幅度相符时，可直接检测和接收开关量输入信号；但若电平不符，则必须经过电平转换才能输入嵌入式微处理器的 I/O

端口。由于外部输入的开关量信号经常会产生瞬时高压、过电流或接触抖动等现象，因此为了使信号安全可靠，开关量信号在输入嵌入式微处理器之前需要接入相关的输入接口电路，以便对外部信号进行滤波、电平转换和隔离保护等。这种对开关量信号进行放大、滤波、隔离等处理，使之成为微处理器能接收的逻辑信号的电路被称为开关量输入通道。

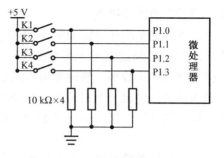

简单的 4 路开关量输入通道如图 3-27 所示，当开关断开时，相应的微处理器输入口的状态为"0"；当

图 3-27　4 路开关量输入通道

开关闭合时，相应的微处理器输入口的状态为"1"，由此可以识别出开关的状态。

3.4.2　时间型信号的检测

时间型信号的检测又称为时间间隔的测量。时间间隔的测量包括在一个周期信号波形上相同相位两点间的时间间隔（即波形周期）的测量，同一信号波形上两个不同点之间的时间间隔的测量，以及两个信号波形上两点之间的时间间隔的测量。典型的时间型信号的测量工作波形如图 3-28 所示，从图中可以看出，根据累计的时标脉冲的个数就可以计算出被检测的时间间隔。

另外，如果需要检测某个信号的脉冲宽度，可以采取对脉冲上升沿那一时刻处开始进行计数，在被检测脉冲下降沿时刻停止计数的方式，这样，所计时标数即脉冲宽度所经历的时间。在实际检测中，首先需要将被测信号经电平转换为适合于微处理器处理的信号。如果待测时间适合微处理器的定时器处理，可直接利用微处理器的定时器求得。在如图 3-29 所示的电路中，可以用查询的方式采样被测脉冲宽度。在信号的上升沿时刻启动内部定时器，在信号的下降沿时刻关闭内部定时器，最后可用定时器的计数值和时基确定所求脉冲宽度的时间值。

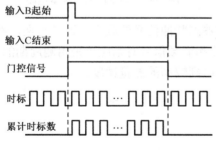

图 3-28　时间型信号的测量工作波形

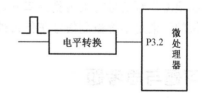

图 3-29　利用微处理器的定时器检测方式

3.4.3　频率及周期型信号的检测

频率和周期是数字脉冲型信号的参数，脉冲信号幅值的大小与被测的频率和周期无关，但是信号幅值过小、达不到 TTL 电平时，嵌入式微处理器将不能识别，如果信号幅值过大又可能会损坏检测芯片，所以对脉冲信号进行检测时通常要有前置放大或者衰减电路，这样能够使测量电路具有较宽的适应性。此外，被测信号也可能带有一定的干扰信号，因此需要增

加一些适当的滤波措施。

　　基本的频率测量电路如图 3-30 所示，这种方式适合测量较高脉冲频率的频率量。首先，将被测信号 V_t 经过放大（或者衰减）、滤波及整形电路后变成一个标准的 TTL 信号，直接加在微处理器的计数端。然后采用被测脉冲作为时钟触发微处理器内部计数器进行计数，微处理器内部另外设定一个定时器，在规定的时间，可根据计数数目求得被测信号的频率。设内部计数器的时钟周期为 T_0，计数器的计数值为 N，则被测信号的频率 F 为

$$F = N/T_0 \text{（Hz）}$$

　　对于检测系统来说，测量精度要高，电路要尽可能简单。通常，使用微处理器中的计数器可以直接按照 $F=N/T_0$ 进行测量。考虑到计数器在计数时必然存在的 ±1 误差，所以在检测频率比较低的脉冲信号时不宜采用直接测频的方法，否则 ±1 误差带来的影响会比较大。例如，50 Hz 的频率在 1 s 只能计 50 个数，按每秒刷新一次的设置，其测试精度只有 ±1 Hz。在低频信号频率测量时可以先测量信号的周期，然后计算其倒数，即可得到频率值，这样的方式称为测周期的方法。注意，测周期的方法不适合测量频率较高的脉冲信号。

　　测量周期的基本电路如图 3-31 所示，首先将被测信号 V_t 经过放大（或者衰减）、滤波及整形电路后变为 TTL 电平 V_{t1}；然后 V_{t1} 经过二分频变为 50% 占空比的对称方波 V_{t2}，V_{t2} 接入微处理器的中断口（如 INT1 时），V_{t2} 的正脉冲宽度正好是被测信号的周期值，微处理器可在 INT1 上升沿时刻启动内部计数器开始计数，在 INT1 下降沿时刻停止计数，由此便可以计算出被测信号周期。例如，微处理器中内部计数器时钟周期为 T_c，计数器中的计数值为 N，这样两者相乘即可得到被测信号的周期。如果要想得到被测信号的频率求其倒数即可。

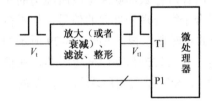

图 3-30　基本频率测量电路

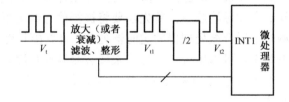

图 3-31　测量周期的基本电路

　　由于频率和周期互成倒数关系，无论是想得到被测脉冲信号的频率，还是周期，都可以遵循在检测高频信号时采用测频率方式的原则。在检测低频信号时则应该采用测周期的方法，这样做的结果是不管被测信号在什么频段内都可以达到较高的测量精度。

习题与思考题

　　（1）传感器的类型如何划分？举例说明。

　　（2）简述传感器的选用原则。

　　（3）传感器的主要性能指标有哪些？

　　（4）温度传感器主要有哪些类型？简述各自特点。

　　（5）简述光电传感器的种类及特点。

　　（6）什么是智能传感器？简述其特点。

　　（7）什么是智能识别技术？举例说明。

（8）智能识别系统能够完成哪些功能？

（9）二维条形码有哪些特点？

（10）简述 RFID 系统的组成及工作原理。

（11）简述被动式、主动式和半主动式 RFID 系统的工作原理。

（12）简述无线射频识别系统的运行环境、接口方式及所需的相关软件。

（13）多路模拟输入通道的采集方式主要分为哪两大类型？简述其特点。

（14）什么是模拟信号调理电路？

（15）常见的 A/D 转换器有哪几种类型？简述各自的特点。

（16）A/D 转换器的主要性能指标有哪些？

（17）嵌入式微处理器读取 A/D 的转换结果时，通常采用哪些工作方式进行读取？

（18）当 A/D 转换器的满标度模拟输入电压为+5 V 时，12 位 A/D 转换器的精度、分辨率和量化误差各是多少？

（19）在某压力测量系统中，其压力测量的量程为 400～1200 Pa，如果系统采用 8 位 A/D 转换器，经嵌入式微处理器数字滤波后的被测信号的数字量为 ABH，求此时的被检测的压力值是多少？

（20）在测量频率时，如果被测信号频率较低时通常采用测其周期的方法，在被测信号频率较高时通常采用定时计数的方法，请说明其原因。

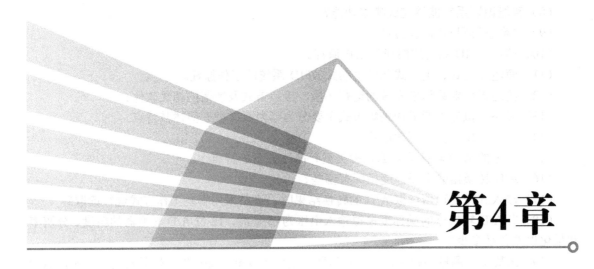

第4章

人机交互接口电路设计

人机界面是指人与现代电子系统进行信息交互的接口,控制信息和原始数据需要通过输入设备输入系统中,系统核心部件嵌入式微处理器将处理结果通过输出设备进行显示或打印。因此,人机界面是现代电子系统中不可缺少的组成部分。

在现代电子系统中,常用的输入设备有按键、键盘和触摸屏等,常用的输出设备有指示灯、数码管、液晶显示屏及打印机等。

4.1 按键式接口电路设计

4.1.1 概述

在现代电子系统中,键盘的按键个数及功能通常是根据具体应用来确定的,因此在进行系统的按键接口设计时,要根据应用的具体要求来设计按键接口的硬件电路,同时还需要完成识别按键动作、生成按键键码和按键具体功能的程序设计。

电子系统的按键可以采用机械开关或者薄膜式开关,通过开关中的簧片是否接触或按压来接通或断开电路。如果按键的个数较少,可以采用与嵌入式处理器 I/O 接口直接相连方式;如果按键的数量较多,为了节约系统资源可以采用矩阵式键盘连接方式。采用键盘连接方式需要设置合理的接口电路,而且还需要编制相应的键盘输入程序。为了能够可靠地识别键盘输入的内容,对于由机械开关组成的键盘,其接口程序必须处理去抖动、防止串键和产生键值(键码)三个问题。键盘输入程序一般包括以下四部分内容。

(1)判断是否有按键按下。可以采取程序扫描方式、定时扫描方式对键盘进行扫描,或者采用中断扫描方式判断是否有按键按下。

在采用程序扫描方式（即查询方式）时，系统首先判断有无按键按下，如有按键按下则延时 10 ms 消除抖动，再查询是哪一个键被按下并执行相应的处理程序。采用定时扫描方式时，需要利用定时器产生定时中断，响应中断后对键盘进行扫描，定时扫描方式的硬件电路与程序扫描方式相同。在采用中断扫描方式时，当有按键被按下就引起外部中断后，嵌入式处理器立即响应中断，对键盘进行扫描处理。

（2）按键去抖动。机械开关的抖动现象指当按键被按下时，机械开关在外力的作用下，开关簧片的闭合有一个从断开到不稳定接触，最后到可靠接触的过程，即开关在达到稳定闭合前，会反复闭合、断开几次，在按键释放时也存在同样的现象。若不设法消除开关这种抖动的影响，会使系统误认为键盘按下若干次。键的抖动时间一般为毫秒级，为保证正确地识别输入内容，需要去抖动处理。按键去抖动一般分为软件延时和硬件去抖动两种方法。软件延时方式是指当得知键盘上有按键按下后，延时一段时间（如 10 ms）后再进行判断、确认键盘的状态；硬件去抖动方式可使用 R-S 触发器方式来实现。

（3）确定按键的位置，获得键码。对于按键直接连接方式，需采用逐个 I/O 接口查询方式确定按键位置；对于键盘结构，可以采用矩阵扫描方式来确定按键的位置，这样可根据闭合按键位置的编号规律计算按键的键码。

（4）确保对按键的一次闭合只做一次处理。如果同时有一个以上的按键按下时，系统应能识别并做相应的处理。键盘的串键是指多个键同时按下时产生的问题，解决的方法也有软件方法和硬件方法两种。软件方法是用软件扫描键盘，从键盘读取代码是在只有一个按键按下时进行的，若有多个按键按下时，采用等待或出错处理。硬件方法则采用硬件电路确保第一个按下的按键或者最后一个释放的按键被响应，其他的按键即使按下也不会被响应。

4.1.2　键盘及接口电路设计

在现代电子系统中，如果按键个数较少（一般指 4 个以下的按键），通常可将每一个按键分别连接到微处理器的输入引脚上，这种连接方式称为独立式结构按键方式。若需要按键的个数较多，这时通常会把按键排成阵列形式，每一行和每一列的交叉点放置一个按键，这种连接方式称为矩阵编码结构键盘（也称为行列式键盘）结构方式，下面将分别加以介绍。

1. 独立式结构按键

在按键的数量较少且控制器的 I/O 接口数目较多的情况下，可以将每个按键的一端接地，另一端通过一个电阻上拉到电源，同时连接到微处理器的 I/O 接口输入引脚，如图 4-1 所示，上拉电阻作用是当没有按键按下时 I/O 接口为高电平。一旦有按键按下，此时微处理器的输入引脚为低电平。微处理器根据对应输入引脚上的是低电平还是高电平来判断按键是否按下，并完成读取相应键码的功能。

2. 矩阵编码结构键盘

在某些电子系统中，如果采用独立式结构按键，则需要使用大量的 I/O 接口，导致 I/O 接口数量不足。为了节省 I/O 接口的资源，可以将微处理器的 I/O 接口设置成两组不相交的行线和列线，构成矩阵编码结构键盘接口形式，即在每个行接口线与列接口线的交叉点设置一个按键开关。图 4-2 所示为一个含有 16 个机械按键的矩阵编码结构键盘，排列成 4×4 的阵列形式，当没有按键按下时，接口的所有行接口线与列接口线断开不连接。当某个按键被按下后，相应行接口线与列接口线会连接。这种按键排列方式也称为行列式键盘，对这种键盘的识别通常是采用软件键盘行扫描的方法来实现的。

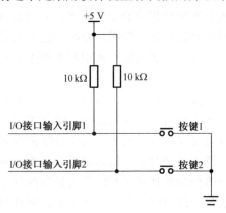

图 4-1 独立式结构按键连接方式

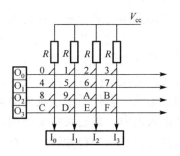

图 4-2 矩阵编码结构键盘

在图 4-2 所示的键盘接口中，键盘的行接口线和列接口线均由微处理器通过 I/O 接口引脚加以控制。微处理器通过输出引脚向行接口线上输出全"0"（低电平）信号，然后通过输入引脚读取列接口信号。若键盘阵列中无任何按键按下，则读到的所有列接口信号必然是全"1"（高电平）信号。如某个按键被按下时就会在对应的列接口线上产生"0"信号，这时微处理器会保存被按下键的列号；然后微处理器再逐行输出"0"信号，来判断被按下的按键在哪一行并保存相应的行号，这样就可得到被按下的按键对应的行接口和列接口的位置，即键码。这种键盘处理的方法称为行扫描编程法，具体的流程如图 4-3 所示。

当采用中断扫描编程方式时，如有按键按下时会向微处理器申请中断，微处理器可以进入中断程序处理按键，也可以设置标志位，退出中断后在应用程序中处理按键。

4.2 显示器接口电路设计

显示部件是人机对话的另一种重要手段，它的主要作用是将系统内部和外设的相关状态显示出来以供用户查看。常用的显示部件有作为指示灯的发光二极管、数码管显示器和液晶显示器等。发光二极管是最简单的显示部件，它可以显示系统内部的某个状态。数码管显示器可以显示更多的内容，如数字 1～9 及字母 A～F。液晶显示器则可以显示更多的数据和图像，从显示结构上又可分为段式显示屏和点阵式显示屏。其中，段式显示屏只能显示简单的

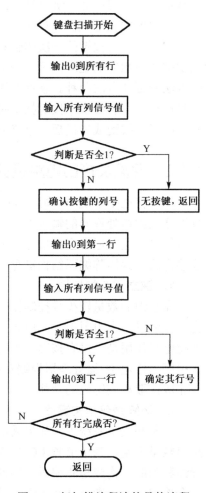

图 4-3 行扫描编程法的具体流程

字符，而点阵式显示屏可以显示数字、字母、汉字，甚至复杂的图形和图像。本节主要介绍 LED 显示器、液晶显示器接口电路的设计。

4.2.1　LED 显示器接口电路设计

1. 概述

发光二极管（Light Emitting Diode，LED）是一种由某些特殊的半导体材料制成的 PN 结，当正向偏置时，由于大量的电子-空穴复合，LED 释放出热量而发光。LED 的正向工作压降一般为 1.2～2 V，发光工作电流（正向电流）一般为 1～20 mA，发光强度与正向电流成正比。LED 显示器具有工作电压低、体积小、寿命长（约 10 万小时）、响应速度快（小于 1 μs）、颜色丰富（如红、黄、绿等）等特点，是智能设备中常使用的显示部件。

目前，LED 显示器的形式主要有单个 LED 指示灯、段式 LED 显示器和点阵式 LED 显示器三种形式。

单个 LED 指示灯实际上就是一个发光二极管，可以由一个二进制数来表示其亮、灭，指示信号的有、无，以及电源的通、断，或信号幅值是否超过阈值等。实际中，可以通过微处理器 I/O 接口的某一位来控制 LED 指示灯的亮与灭。下面主要介绍段式 LED 显示器和点阵式 LED 显示器两种类型。

2. 段式 LED 显示器及应用

段式 LED 显示器一般也称为八段发光二极管显示器，由于本身的价格低廉、体积小、功耗低、可靠性好的特点，所以在廉价的设备和仪器中普遍使用。

八段 LED 显示器由 8 个 LED 组成一个阵列，并封装于一个标准尺寸的管壳内。为了适用于不同的驱动方式，结构形式有共阳极和共阴极两种类型，常用的八段 LED 显示器的内部结构及引脚如图 4-4 所示。

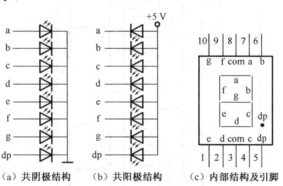

（a）共阴极结构　　（b）共阳极结构　　（c）内部结构及引脚

图 4-4　常用八段 LED 显示器内部结构及引脚

在正常工作时，段式 LED 显示器需外接限流电阻，如果不采取限制电流大小的措施，会很容易烧毁 LED。限流电阻的取值范围要保证流经发光二极管的电流为 1～20 mA。段式 LED 显示器从工作原理上可分为静态显示和动态显示两种方式，下面将分别进行介绍。

（1）静态显示方式。静态显示方式是指在显示某一数字或字符时，相应段的发光二极管导通（连续发光）或截止（熄灭）。在静态显示方式中，每个数码管都应有各自的驱动器件，为了便于程序控制，在选择驱动器件时，往往选择带锁存功能的器件，用以锁存各自等待显示的数码值。因此，静态显示方式在每一次显示输出后能够保持显示不变，仅在等待显示的数码需要改变时，才更新其锁存的内容。

在图 4-4（a）所示的共阴极结构中，公共阴极接低电平（通常接地），当阳极上（a～dp）为高电平时，对应的段被点亮；当阳极（a～dp）为低电平时，对应段熄灭。在图 4-4（b）所示的共阳极结构中，公共阳极接高电平，当阴极上（a～dp）为低电平时，对应的段被点亮；当阴极上（a～dp）为高电平时，对应的段熄灭。LED 的显示字符与段码之间的关系如表 4-1 所示，八段 LED 显示器的静态驱动电路如图 4-5 所示。

表 4-1　LED 的显示字符与段码的关系

字　　符	共阴极结构的段码	共阳极结构的段码	字　　符	共阴极结构的段码	共阳极结构的段码
0	3FH	C0H	A	77H	88H
1	06H	F9H	B	7CH	83H
2	5BH	A4H	C	39H	C6H
3	4FH	B0H	D	5EH	A1H
4	66H	99H	E	79H	86H
5	6DH	92H	F	71H	8EH
6	7DF	82H	H	76H	09H
7	07H	F8H	P	73H	8CH
8	7FH	80H	U	3EH	C1H
9	6FH	90H	灭	00H	FFH

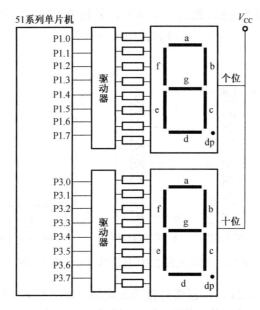

图 4-5　八段 LED 显示器的静态驱动电路

这种显示方式的优点是亮度高、控制程序简单、显示稳定可靠；其缺点是器件的功耗较大，当显示的位数较多时，占用的 I/O 接口较多。

（2）动态显示方式。当显示位数较多时，宜采用动态显示方式，即所有位的段选线并联起来，由一个 8 位 I/O 接口控制，而各个数码管的共阳极或共阴极分别由相应的 I/O 接口控制，形成各位数码管轮流选通，即 LED 显示器分时轮流工作，每次只能使一位的 LED 显示 1～5 ms。由于人的视觉暂留现象和发光二极管的余辉效应，会感觉所有的器件都在同时显示，从而获得稳定的视觉效果。这种显示方式的优点是占用 I/O 端口少。随着高亮度 LED 的出现，动态显示同样可以达到很好的显示效果。

在动态显示方式下，可以采用程序控制扫描或者定时中断扫描两种工作方式。由于程序控制扫描方式要占用许多 CPU 时间，所以在实际应用中通常采用定时中断扫描方式。定时中断扫描方式就是每隔一定时间（如 1 ms）让一个 LED 显示，其他只是利用余辉来保持亮度。假设系统中有 4 个 LED，那么显示器的显示扫描周期就为 4 ms。

图 4-6 所示为八段 LED 显示器的动态驱动电路，采用共阳极接法，单片机 P1 口作为段码信息输出口，P3 口中的低 4 位作为位码控制输出口。在每次显示时，单片机需要将显示信息的段码信息（被点亮的那段值为 0）送至 P1 口，经过驱动器连接到各个 LED 的相应段，然后将需要控制显示的位码分别送入 P3.0、P3.1、P3.2、P3.3 端口，通过同相驱动器（三极管），使要被显示的 LED 的阳极变为高电平，而其他 LED 的阳极为低电平不显示。这样延迟 1 ms 左右后，再更换为下一显示位的段码信息和控制位码信号，这样采用依次循环显示的方式就可以获得显示的全部信息。

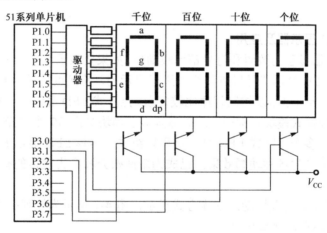

图 4-6　八段 LED 显示器的动态驱动电路

4 位八段 LED 显示器的动态扫描程序如下：

```
#include <reg51.h>
#include <intrins.h>
void Delay(unsigned char a);
unsigned char data dis_digit;
unsigned char code dis_code[8]=
{0xc0,0xf9,0xa4,0xb0,0x99,0x92,0x82,0x8f,0xf80,0x90};
unsigned char data dis_index;
void main（void)
{
    P1=0xFF;
    P3=0x00;
    dis_index=0;
    dis_digit=0x01;
```

```
    while（1）
    {
        P1=dis_code[dis_digit];
        P3=dis_index;
        Delay（3）;
        P3=0x00;
        dis_digit=_crol_（dis_digit,1）;
        dis_index++;
        dis_index=dis_index%0x04;
    }
}
void Delay（unsigned char a）
{
    unsigned char i=120;
    while（a--）
    {
        i--;
    }
}
```

3. 点阵式 LED 显示器及应用

八段 LED 显示器显示的数码和符号都比较简单，如果要显示汉字或者字形逼真的字符则比较困难。点阵式 LED 显示器是以点阵格式进行显示的，其优点是显示的信息比较逼真，易于识别，不足之处是接口电路及控制程序比较复杂。点阵式 LED 显示器一般有 5×7 点阵、8×8 点阵、16×16 点阵等形式模块。例如，5×7 点阵显示模块是由 35 个发光二极管组成 5 列×7 行的矩阵形式。使用多个点阵式 LED 显示器可以组成大屏幕 LED 显示屏，用来显示汉字、图形和表格，而且能产生各种动画效果，已成为新闻媒介和广告宣传的有力工具，其应用已越来越普遍。

点阵式 LED 显示器常采用动态扫描方式显示，图 4-7 所示为按列扫描的 5 列×7 行共阴极点阵式 LED 显示器驱动接口电路。

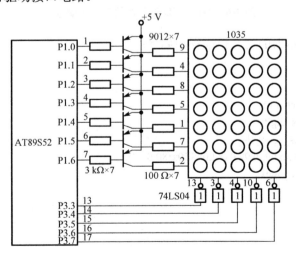

图 4-7　按列扫描的 5 列×7 行共阴极点阵式 LED 显示器驱动接口电路

图 4-7 中，点阵式 LED 显示器的行驱动电路由 7 只小功率三极管或由集成芯片的驱动器组成，列驱动电路由 1 片 6 反相驱动器 74LS04 组成。51 系列单片机 AT89S52 通过 P1 口输出行信号，通过 P3.3～P3.7 输出列扫描信号。点阵式 LED 显示器在某一瞬间只有一列 LED 能够发光。当扫描到某一列时，P1 口按这一列显示状态的需要输出相应的一组行信号。这样每显示一个数字或符号，就需要 5 组信息位数据（其行数据是 7 位）。在显示缓冲区中，由于每个字符有 5 组信息位数据，就要占用 5 个字节（最高位空位，其内置为 1）。图 4-8 所示为字母 A 的点阵图，表 4-2 所示为字母 A 的点阵数据。

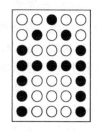

图 4-8　字母 A 的点阵图

表 4-2　字母 A 的点阵数据

行信号（字型码）	列 号				
	1	2	3	4	5
D_0	1	1	0	1	1
D_1	1	0	1	0	1
D_2	0	1	1	1	0
D_3	0	0	0	0	0
D_4	0	1	1	1	0
D_5	0	1	1	1	0
D_6	0	1	1	1	0
D_7	1	1	1	1	1

显示时，由于采用的是共阴极点阵式 LED 显示器，所以列扫描信号"0"有效，同时输出相应的输出一组行信号（字型码）。在这一列 LED 中，行信号中为"0"的 LED 亮（采用共阴极形式），行信号为"1"的 LED 不亮。假设要显示的字符为 A，则首先在列扫描线 P3.3 口输出"1"，经过 74LS04 反相至 LED 显示器第 1 列的控制位。单片机在显示缓冲区中取出该组的行字型码 10000011，从 P1 口输出至 LED 行信号线（7 位）。延时 1 ms 后，再使 P3.4 口输出"1"选中第 2 列，再送出第 2 组所对应的行字型码。P3.3～P3.7 轮流输出"1"，就能依次选中点阵显示器的所有列，并从 P1 口输出相应列的行字型码。每轮执行 5 次后就可以显示出一个完整的字符。

4.2.2　液晶显示器接口设计与应用

1. 概述

液晶显示器（Liquid Crystal Display，LCD）主要用于显示数字、文本、图形及图像等信息，其具有轻薄、体积小、耗电量低、无辐射危险和平面直角显示等特点。目前，在许多电子应用系统中，常使用 LCD 显示屏作为人机界面。

（1）LCD 显示器分类形式。从选型角度来看，LCD 显示器可分为段式 LCD 显示器、字符 LCD 显示器和图形点阵式 LCD 显示器两种类型。常见的段式 LCD 显示器的每字由 8 段组成，一般只能显示数字和部分字母。

在图形点阵式 LCD 显示器中，一般分为 TN、STN、TFT 三种类型。其中，TN 类型的 LCD 显示器主要应用于字符型的液晶模块，可以显示字符和数字，其分辨率一般有 8×1、16×1、16×2、16×4、20×2、20×4、40×2 和 40×4 等形式，乘号"×"前面的数字表示在显示器上每行显示字符的个数，乘号"×"后面的数字表示显示字符的行数。例如，16×2 表示显示器能够显示每行 16 个字符，共 2 行。STN 类一般为中小型 LCD 显示器，既有单色的，也有伪彩色的。TFT 类型的 LCD 显示器尺寸则从小到大都有，而且是真彩色显示器。

LCD 显示器在颜色上一般可分为单色与彩色两种类型显示器。在单色 LCD 显示器中，一个液晶就是一个像素。在彩色 LCD 显示器中则每个像素由 R 红色、G 绿色和 B 蓝色三个液晶共同组成。同时也可以认为每个像素背后都有一个 8 位的属性寄存器，寄存器的值决定着三个液晶单元各自的亮度。有些情况下寄存器的值并不直接驱动 R、G、B 三个液晶单元的亮度，而是通过一个调色板技术来访问的，从而实现真彩色的效果。在实际中，为每个像素都配备寄存器是不现实的，实际上只配备了一组寄存器。而这些寄存器依次轮流连接到每一行像素并装入该行的内容，使每一行像素都短暂地受到驱动，这样就可将所有的像素行都驱动一遍，从而显示一个完整的画面。为了使人不感到闪烁，一般在 1 s 内要重复显示数十帧。在嵌入式系统应用中，微处理器与 LCD 显示器之间的信息传送一般采用 DMA 并行传输方式。

从 LCD 的驱动控制方式上来看，目前流行的有两种模块形式：一种是在 LCD 显示器后边的 PCB 上带有独立的控制及驱动芯片模块，这种形式适合 MCU 系统，通常采用总线方式来进行编程驱动，例如，MCS-51 系列单片机系统中的 LCD 显示器采用的就是这种类型的 LCD 显示器；另一种是在嵌入式微处理器中内嵌 LCD 控制器来驱动 LCD 显示器，例如，ARM9 微处理器内嵌的 LCD 控制器一般都可以支持彩色、灰度、单色三种模式的 LCD 显示器。

（2）LCD 显示器组成结构与工作原理。LCD 显示器的构造是在两片平行的玻璃中放置液晶，液晶是一种有机复合物，由长棒状的液晶分子构成。在自然状态下，这些长棒状的液晶分子的长轴大致平行，两片玻璃中间有许多垂直和水平的细小电线，通过是否通电来控制长棒状的液晶分子改变方向，从而将光线折射出来产生画面。

LCD 显示器的基本原理是在两块平行的玻璃板之间填充液晶材料，通过电压来改变液晶材料内部分子的排列状况，以达到遮光和透光的目的，从而显示深浅不一、错落有致的图像信号，而且只要在两块平行的玻璃板间再加上三元色的滤光层，就可实现彩色图像的显示。

液晶分子具有明显的光学特性，能够调制来自背光灯管发射的光线，实现图像的显示。而一个完整的 LCD 显示器则由众多像素点构成，每个像素如同一个可以开关的晶体管，这样就可以控制要显示的信息。如果一台 LCD 显示器的分辨率为 320×240，表示它有 320（列）×240（行）个像素点可供显示。正在显示图像的 LCD 显示器，其液晶分子一直是处在开关的工作状态，当然液晶分子的开关次数也是有寿命的，也会出现老化现象。

图形点阵式 LCD 显示器由矩阵构成，通常采用 8 行×5 列的点表示一个字符，使用 16 行×16 列的点表示一个汉字。LCD 液晶器在不同电压的作用下会有不同的光特性，因此从构造原理来看，LCD 显示器可分为 STN LCD（俗称伪彩显）和 TFT LCD（俗称真彩显）。

STN（Super Twisted Nematic）LCD 也称为超扭曲向列型 LCD 显示器，它在传统单色液晶显示器上加入了彩色滤光片，并将单色显示矩阵中的每个像素分成三个像素，分别通过彩色滤光片显示红、绿、蓝三原色，以此达到显示彩色的作用，颜色以淡绿色和橘色为主。

STN LCD 显示器属于反射式 LCD 显示器，它的好处是功耗小，但在比较暗的环境中清晰度较差。STN LCD 显示器不能算是真正的彩色显示器，因为屏幕上每个像素的亮度和对比度不能独立控制，它只能显示颜色的深度，与先进的 CRT 显示器的颜色相比相距甚远，因而也被称为伪彩显。

TFT（Thin Film Field Effect Transistor）即薄膜场效应管显示屏，它的每个液晶像素都是由集成在像素后面的薄膜场效应管来控制的，使每个像素都能保持一定电压，从而可以大大提高反应速度。TFT LCD 显示器可视角度大，一般可达到 130° 左右，主要应用于高端显示产品。

TFT LCD 显示器是真正的彩色显示器，也称为真彩显，TFT LCD 显示器为每个像素都设有一个半导体开关，每个像素都可以通过节点脉冲直接控制，因而每个节点都相对独立，并可以连续控制。这样不仅提高了显示屏的反应速度，还可以精确地控制显示色阶，所以 TFT LCD 显示器的色彩更真实。TFT LCD 显示器的特点是亮度和对比度高、层次感较强，但功耗和成本较高。新一代的彩屏手机中一般都是真彩显示，TFT LCD 显示器也是目前嵌入式设备中最常用的 LCD 彩色显示器。

在 LCD 显示器上显示图像和字符的具体步骤如下。

首先在程序中对与显示相关的部件进行初始化。例如，配置微处理器中通用并行输入/输出口（GPIO）相关的专用寄存器，将与 LCD 显示器连接的引脚定义为所需的功能，将帧描述符定义在 SDRAM 中，初始化 DMAC 供 DMA 通道传输显示信息，然后配置 LCD 显示器控制器中的各种寄存器，最后为 LCD 显示器上的每一像素与帧缓冲区对应位置建立映射关系，将字符位图转换成字符矩阵数据，并且写入帧缓冲器（也称为显示存储区）。

由于显示存储区（显存）中的每一个单元对应 LCD 显示器上的一个点，只要显存中的内容改变，显示结果便会进行刷新。显示器可以以单色或彩色显示，单色用 1 位来表示，彩色可以用 8 位（256 色）或 16 位、24 位表示其颜色。屏幕大小和显示模式等因素会影响显存的大小，显存通常从内存空间分配所得，并且它是由连续的字节空间组成的。而显示器的显示操作总是从左到右逐点像素扫描、从上到下逐行扫描的，然后折返到左上角。显存中的数据则是按地址递增的顺序被提取的，当显存中的最后一个字节被提取后，会再返回显存的首地址。

彩色 LCD 显示器反映自然界的颜色是通过 R、G、B 值来表示的，如果要在显示器某一点显示某种颜色，则必须在显存中给出相应每一个像素的 R、G、B 值。其实现方法有从显存中直接获取和间接获取两种方式。直接获取方式是在显存里存放像素对应的 R、G、B 值，通过将该 R、G、B 值传输到显示器上而令屏幕显示。间接获取方式是指显存中存放的并不是 R、G、B 值，而是调色板的索引值，调色板里存放的才是 R、G、B 值，然后发送到显示屏上。在显存与显示器之间还需要由 LCD 显示器的控制器负责完成从显存中提取数据，进行处理后传输到显示器上。

与 CRT 显示器相比，LCD 显示器具有质量轻、体积小、耗电量低、无辐射、平面直角显示等特点。根据显示信息种类，LCD 显示器又可分为段式 LCD 显示器、字符 LCD 显示器和图形点阵式 LCD 显示器。在一些要求人机界面良好的应用系统中，通常使用图形点阵式 TFT LCD 显示器来进行交互信息，如手机等。

2. LCD1602 字符型 LCD 显示器及应用

（1）简介。LCD1602 字符型 LCD 显示器可显示数字和字母等，其核心是段式显示结构，因此在与单片机接口设计与编程过程中，字符型 LCD 显示器与 LED 基本相同，此时要注意显示位置的对应和显示码表的生成。LCD1602 字符型 LCD 显示器可显示两行，每行 16 个字符，采用单+5 V 电源供电，外围电路配置简单，价格便宜，具有很高的性价比。

LCD1602 的核心部件是 HD44780 液晶芯片，因此对 HD44780 芯片编写的控制程序可以很方便地应用于市面上大部分的字符型液晶。LCD1602 字符型 LCD 显示器引脚及功能如表 4-3 所示。

表 4-3　LCD1602 字符型 LCD 显示器引脚及功能

引脚序号	引脚符号	引脚状态	功能描述
1	Vss	—	电源地
2	Vdd	—	电源+5 V
3	V0	—	液晶驱动电源
4	RS	输入	寄存器选择
5	R/$\overline{\text{W}}$	输入	读写操作
6	E	输入	使能信号
7	DB0	三态	数据总线（LSB）
8	DB1	三态	数据总线
9	DB2	三态	数据总线
10	DB3	三态	数据总线
11	DB4	三态	数据总线
12	DB5	三态	数据总线
13	DB6	三态	数据总线
14	DB7	三态	数据总线（MSB）
15	LEDA	输入	背光+5V
16	LEDK	输入	背光地

主要引脚功能如下。

● DB0～DB7：双向三态数据线。

● V0：LCD 显示器的对比度调整端，其连接的电压值越高则对比度越弱，接地电源时其对比度最高。在通常使用时，可以通过一个 10 kΩ 的电位器调整对比度。

● RS：寄存器选择，高电平时选择数据寄存器，低电平时选择指令寄存器。

● R/$\overline{\text{W}}$：读写信号线，高电平时进行读操作，低电平时进行写操作。当 RS 和 R/$\overline{\text{W}}$ 都为低电平时可以写入指令或者显示地址；当 RS 为高电平，R/$\overline{\text{W}}$ 为低电平时可以写入数据。

● E：使能端，当 E 端由高电平跳变成低电平时，液晶模块执行命令。

LCD1602 有 11 个控制指令，如表 4-4 所示。

表 4-4　LCD1602 的控制指令与功能

指　令	功　能
清屏	清 DDRAM 和 AC 值
归位	AC=0 时，光标、画面回 HOME 位
输入方式设置	设置光标、画面移动方式
显示开关控制	设置显示、光标及闪烁开关
光标、画面位移	光标、画面移动，不影响 DDRAM
功能设置	工作方式设置（初始化指令）
CGRAM 地址设置	设置 CGRAM 地址，A5～A0 的设置范围为 0～3FH
DDRAM 地址设置	设置 DDRAM 地址
读 BF 及 AC 值	读取忙标志（BF）值和地址计数器（AC）值
写数据	将数据写入 DDRAM 或 CGRAM
读数据	从 DDRAM 或 CGRAM 数据读出

① 清屏指令，如图 4-9 所示。

指令功能	指令编码										执行时间/ms
	RS	R/$\overline{\text{W}}$	DB7	DB6	DB5	DB4	DB3	DB2	DB1	DB0	
清屏	0	0	0	0	0	0	0	0	0	1	1.64

图 4-9　清屏指令示意图

功能：
● 清除 LCD 显示器，即将 DDRAM 的内容全部填入"空白"的 ASCII 码 20H；
● 光标归位，即将光标撤回 LCD 显示屏的左上方；
● 将地址计数器（AC）的值设为 0。

② 光标归位指令，如图 4-10 所示。

指令功能	指令编码										执行时间/ms
	RS	R/$\overline{\text{W}}$	DB7	DB6	DB5	DB4	DB3	DB2	DB1	DB0	
光标归位	0	0	0	0	0	0	0	0	1	X	1.64

图 4-10　清屏指令示意图

功能：
● 把光标撤回到显示器的左上方；
● 把地址计数器（AC）的值设置为 0；
● 保持 DDRAM 的内容不变。

③ 进入模式设置指令，如图 4-11 所示。

指令功能	指令编码										执行时间/μs
	RS	R/$\overline{\text{W}}$	DB7	DB6	DB5	DB4	DB3	DB2	DB1	DB0	
进入模式设置	0	0	0	0	0	0	0	1	I/D	S	40

图 4-11　进入模式设置指令示意图

功能：设定每次写入 1 位数据后光标的移位方向，并且设定每次写入的一个字符是否移动。参数设定如下所示：

位　　名	设　　置
I/D	0 表示写入新数据后光标左移，1 表示写入新数据后光标右移
S	0 表示写入新数据后显示屏不移动，1 表示写入新数据后显示屏整体右移 1 个字符

④ 显示开关控制指令，如图 4-12 所示。

指令功能	指令编码									执行时间/μs
	RS	R/W̄	DB7	DB6	DB5	DB4	DB3	DB2	DB1	DB0	
显示开关控制	0	0	0	0	0	0	1	D	C	B	40

图 4-12　显示开关控制指令示意图

功能：控制显示器开关、光标显示/关闭，以及光标是否闪烁，参数设定的情况如下。

位　　名	设　　置
D	0 表示显示功能关，1 表示显示功能开
C	0 表示无光标，1 表示有光标
B	0 表示光标闪烁，1 表示光标不闪烁

⑤ 设定显示屏或光标移动方向指令，如图 4-13 所示。

指令功能	指令编码									执行时间/μs
	RS	R/W̄	DB7	DB6	DB5	DB4	DB3	DB2	DB1	DB0	
设定显示屏或光标移动方向	0	0	0	0	0	1	S/C	R/L	X	X	40

图 4-13　设定显示屏或光标移动方向指令意图

功能：使光标移位或使整个显示屏幕移位，参数设定的情况如下。

S/C	R/L	设定情况
0	0	光标左移 1 格，且 AC 值减 1
0	1	光标右移 1 格，且 AC 值加 1
1	0	显示器上字符全部左移 1 格，但光标不动
1	1	显示器上字符全部右移 1 格，但光标不动

⑥ 功能设定指令，如图 4-14 所示。

指令功能	指令编码									执行时间/μs
	RS	R/W̄	DB7	DB6	DB5	DB4	DB3	DB2	DB1	DB0	
功能设定	0	0	0	0	1	DL	N	F	X	X	40

图 4-14　功能设定指令示意图

功能：设定数据总线位数、显示的行数及字型，参数设定的情况如下。

位　　名	设　　置
DL	0 表示数据总线为 4 位，1 表示数据总线为 8 位
N	0 表示显示 1 行，1 表示显示 2 行
F	0 表示 5×7 点阵/字符，1 表示 5×10 点阵/字符

⑦ 设定 CGRAM 地址指令，如图 4-15 所示。

指令功能	指令编码										执行时间 /μs
	RS	R/$\overline{\text{W}}$	DB7	DB6	DB5	DB4	DB3	DB2	DB1	DB0	
设定CGRAM地址	0	0	0	1	CGRAM的地址（6位）						40

图 4-15　设定 CGRAM 地址指令示意图

功能：设定下一个要存入数据的 CGRAM 的地址。

⑧ 设定 DDRAM 地址指令，如图 4-16 所示。

指令功能	指令编码										执行时间 /μs
	RS	R/$\overline{\text{W}}$	DB7	DB6	DB5	DB4	DB3	DB2	DB1	DB0	
设定DDRAM地址	0	0	1	DDRAM的地址（7位）							40

图 4-16　设定 DDRAM 地址指令示意图

功能：设定下一个要存入数据的 DDRAM 的地址。

⑨ 读取忙标志或 AC 地址指令，如图 4-17 所示。

指令功能	指令编码										执行时间 /μs
	RS	R/$\overline{\text{W}}$	DB7	DB6	DB5	DB4	DB3	DB2	DB1	DB0	
读取忙标志或AC地址	0	1	FB	AC内容（7位）							40

图 4-17　读取忙标志或 AC 地址指令示意图

功能：

● 读取忙标志，BF=1 表示液晶显示器忙，暂时无法接收单片机发送的数据或指令；当 BF=0 时，液晶显示器可以接收单片机送来的数据或指令；

● 读取地址计数器（AC）的内容。

⑩ 数据写入 DDRAM 或 CGRAM 指令，如图 4-18 所示。

指令功能	指令编码										执行时间 /μs
	RS	R/$\overline{\text{W}}$	DB7	DB6	DB5	DB4	DB3	DB2	DB1	DB0	
数据写入DDRAM或CGRAM	1	0	要写入的数据D7～D0								40

图 4-18　数据写入 DDRAM 或 CGRAM 指令示意图

功能：
- 将数据写入 DDRAM，以便使液晶显示屏显示相应的字符；
- 将使用者自己设计的图形存入 CGRAM。

⑪ 从 CGRAM 或 DDRAM 读出数据的指令，如图 4-19 所示。

指令功能	指令编码										执行时间/μs
	RS	R/$\overline{W}$	DB7	DB6	DB5	DB4	DB3	DB2	DB1	DB0	
从CGRAM或DDRAM读出数据	1	1	要读出的数据D7～D0								40

图 4-19　从 CGRAM 或 DDRAM 读出数据的指令示意图

功能：读取 DDRAM 或 CGRAM 中的内容，基本操作时序如下。

指　令	输入状态	输出结果
读状态	RS=L, RW=H, E=H	DB0～DB7 的状态字
写指令	RS=L, RW=L, E=下降沿脉冲	无
读数据	RS=H, RW=H, E=H	DB0～DB7 的数据
写数据	RS=H, RW=L, E=下降沿脉冲, DB0～DB7=数据	无

读写控制时序如表 4-5 所示。

表 4-5　读写控制时序表

RS	R/$\overline{W}$	E	功　　能
0	0	下降沿	写指令代码
0	1	高电平	读取忙标志和 AC 码
1	0	下降沿	写数据
1	1	高电平	读数据

（2）LCD1602 的应用电路。LCD1602 与 51 系列单片机的典型电路连接如图 4-20 所示。数据线 DB0～DB7 接到单片机的 P0 口，3 条控制线分别接到 P1_5、P1_6、P1_7（可以根据具体的硬件电路修改这几条控制线）。电阻 R_1 用来调节显示器对比度，可以连接一个 5 kΩ 的电位器来进行调节。电阻 R_2 用来设置背光的亮度，一般情况接一个 1 kΩ 的电阻即可，也可以接入电位器来调节显示器亮度。

一般在电路设计时，很少把 LCD 显示器直接连接到单片机的电路板上，而是通过一个接口电路来转接的。例如，在主板上留出一个 16 根线的排线接口，通过这个 16 根线的排线来连接单片机和 LCD 显示器。

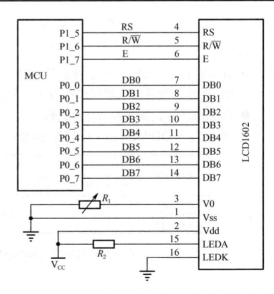

图 4-20　LCD1602 与 51 系列单片机的典型电路连接

（3）LCD1602 的 C 语言编程。51 系列单片机控制 LCD1602 的基本操作有写数据、写指令、检测 BF 标志，各模块程序如下。

```c
/**********************检测 LCD 状态，看是否还忙碌**********************/
void LCD_Check_busy(void)
{
    while(1)
    {
        LCD_EN=0;
        LCD_RS=0;
        LCD_RW=1;
        LCD_DATA=0xff;
        LCD_EN=1;
        if(!LCD_BUSY) break;
    }
    LCD_EN=0;
}
/**********************写指令到 LCD **********************/
void LCD_ LCD_Write_Command(unsigned char LCD_instruction)
{
    LCD_Check_busy();
    LCD_RS=0;
    LCD_RW=0;
    LCD_DATA=LCD_instruction;
    LCD_EN=1;
    LCD_EN=0;
}
/**********************输出 1 个字节数据到 LCD**********************/
void LCD_Write_Data(unsigned char LCD_data)
{
    LCD_Check_busy();
    LCD_RS=1;
    LCD_RW=0;
    LCD_DATA=LCD_data;
    LCD_EN=1;
    LCD_EN=0;
}
```

由以上几个基本操作可以得到 LCD1602 的常用操作程序，如下所示。

```c
/**********************LCD 清屏**********************/
void LCD_Cls(void)
{
    LCD_Check_busy();
    LCD_RS=0;
    LCD_RW=0;
    LCD_DATA=1;
    LCD_EN=1;
    LCD_EN=0;
```

```
}
/*********************将 LCD 光标定位到 x,y *********************/
void LCD_set_position(unsigned char x,unsigned char y)
{
    if(x==1)
    {
        LCD_Write_Command (0x80+y-1);
    }
    else
    {
        LCD_Write_Command(0x80+y+0x3f);
    }
}
/*********************输出 1 个字符到 LCD*********************/
void LCD_printc(unsigned char lcd_data)
{
    LCD_ Write_Data(lcd_data);
}
/*********************输出 1 个字符串到 LCD*********************/
void LCD_prints(unsigned char *lcd_string)
{
    unsigned char i=0;
    while(lcd_string[i]!=0x00)
    {
        LCD_ Write_Data(lcd_string[i]);
        i++;
    }
}
/*********************初始化*********************/
void LCD_initial(void)
/*初始化 LCD, 本例的设置为: 8 位格式, 2 行 5×7 整体显示, 关光标, 不闪烁, 增量不移位, 用户
可根据自己的要求设定*/
{
    LCD_Write_Command(0x38);
    LCD_Write_Command(0x0c);
    LCD_Write_Command(0x06);
    LCD_Cls();
}
```

例如, 从 LCD1602 屏幕上第一行第三列开始显示 "TEST OK"。

```
#include<reg51.h>
sbit   LCD_RS = P1^5;            //定义 LCD 控制口, 用户可以根据自己的电路修改
sbit   LCD_RW = P1^6;
sbit   LCD_EN = P1^7;
#define   LCD_DATA   P0
void main(void)
{
    LCD_initial();               //初始化
```

```
    LCD_set_position(1,3);          //将 LCD 光标定位到第一行第三列处
    LCD_printc("TEST   OK");        //显示 TEST OK
    while(1);
}
```

3. LCD12864 图形点阵式 LCD 显示模块及应用

图形点阵式 LCD 显示器的显示屏由若干个像素构成,如分辨率为 128×64 的显示屏由 128 列和 64 行像素矩阵组成,矩阵中每个像素都可通过编程设定为亮或灭。针对彩色 LCD 显示器,每个像素还可设定灰度级。目前图形点阵式 LCD 显示器都做成标准模块,内部有映射寄存器,对外接口采用三总线(数据总线、地址总线和控制总线)方式,因此接口非常方便。各种嵌入式微处理器与 LCD 显示器正确连接后,通过访问 LCD 显示器内部寄存器,可设定它的工作方式和修改显示内容。

LCD12864 图形点阵式 LCD 显示器可显示汉字及图形,内置 8192 个中文汉字(16×16 点阵,一行只能显示 8 个汉字,共 4 行)、128 个字符,以及 64×256 点阵显示的 RAM。

(1)主要技术参数和显示特性。LCD12864 图形点阵式 LCD 显示模块的主要技术参数和显示特性如下。

- 电源:3.3～+5 V(内置升压电路,不需要负压)。
- 显示内容:128 列× 64 行(128 表示点数)。
- 显示颜色:黄绿。
- 显示角度:6 点钟位置直视。
- LCD 类型:STN。
- 与 MCU 接口:8 位或 4 位并行,3 位串行。
- 配置 LED 背光。
- 多种软件功能,如光标显示、画面移位、自定义字符、睡眠模式等。

(2)LCD12864 模块引脚说明。LCD12864 模块的引脚名称及功能如表 4-6 所示。

表 4-6　LCD12864 模块引脚名称及功能

引脚序号	引脚名称	电平	功能描述
1	VSS	—	模块的电源地
2	VDD	—	模块的电源正端
3	V0	—	LCD 驱动电压输入端
4	RS（CS）	H/L	并行的指令/数据选择信号;串行的片选信号
5	R/W（SID）	H/L	并行的读写选择信号;串行的数据口
6	E（CLK）	H/L	并行的使能信号;串行的同步时钟
7	DB0	H/L	数据 0
8	DB1	H/L	数据 1
9	DB2	H/L	数据 2
10	DB3	H/L	数据 3
11	DB4	H/L	数据 4
12	DB5	H/L	数据 5
13	DB6	H/L	数据 6

引脚序号	引脚名称	电平	功能描述
14	DB7	H/L	数据7
15	PSB	H/L	并/串行接口选择：H 表示并行；L 表示串行
16	NC	—	空脚
17	/RST	H/L	复位低电平有效
18	NC	—	空脚
19	LEDA	—	背光源正极（LED+5 V）
20	LEDK	—	背光源负极（LED-0V）

（3）用户指令集。LCD12864 指令集可分为基本指令集和扩展指令集，LCD12864 的基本指令集如表 4-7 所示（RE=0）。

表 4-7　LCD12864 的基本指令集

指令	指令码									说明	执行时间
	RS	RW	DB7	DB6	DB5	DB4	DB3	DB2	DB1	DB0		
清除显示	0	0	0	0	0	0	0	0	0	1	将 DDRAM 填满 "20H"，并且设定 DDRAM 的地址计数器（AC）为 "00H"	4.6 ms
地址归位	0	0	0	0	0	0	0	0	1	X	设定 DDRAM 的地址计数器（AC）为 "00H"，并且将游标移到开头原点位置	4.6 ms
进入点设定	0	0	0	0	0	0	0	1	I/D	S	在读取与写入数据时，设定游标移动方向及指定显示的移位	72 μs
显示状态开/关	0	0	0	0	0	0	1	D	C	B	D=1 表示显示的状态为开；C=1 表示游标的状态为开；B=1 表示游标位置的状态为开	72 μs
游标或显示移位控制	0	0	0	0	0	1	S/C	R/L	X	X	设定游标的移动与显示的移位控制位元；这个指令并不改变 DDRAM 的内容	72 μs

续表

指令	指令码										说 明	执行时间
	RS	RW	DB7	DB6	DB5	DB4	DB3	DB2	DB1	DB0		
功能设定	0	0	0	0	1	DL	X	0 RE	X	X	DL=1（必须设为1）时，RE=1 表示扩充指令集动作；RE=0 表示基本指令集动作	72 μs
设定 CGRAM 地址	0	0	0	1	AC5	AC4	AC3	AC2	AC1	AC0	设定 CGRAM 地址到地址计数器（AC）	72 μs
设定 DDRAM 地址	0	0	1	AC6	AC5	AC4	AC3	AC2	AC1	AC0	设定 DDRAM 地址到地址计数器（AC）	72 μs
读取忙标志（BF）和 AC 的值	0	1	BF	AC6	AC5	AC4	AC3	AC2	AC1	AC0	读取忙标志（BF）可以确认内部动作是否完成，同时可以读出地址计数器（AC）的值	0 μs
写数据到 RAM	1	0	D7	D6	D5	D4	D3	D2	D1	D0	写数据到内部的 RAM（DDRAM/CGRAM/IRAM/GDRAM）	72 μs
读出 RAM 的数据	1	1	D7	D6	D5	D4	D3	D2	D1	D0	从内部 RAM 读取数据（DDRAM/CGRAM/IRAM/GDRAM）	72 μs

LCD12864 扩展指令集如表 4-8 所示（RE=1）。

表 4-8 12864 的扩展指令集

指令	指令码										说明	执行时间
	RS	RW	DB7	DB6	DB5	DB4	DB3	DB2	DB1	DB0		
待命模式	0	0	0	0	0	0	0	0	0	1	将 DDRAM 填满 "20H"，并且设定 DDRAM 的地址计数器（AC）为 "00H"	72 μs
卷动地址或 IRAM 地址选择	0	0	0	0	0	0	0	0	1	SR	SR=1 表示允许输入垂直卷动地址；SR=0 表示允许输入 IRAM 地址	72 μs
反白选择	0	0	0	0	0	0	0	1	R1	R0	选择 4 行中的任一行进行反白显示，并可决定是否反白	72 μs
睡眠模式	0	0	0	0	0	0	1	SL	X	X	SL=1 表示脱离睡眠模式；SL=0 表示进入睡眠模式	72 μs
扩展功能设定	0	0	0	0	1	1	X	RE	G	0	RE=1 表示扩展指令集动作；RE=0 表示基本指令集动作；G=1 表示绘图显示开；G=0 表示绘图显示关	72 μs
设定 IRAM 地址或卷动地址	0	0	0	1	AC5	AC4	AC3	AC2	AC1	AC0	SR=1 表示 AC5～AC0 为垂直卷动地址；SR=0 示 AC3～AC0 为 ICON IRAM 地址	72 μs
设定绘图 RAM 地址	0	0	1	AC6	AC5	AC4	AC3	AC2	AC1	AC0	设定 CGRAM 地址到地址计数器（AC）	72 μs

说明：

① 模块在接收指令前，单片机必须先确认模块内部处于非忙碌状态，即读取 BF 标志，BF=0 方可接收新的指令。如果在送出一个指令前并不检查 BF 标志，那么在前一个指令和这个指令中间必须延迟一段较长的时间（一般在输入每条指令前加个 delay），指令执行的时间请参考指令表中的指令说明。

② RE 为基本指令集与扩充指令集的选择控制位，当改 RE 时，之后的指令集将维持在最后的状态，除非再次改变 RE。使用相同指令集时，不需要每次都重设 RE。

（4）显示坐标关系。

① 图形显示坐标。水平方向 X 以字节单位，垂直方向 Y 以位为单位。LCD12864 的图形显示坐标如图 4-21 所示。

② 汉字显示坐标。汉字显示坐标如表 4-9 所示。

表4-9　汉字显示坐标

	X坐标							
Line1	80H	81H	82H	83H	84H	85H	86H	87H
Line2	90H	91H	92H	93H	94H	95H	96H	97H
Line3	88H	89H	8AH	8BH	8CH	8DH	8EH	8FH
Line4	98H	99H	9AH	9BH	9CH	9DH	9EH	9FH

③ 字符表。LCD12864 的字符表如图 4-22 所示。

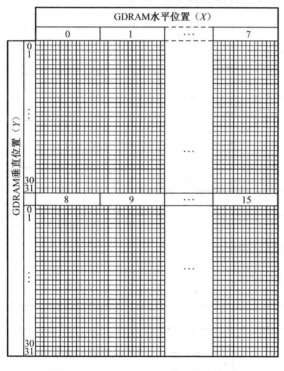

图 4-21　LCD12864 的图形显示坐标

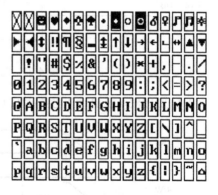

图 4-22　LCD12864 的字符表

（5）显示 RAM。

① 文本显示 RAM（DDRAM）。文本显示 RAM 提供 8 列×4 行的汉字空间，当写入文本显示 RAM 时，可以分别显示 CGROM、HCGROM 与 CGRAM 的字型；ST7920A 可以显示三种字型，分别是半宽的 HCGROM 字型、CGRAM 字型及中文 CGROM 字型，三种字型由在 DDRAM 中写入的编码选择，各种字型详细编码如下。

● 显示半宽 HCGROM 字型：将一字节写入 DDRAM 中，范围为 02H～7FH。

● 显示 CGRAM 字型：将两字节编码写入 DDRAM 中，总共有 0000H、0002H、0004H、0006H 四种编码。

● 显示中文 CGROM 字型：将两字节编码写入 DDRAMK ，范围为 A1A0H～F7FFH（GB码）或 A140H～D75FH（BIG5 码）。

② 绘图 RAM(GDRAM)。绘图显示 RAM 提供 128×8 字节的记忆空间，在更改绘图 RAM时，先连续写入水平与垂直的坐标值，再写入两字节的数据到绘图 RAM，而地址计数器（AC）会自动加 1；在写入绘图 RAM 的期间，绘图显示必须关闭，整个写入绘图 RAM 的步骤如下。

● 关闭绘图显示功能。
● 先将水平的位元组坐标（X）写入绘图 RAM 地址；
● 再将垂直的坐标（Y）写入绘图 RAM 地址；
● 将 D15～D8 写入到 RAM 中；
● 将 D7～D0 写入到 RAM 中；
● 打开绘图显示功能；
● 绘图显示的缓冲区对应分布可参考显示坐标相关内容。

（6）并行接口时序。写数据到 LCD12864 模块时序如图 4-23 所示。

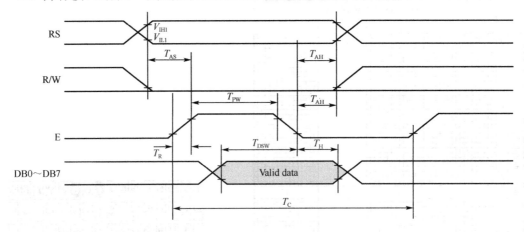

图 4-23　写数据到 LCD12864 模块的时序

从 LCD12864 模块读出数据时序如图 4-24 所示。

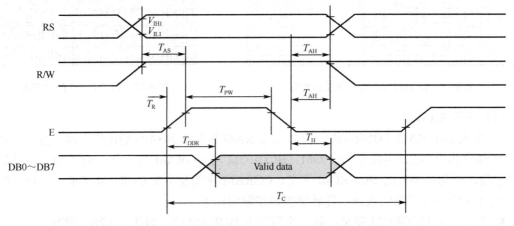

图 4-24　从 LCD12864 模块读出数据的时序

在并行方式工作下，输入控制端的基本操作功能如表 4-10 所示。

表 4-10　输入控制端的基本操作功能

RS	R/W	E	功　　能
0	0	下降沿	写指令代码
0	1	高电平	读取忙标志和 AC 码
1	0	下降沿	写数据
1	1	高电平	读数据

（7）LCD12864 并行接口设计例程。LCD12864 与单片机的并行接口设计非常简单，将单片机的数据端口 P0 连接到 LCD12864 的数据线上，而 RS、R/W、E 则使用单片机的 I/O 口来模拟。

LCD12864 并行数据传输程序设计如下。

```c
#include <reg51.h>
#define   LCDIO       P2                          //数据口
#define   LINE1       0                           //第 1 行
#define   LINE2       1                           //第 2 行
#define   LINE3       2                           //第 3 行
#define   LINE4       3                           //第 4 行
#define   HIGH        1                           //定义为高电平
#define   LOW         0                           //定义低电平
#define   CLEARSCREEN   LCD_en_command(0x01)      //清屏
#define   LCD_DELAY_TIME    40
#define   uchar      unsigned char
sbit    RS=P2^5;                                  //数据、命令选择，1 表示数据，0 表示指令
sbit    RW=P2^6;                                  //读、写操作选择，1 表示读，0 表示写
sbit    E=P2^7;                                   //使能信号
voidLCD_en_command(uchar);
/*****************************延时*****************************************************/
void LCD_delay(void)            //延时子函数
{
    uchari;
    for(i=LCD_DELAY_TIME;i>0;i--);     //保证 LCD 复位的最小延时
}
/*****************************延时*****************************************************/
void Delay(unsigned int n)      //延时函数
{
    unsignedinti=0,j=0;
    for (i=n;i>0;i--)
    for (j=0;j<1140;j++) ;
}
/***************************写数据函数*****************************************************/
void LCD_en_dat(uchardat)
{
    LCDIO=dat;
    RS=HIGH;
    RW=LOW;
```

```
    E=LOW;
    LCD_delay();
    E=HIGH;
}
/**************************写数据函数**************************************************/
void LCD_en_command(uchar Com)
{
    LCDIO= Com;
    RS= LOW;
    RW=LOW;
    E=LOW;
    LCD_delay();
    E=HIGH;
}
/**********************初始化函数**************************************************/
void LCD_init(void)
{
    LCD_en_command(0x30);              //设置 8 位串数据格式
    LCD_en_command(0x0c);              //开显示器
    LCD_en_command(0x80);              //显示起始地址
    CLEARSCREEN;                       //清屏
}
/************************设置地址函数**************************************************/
void LCD_set_xy( uchar x, uchar y )
{
    uchar address;
    if (y == 0)
        address = 0x80 + x;
    else if(y == 1)
    address = 0x90 + x;
    else if(y == 2)
        address = 0x88 + x;
    else
        address = 0x98 + x;
    LCD_en_command(address);
}
/************************写字符串函数**************************************************/
void LCD_write_string(uchar x, uchar y, uchar *s)
{
    LCD_set_xy( x, y );                //写入地址
    while (*s)                         //写入显示字符
    {
        LCD_en_dat(*s);
        s ++;
    }
}
```

测试程序，在 LCD 上显示如下汉字。

```
unsigned char code ma1[] ={"电子系统设计"};
unsigned char code ma2[]={"温度 1："};
unsigned char code ma3[]={"温度 2："};
unsigned char code ma4[]={"时间："};
void main(void)
{
    LCD_init();
    LCD_write_string(6, LINE1, ma1);
    while(1)
    {
        LCD_write_string(6, LINE2, ma2);
        LCD_write_string(6, LINE3, ma3);
        LCD_write_string(6, LINE4, ma4);
    }
}
```

4.3　触摸屏及接口电路设计

　　触摸屏是一种新型的智能输入设备，也是目前一种简单、方便的人机交互方式，使用者不必事先接受专业训练，仅需以手指触摸计算机显示屏上的图形或文字就可对主机进行操作，大大简化了智能设备的操作模式。触摸屏的界面直观、自然，给操作人员带来了极大的方便，免除了对键盘不熟悉所造成的苦恼，有效地提高了人机对话的效率，目前已经广泛地应用在自助取款机、PDA、媒体播放器、汽车导航器、手机和医疗电子设备等方面。

　　触摸屏是一种透明的绝对定位系统，不像计算机的鼠标那样是相对定位系统。绝对坐标系统的特点是每一次定位坐标与上一次定位坐标没有关系，每次触摸的信息都会通过校准转为屏幕上的坐标。目前，触摸屏有四种不同技术构成的类型，在实际中应该采用哪种触摸屏，关键要看应用环境的要求。总体而言，对触摸屏的要求主要有以下几点。

　　（1）触摸屏能够在恶劣环境中长期正常工作，工作稳定性是对触摸屏的一项基本要求。

　　（2）作为一种方便的输入设备，触摸屏能够对手写文字和图像等信息进行识别和处理，这样才能在更大程度上方便使用。

　　（3）触摸屏应用于以个人、家庭为消费对象的产品，必须在价格上具有足够的吸引力。

　　（4）触摸屏用于便携和手持产品时需要保证极低的功耗。

　　触摸屏和 LCD 不是同一个物理设备，触摸屏是覆盖在 LCD 显示器表面的输入设备，它可以记录触摸的位置，检测用户触摸的位置。触摸屏的输入是一个模拟信号，可通过触摸屏控制器转换为数字信号，再送给微处理器进行处理。从触摸屏的构成形式上，可分为电阻式触摸屏、电容式触摸屏、红外线式触摸屏和表面声波触摸屏四种类型。目前，使用较多的是电阻式触摸屏、电容式触摸屏和红外线式触摸屏。

4.3.1　电阻式触摸屏

　　电阻式触摸屏的屏体部分是一块覆盖在显示屏表面上的多层复合薄膜体，其基本结构是由一层玻璃或有机玻璃作为基层，表面涂有一层透明的导电层，导电层上面再盖有一层外表面经硬化处理，光滑、防刮的塑料层。塑料层的内表面也涂一层透明导电层，这样在两个导电层之间就有许多细小（小于千分之一英寸）的透明隔离点把它们隔离绝缘。触摸屏表面负责将受压的位置转换成模拟电信号，再经过 A/D 转换成数字量来表示触摸位置的 X、Y 坐标并送入 CPU 处理。

　　在进行工作时，电阻式触摸屏的上下导体层相当于二维精密电阻网络，即可以等效为沿 X 方向的电阻和沿 Y 方向的电阻。当某一层电极加上电压时，会在该网络上形成电压梯度。如有外力使得上下两层在某一点接触，则在另一层未加电压的电极上可以测得接触点处的电压，经 A/D 转换器后可得出其在屏幕上的具体位置。具体来讲，触摸屏是通过交替使用水平 X 和垂直 Y 电压梯度来获得 X 和 Y 方向的位置的。控制电路可以对接触点形成的不同电压进行 A/D 转换，最后转换成位置坐标信息。电阻式触摸屏会根据引出线数多少，分为四线、五线、六线等形式。通常，微处理器计算触摸位置的反应速度为 $10\sim20$ ms。

　　常用的四线电阻触摸屏结构与原理如图 4-25 所示，在触摸点 X、Y 坐标的测量过程中，测量电压与测量点的等效电路如图 4-26 所示，图中 P 为测量点。

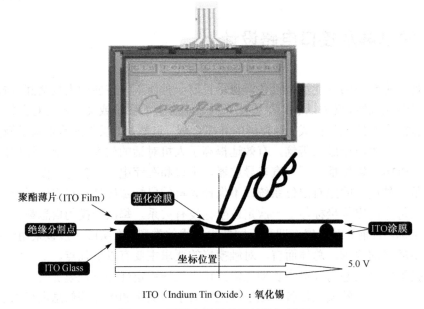

ITO（Indium Tin Oxide）：氧化锡

图 4-25　四线电阻触摸屏结构与原理

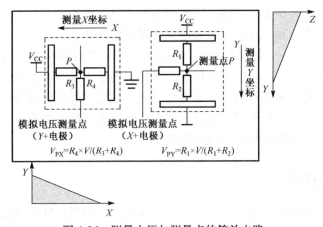

图 4-26　测量电压与测量点的等效电路

电阻式触摸屏的经济性很好，供电要求简单，通常适用于各种智能仪器和智能设备中。它的表面通常用塑料制造，比较柔软，不怕油污、灰尘、水，但太用力或使用尖锐利器可能会划伤触摸屏，耐磨性较差。

4.3.2 电容式触摸屏

电容式触摸屏的构造主要是在玻璃屏幕上镀一层透明的薄膜导体层，再在导体层外加上一块保护玻璃，双层玻璃设计能彻底保护导体层及感应器。此外，在附加的触摸屏四边均镀上狭长的电极，在导电体内形成一个低电压交流电场。当用户触摸屏幕时，在人体、手指与导体层间会形成一个耦合电容，四边电极发出的电流会流向触摸点。电流的强弱与手指及电极的距离成正比，位于触摸屏幕后的控制器会计算电流的比例及强弱，由此能够准确地计算出触摸点的位置。电容式触摸屏的双玻璃不但能保护导体及感应器，还能更有效地防止外在环境因素对触摸屏造成的影响，即使屏幕沾有污秽、尘埃或油渍，电容式触摸屏依然能准确地计算出触摸位置。电容式触摸屏示意图如图 4-27 所示。

电容式触摸屏的透光率和清晰度优于四线电阻式触摸屏，但是还存在触摸屏反光严重、对各波长光的透光率不均匀和存在色彩失真的问题。另外，电容式触摸屏还会由于湿度和温度的变化产生漂移现象。目前，电容式触摸屏被已经广泛用于手机、游戏机、公共信息查询及零售点等系统中。

4.3.3 红外线式触摸屏

红外线式触摸屏的工作原理是在触摸屏的四周布满红外线接收管和红外线发射管，这些红外线收发器在触摸屏表面成一一对应的排列关系，形成了一张由红外线布成的光网。当有物体（手指、戴手套或任何触摸物体）进入红外线光网阻挡某处的红外线发射或接收时，此点横竖两个方向上的红外线接收管接收到的红外线的强弱就会发生变化，控制器通过计算红外线的变化就能知道触摸的位置。红外线式触摸屏的示意图如图 4-28 所示。

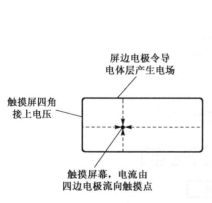

图 4-27　电容式触摸屏示意图

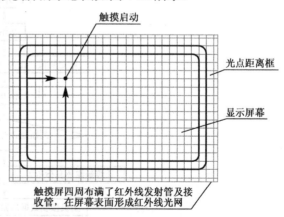

图 4-28　红外线式触摸屏示意图

红外线式触摸屏通常由控制器、发射电路、接收电路三部分组成，其中发射电路由移位锁存器、3-8 线译码器、恒流驱动器、红外线发射二极管等组成；接收电路由移位锁存器、多路选择器、红外线接收二极管、放大电路、A/D 转换器等构成。

发射管点亮时，微处理器将同时通过地址线寻址与发射管在位置上相对应的接收管，将接收到的光通量信号通过放大器放大，以及通过 A/D 转换器转换成数字信号，由微处理器进行处理，由此判断是否有触摸发生。通过这样处理可使发射管与接收管一一对应，从而确定触摸位置。接收电路必须与发射电路用相同型号的移位锁存器（如 TI 公司的 CD74AC164M），这样才能保证微处理器发出扫描信号后寻址相对应的接收管时，发射管和接收管在时序上应一一对应。

工作时，控制器中的微处理器控制驱动电路依次接通红外发射管，并同时通过地址线和数据线来寻址相应的红外接收管。当触摸屏幕时，手指或其他物品就会挡住经过该位置的横竖两个方向上的红外线，微处理器扫描检查时就会发现该受阻的红外线束，判断可能发生触摸，则立刻换到另一坐标再扫描。如果发现另外一轴也有一条红外线受阻，这表明屏幕被触摸，并经过计算判断出触摸点在屏幕的位置。ARM7 微控制器控制红外线式触摸屏的原理框图如图 4-29 所示，其软件流程图如图 4-30 所示。

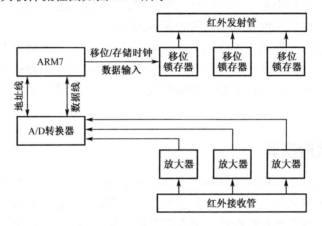

图 4-29　ARM7 微控制器控制红外线式触摸屏的原理框图

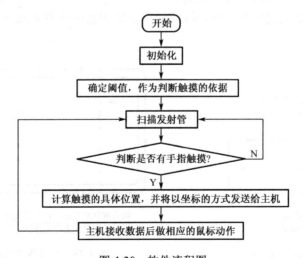

图 4-30　软件流程图

红外多点触摸屏的产生与应用，方便了人们对于数字产品的操作使用，真正实现了一个完整的人机互动体系。目前，红外多点触摸技术从各种触摸技术之中脱颖而出，已经开始取代鼠标、书写板甚至键盘的使用，红外多点触摸屏的发展也越来越呈现出多元化、专业化、简单化和大屏幕化等趋势。由此可见，红外多点触摸技术的迅速发展对于红外多点触摸屏的普及和发展将会发挥重要的作用。

4.3.4 触摸屏接口电路设计实例

针对触摸屏接口的设计，应首先确定触摸屏的类型及外形尺寸，然后选取配套的驱动芯片并设计连接电路。对于电阻式触摸屏，控制电路通常采用专用的集成电路芯片，如ADS7843。这种专业集成芯片会自动处理是否有笔或手指按下触摸屏，并在触摸时分别给两组电极通电，然后将其对应位置的模拟电压信号经过 A/D 转换后送回嵌入式微处理器。ADS7843 芯片的连接示意图如图 4-31 所示。

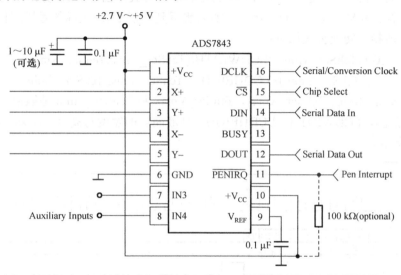

图 4-31　ADS7843 芯片连接示意图

ADS7843 芯片内部有一个 A/D 转换器，可以准确判断出触点的坐标位置，非常适合电阻式触摸屏，以 2.7～5 V 供电，转换率高达 125 kHz，功耗可达 750 μW，在自动关闭模式下其内部功耗为 0.5 μW，模拟到数字的转换精度（逐次比较型 A/D 转换器）可选 256 级（8 位）或 4096 级（12 位），命令字的写入以及转换后的数字量的读取可通过串行方式操作。ADS7843的引脚功能如表 4-11 所示。

表 4-11　ADS7843 的引脚功能

引 脚 号	引 脚 名	功 能 描 述
1、10	+V$_{CC}$	供电电源为 2.7～5 V
2、3	X＋、Y＋	接触摸屏正电极，A/D 转换器输入通道 1、通道 2
4、5	X－、Y－	接触摸屏负电极
6	GND	电源地
7、8	IN3、IN4	两个附属 A/D 转换器输入通道（A/D 转换器输入通道 3、通道 4）
9	V$_{REF}$	A/D 转换器参考电压输入

续表

引 脚 号	引 脚 名	功 能 描 述
11	$\overline{PENIRQ}$	终端输出，需接外接电阻（10 kΩ 或 100 kΩ）
12、14	DOUT、DIN	串行数据输出、输入，在时钟下降沿时刻输出数据，在时钟上升沿时刻输入数据
16	DCLK	串行时钟
13	BUSY	忙信号
15	$\overline{CS}$	片选

在实际中，具有实用价值的参数数据不仅与 ADS7843 采集到的对当前触摸点电压值的 A/D 转换值有关，而且还与触摸屏和 LCD 贴合的情况有关。由于 LCD 分辨率与触摸屏的分辨率通常不一样，其坐标也不相同，因此，如果想得到体现 LCD 坐标的触摸屏位置，还需要在程序中进行转换。转换公式如下：

$$X=(x\text{TchScr\_Xmin})\times\text{LCDWIDTH}/(\text{TchScr\_XmaxTchScr\_Xmin})$$
$$Y=(y\text{TchScr\_Ymin})\times\text{LCDHEIGHT}/(\text{TchScr\_YmaxTchScr\_Ymin})$$

其中，TchScr_Xmin、TchScr_Xmax、TchScr_Ymax 和 TchScr_Ymin 是触摸屏返回电压值在 X、Y 轴的范围，LCDWIDTH、LCDHEIGHT 是液晶屏的宽度与高度。ADS7843 的工作时序如图 4-32 所示。

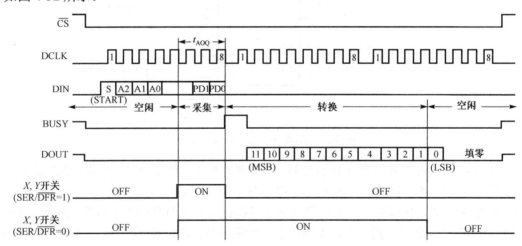

图 4-32　ADS7843 的工作时序

ADS7843 芯片通过标准 SPI 接口（详见本书 6.2.6 节）与 CPU 通信，操作简单、精度高。由于嵌入式微处理器一般都具有串行外设接口（SPI），所以与 ADS7843 芯片连接相对容易。通过 SPI 接口向 ADS7843 发送控制字，待转换完成后就可从 ADS7843 串口读出电压转换值并进行相应的处理。触摸屏驱动程序流程如图 4-33 所示。

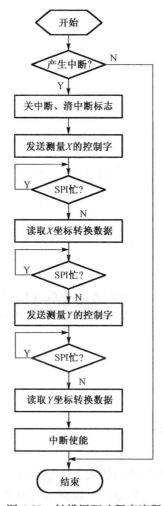

图 4-33　触摸屏驱动程序流程

习题与思考题

（1）简述人机交互接口发展的主要过程。

（2）在嵌入式系统的实际应用中，通常采用的按键接口电路有几种方式？

（3）简述在行列式键盘中采用键盘行扫描方式的工作原理。给出 4×4 键盘接口的程序流程图。

（4）简述 TFT LCD 显示器的结构组成及工作原理。

（5）LCD 显示器上显示字符和汉字的原理是什么？

（6）八段 LED 数码管有哪两种显示方式？简述各自的特点及适用场合。

（7）简述点阵式 LED 显示器的工作原理。

（8）在选用触摸屏时，应该注意哪几方面的事项？

（9）简述电阻式触摸屏检测坐标值的原理。

（10）简述电容式触摸屏的结构与工作原理。

（11）简述红外线式触摸屏的结构与工作原理。

（12）给出电阻式触摸屏的程序流程图。

第5章

系统输出通道电路设计

5.1 模拟量输出通道

在现代电子系统中，微处理器处理后的数字信号往往要用于控制外部执行装置或设备。根据不同的受控对象和具体要求，信号输出可以有不同的类型，如模拟量信号、开关量信号和数字量信号等。由于外部设备的种类及驱动功率等方面的需求不同，在微处理器与外设执行装置或设备之间还需要一个接口电路，以实现信号转换、参数匹配及功率驱动等功能。

5.1.1 概述

模拟量输出通道是智能系统实现控制模拟设备的关键，其任务是将处理结果送给被控对象。对于嵌入式控制系统，模拟量输出通道一般由接口电路、D/A 转换器（DAC）及驱动电路组成。在系统工作时，微处理器首先将控制信息通过 D/A 转换器转换成模拟信号，然后经过驱动电路（功率放大器等）驱动相应的执行机构或装置设备，达到控制的目的。在实际应用中，模拟量输出通道通常分为单路模拟量和多路模拟量两种输出通道结构。

单路模拟量输出通道结构如图 5-1 所示，其优点是转换速度快、工作可靠。目前，在部分嵌入式微处理器中，内部集成有寄存器和 D/A 转换器，D/A 转换器将数字量转换为模拟量后输出，但输出信号通常无法直接驱动外部的执行装置或设备，故需要增加放大变换电路。

图 5-1　单路模拟量输出通道结构

多路模拟量输出通道共用一个 D/A 转换器，其结构如图 5-2 所示。这种方式必须在微处理器控制下分时工作，依次把数字信号转化为模拟信号，然后通过多路开关分别传送给采样保持器和执行机构。这种结构形式的优点是节省了系统的成本，但由于是分时工作，一般适用于输出通道数量多且速度要求不高的场合。

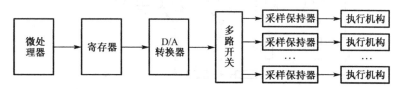

图 5-2　多路模拟量输出通道结构

5.1.2　D/A 转换器及应用

1. 概述

（1）组成与工作原理。D/A 转换器的作用是将微处理器中的数字量转换为相应的模拟量，D/A 转换过程示意图如图 5-3 所示。

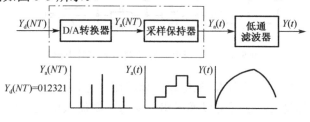

图 5-3　D/A 转换过程示意图

D/A 转换器内部结构一般包括数字缓冲寄存器、N 位模拟开关、译码网络、放大求和电路及基准电压源，如图 5-4 所示。

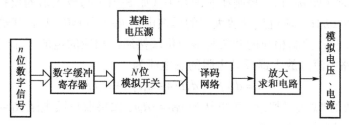

图 5-4　D/A 转换器内部结构

不同厂家生产的 D/A 转换器种类繁多，常见分类方式有：
- 按转换位数可分为 8 位、10 位、12 位、16 位等；
- 按数字量的输入形式可分为并行总线 D/A 转换器和串行总线 D/A 转换器；
- 按转换时间可分为超高速 D/A 转换器（<100 ns）、高速 D/A 转换器（100 ns～10 μs）、中速 D/A 转换器（10～100 μs）、低速 D/A 转换器（>100 μs）等；
- 按输出信号形式可分为电压输出型和电流输出型；
- 按输入是否含有锁存器可分为内部无锁存器和内部有锁存器两种形式。

在目前应用的 D/A 转换器中，通常采用倒 T 形（或称为 R-2R 形）的电阻开关网络结构，如图 5-5 所示。

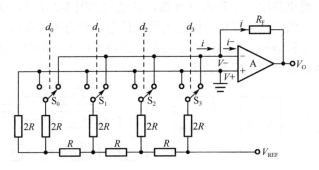

图 5-5　倒 T 形电阻开关网络结构

根据集成反向放大器的"虚假短路"概念（即 $V{-}{\approx}V{+}{\approx}0$），图 5-5 中，无论开关 S_3、S_2、S_1、S_0 与哪一边接通，各 $2R$ 电阻的上端都相当于接通"地电位"端，其等效电路如图 5-6 所示。

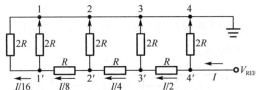

图 5-6　倒 T 形电阻开关网络的等效电路

设图 5-6 中电路中的总电流为 I，从电路可以看出，分别从 $11'$、$22'$、$33'$、$44'$ 每个端口向左看的等效电阻都是 R，这样可以推导出从参考电源流入电阻网络的总电流为

$$I = V_{REF}/R \tag{5-1}$$

其中，流过 $44'$ 端的电阻支路的电流为 $I/2$，流过 $33'$ 端、$22'$ 端、$11'$ 端的电阻支路的电流分别为 $I/4$、$I/8$、$I/16$。在图 5-5 中，开关 $S_3{\sim}S_0$ 受到数字量 $d_3d_2d_1d_0$ 的控制，当某位数字量 d_i 为"1"时（如 $d_0=1$），控制相应的开关（如 $S_0=1$）与放大器的反相输入端接通，相应电阻支路的电流（$I/16$）流过反向放大器的反馈电阻 R_F（因 $i{\approx}0$）后，其输出电压 $v_O={-}iR_F$；当某位数字量为 0 时，控制相应的开关与地电位端接通，相应的电流不流过放大器的反馈电阻 R_F。这样，电路中流过放大器反馈电阻的总电流为

$$i = d_3I/2 + d_2I/4 + d_1I/8 + d_0I/16 \tag{5-2}$$

根据集成运放的"虚地"概念，可以认为 $v_O={-}R_Fi$。如果取反馈电阻 $R_F=R$，并将式（5-1）和式（5-2）代入，则输出电压为

$$v_O = -R_FI/2^4\left(d_32^3 + d_22^2 + d_12^1 + d_02^0\right) = -V_{REF}I/2^4\left(d_32^3 + d_22^2 + d_12^1 + d_02^0\right) \tag{5-3}$$

式（5-3）表明，输出模拟电压正比于输入的数字量，实现了数字量转换为模拟量的功能。

对于 n 位的倒 T 形电阻开关网络的 D/A 转换器，输入为 n 位的二进制的数字量 $d_{n-1}d_{n-2}{\cdots}d_1d_0$，输出的模拟电压为

$$v_O = -V_{REF}I/2^n\left(d_{n-1}2^{n-1} + d_{n-2}2^{n-2} + \cdots + d_12^1 + d_02^0\right) \tag{5-4}$$

由于倒 T 形电阻开关网络的电阻取值只有 R 和 $2R$ 两种，整体电路的精度容易保证，且转换速度较快。目前，在并行高速 D/A 转换器中大都采用倒 T 形电阻开关网络制作的集成芯片，如 DAC0832（8 位）、5G7520（10 位）、AD7524（8 位）、AD7546（16 位）等。

（2）D/A 转换器的技术参数。D/A 转换器的技术参数很多，主要有转换精度、分辨率、转换误差和转换速度等。

① 转换精度。D/A 转换器的转换精度是指在整个工作区间内，实际的输出电压与理想输出电压之间的偏差，通常用分辨率和转换误差来描述。

② 分辨率。指当输入数字发生单位数码变化时所对应的输出模拟量的变化量。D/A 转换器的位数（输入二进制数码的位数）越多，输出电压的取值个数越多，就越能反映输出电压的细微变化，分辨率就越高。例如，某 8 位 D/A 转换器，参考基准输入电压 V_{REF}（模拟输出电压与其有直接关系）为 5 V，其分辨率为

$$V_{REF}/2^8 = 5000 \text{ mV}/256 \approx 19.5 \text{ mV}$$

在工程中有时也可以用 D/A 转换器的位数来衡量分辨率的高低，例如，8 位 D/A 转换器，分辨率的最低有效位（LSB）为

$$LSB = 1/2^8 = 1/256 = 0.0039 = 0.39\%$$

对于 n 位 D/A 转换器，分辨率为 $1/2^n$。分辨率是 D/A 转换器在理论上能达到的精度，不考虑转换误差时，转换精度即分辨率的大小。

③ 转换误差。由于各元器件参数值存在误差、基准电压源不够稳定，以及运算放大器的漂移等，使 D/A 转换器实际转换精度受转换误差的影响，低于理论转换精度。转换误差是指实际输出的模拟电压与理想值之间的最大偏差，常用这个最大偏差与输出电压满刻度（Full Scale Range，FSR）的百分比或最低有效位（LSB）的倍数表示。转换误差一般是增益误差、漂移误差和非线性误差的综合指标。

④ 转换速度。一般由建立时间决定，建立时间是指当输入的数字量变化时，输出电压进入与稳态值相差范围内的时间。输入数字量的变化越大，建立时间越长。所以输入从全 0 跳变为全 1（或从全 1 变为全 0）时建立时间最长，该时间称为满量程建立时间，一般技术手册上给出的建立时间是指满量程建立时间。

此外，还有温度系数等技术参数。

在进行含有 D/A 转换器的输出电路设计过程中，选用 D/A 转换器时应主要考虑如下几个方面。

● D/A 转换器用于什么系统、应转换输出的数据位数、系统的精度及线性度；
● 输出的模拟信号类型，包括输出信号的范围、极性（单/双极性）、信号的驱动能力、信号的变化速度；
● 系统工作带宽要求，D/A 转换器的转换时间、转换速率，高速应用还是低速应用；
● 基准电压源的来源，基准电压源的幅度、极性及稳定性，电压是固定的还是可调的，是外部提供还是 D/A 转换芯片内部提供等。

另外，还有成本及芯片来源等因素。

目前应用的 D/A 转换器芯片种类繁多，不同形式的 D/A 转换器与微处理器接口有所不同，下面分别以并行 D/A 转换器和串行 D/A 转换器为例进行介绍。

2. 8 位并行 D/A 转换器 DAC0832 及应用

（1）概述。DAC0832 是美国国家半导体公司采用 CMOS 工艺生产的 8 位并行 D/A 转换器集成电路芯片，具有与微控制器连接简单、转换控制方便、价格低廉等特点，因而得到了广泛的应用。DAC0832 引脚如图 5-7 所示，主要性能如下。

- 分辨率为 8 位；
- 转换时间为 1 μs；
- 参考电压为±10 V；
- 单电源为＋5～＋15 V；
- 功耗为 20 mW。

各引脚含义如下。

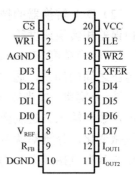

图 5-7　DAC0832 引脚分布图

- DI7～DI0：8 位数字量输入信号，其中 DI0 为最低位，DI7 为最高位。
- ILE：输入寄存器的允许信号，高电平有效。
- $\overline{CS}$：片选信号，低电平有效。
- $\overline{WR1}$：数据写入输入寄存器的控制信号，低电平有效。
- $\overline{XFER}$：数据传送信号，它用来控制何时允许将输入寄存器中的内容锁存到 8 位并行 DAC 的寄存器中进行 D/A 转换。
- $\overline{WR2}$：DAC 寄存器的写选通信号，DAC 寄存器的锁存信号 $\overline{LE2}$，当 $\overline{XFER}$ 和 $\overline{WR2}$ 同时允许时，$\overline{LE2}$ 为高电平，DAC 寄存器的输出随寄存器的输入变化，在 $\overline{LE2}$ 端的下降沿时将输入寄存器的 8 位数字量锁存到 DAC 寄存器并开始 D/A 转换。
- V_{REF}：参考电压输入端。
- R_{FB}：芯片内部反馈电阻的接线端，可直接作为运算放大器反馈电阻。
- I_{OUT1}：电流输出端 1。
- I_{OUT2}：电流输出端 2。
- VCC：电源输入端。
- AGND：模拟地，一般情况下，它可与数字地相连，要求较高的场合应分开。
- DGND：数字地。

DAC0832 的内部结构如图 5-8 所示，主要由 8 位输入寄存器、8 位 DAC 寄存器、8 位 D/A 转换器以及门控电路等组成。由于内部无参考电源，故需要外接。DAC0832 输出是电流型信号，如要获得电压输出需外加转换电路。由于 DAC0832 采用了 8 位输入寄存器和 8 位 DAC 寄存器二次缓冲方式，这样可以在 D/A 转换器输出的同时输入下一个数据，以便提高转换速度。DAC0832 的输入数据为 8 位，其逻辑电平与 TTL 电平兼容，故可以直接与处理器的数据总线相连。

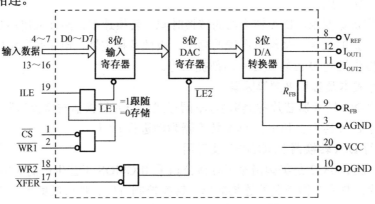

图 5-8　DAC0832 的内部结构

（2）接口方式及工作原理。根据 DAC0832 的 $\overline{CS}$、$\overline{WR1}$、$\overline{WR2}$、$\overline{XFER}$ 控制端的不同组合接法，可以有如下三种工作方式，如图 5-9 所示。

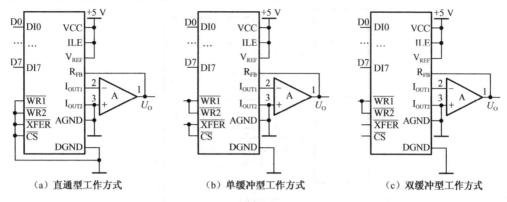

（a）直通型工作方式　　　　（b）单缓冲型工作方式　　　　（c）双缓冲型工作方式

图 5-9　DAC0832 的三种工作方式

在直通型工作方式下，$\overline{CS}$、$\overline{WR1}$、$\overline{WR2}$、$\overline{XFER}$ 连接数字地，ILE 接高电平+5 V，芯片处于直通状态。只要输入数字量 D0～D7，就立即进行 D/A 转换，并输出转换结果。此方式不易实现接口控制，用得较少。

在单缓冲型工作方式下，两个寄存器中的一个处于直通状态，另一个处于受控锁存器状态或两个寄存器同步受控。该方式适用于只有一路模拟输出或有多路输出时，但不要求多路同时输出的场合。图 5-10 所示为单缓冲型工作方式下 DAC0832 与 51 系列微控制器（单片机）的一种连接方法，即单缓冲异步接口，只要在 DAC0832 输出端配置一个单极性电压运算放大器，可实现单极性的 D/A 转换输出。当模拟量输入在 00～FFH 时，电压的输出量为 0～+V_{REF} 或 0～-V_{REF}。单极性电路输入数据与输出电压关系如表 5-1 所示。

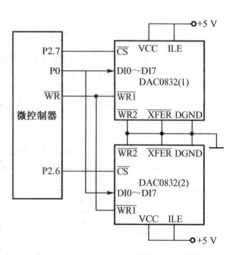

图 5-10　单缓冲异步接口

表 5-1　单极性电路输入数据与输出电压关系

DAC 锁存内容 MSB　　LSB	模拟输出电压 U_{OUT}
11111111	$-(255/256)V_{REF}$
10000001	$-(129/256)V_{REF}$
10000000	$-(128/256)V_{REF}=-(1/2)V_{REF}$
01111111	$-(127/256)V_{REF}$
00000001	$-(1/256)V_{REF}$
00000000	0

对多路 D/A 转换接口，要求同步进行 D/A 转换输出时，必须采取双缓冲同步接口方式，电路如图 5-11 所示。数字量的输入锁存和 D/A 转换输出分两步完成，即微控制器数据总线

分时向各路 DAC 输入待转换的数字量并锁存到各路的输入寄存器中，然后对所有的 DAC 发出控制信号，使各个 DAC 输入寄存器中的数据实现 D/A 转换输出。

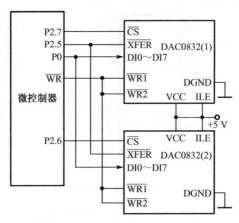

图 5-11 双缓冲同步接口

在实际应用中，有时不仅需要单极性输出，还需要双极性输出。DAC0832 输出端配置有两级运算放大器，可实现双极性单缓冲工作电路，如图 5-12 所示。由于图中的 V_{REF} 为 5 V，所以电路中第 1 级运算放大器输出为单极性电压 0～-5 V，第 2 级运算放大器输出为双极性电压±5 V。双极性输入数据与输出电压关系如表 5-2 所示，输出信号的最大电压幅值由 D/A 的参考电压 V_{REF} 决定。

表 5-2 双极性电路输入数据与输出电压关系

DAC 锁存内容	模拟输出电压 U_{OUT}
MSB　　　LSB	
11111111	$+(127/128)V_{REF}$
10000001	$+(1/128)V_{REF}$
10000000	0
01111111	$-(1/128)V_{REF}$
00000001	$-(127/128)V_{REF}$
00000000	$-V_{REF}$

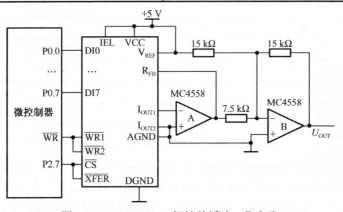

图 5-12 DAC0832 双极性单缓冲工作电路

双极性单缓冲方式工作电路的输入寄存器选择信号及数据传送信号都与片选信号相连，两级寄存器的写信号 $\overline{WR1}$、$\overline{WR2}$ 可由微控制器 AT89S51 的 $\overline{WR}$ 端控制，使两个寄存器同时选通及锁存。当片选信号选中 DAC0832 后，只要发出 $\overline{WR}$ 控制信号，DAC0832 就能一步完成数字量的输入锁存和 D/A 转换输出。DAC0832 具有数字量的输入锁存功能，所以数字量可以直接从 P0 口送入。由于 DAC0832 是电流型输出，需要配置运算放大器将电流输出转换为电压输出形式。另外，通过编写不同的软件，利用该电路可以分别产生锯齿波、三角波、方波和正弦波等信号。

（3）正弦波信号发生器的设计与实现。设计一个由微控制器和 DAC0832 组成的一个正弦波信号发生器，其产生正弦波最简单的办法是将一个周期内转换的电压幅值（-5 V～+5 V）按照 8 位 D/A 转换分辨率分为 256 个数值并列成表格，然后依次将这些数字量送入 D/A 转换器进行转换。只要循环输入数值，经过双极性运算放大器就可以产生连续的正弦波。正弦波信号发生器的硬件部分设计可以参照图 5.12 所示的电路，工作在双极性单缓冲方式下，端口地址为 7FFFH。软件可以采用 C 语言编写，输出正弦波电压信号的程序如下。

```
#INCLUDE <ABSACC.H>
#INCLUDE <REG51.H>
#DEFINE DAC0832 XBYTE[0X7FFF]
#DEFINE UCHAR UNSIGHED CHAR
UCHAR CODE TABSIN[256]=
{0X80,0X83,0X86,0X89,0X8D,0X90,0X93,0X96,0X99,0X9C,0X9F,0XA2,0XA5,0XA8,0XAB,0XAE,0XB1,
0XB4,0XB7,0XBA,0XBC,0XBF,0XC2,0XC5,0XC7,0XCA,0XCC,0XCF,0XD1, … ,0X5A,0X5D,0X60,0X63,0X66,
0X69,0X6C,0X6F,0X72,0X76,0X79,0X7C,0X80 };
void main (void)
{
    UCHAR I;
    while(1)
    {
        for(I=0;I<256;I++)
        DAC0832=TABSIN[I];
    }
}
```

这种方式同样也适用于其他一些波形信号的发生器。

3. 串行 D/A 转换器 TLC5615 及应用

由于串行 D/A 转换器占用微控制器的引脚数少和功耗低，所以在便携式智能系统中的应用极为广泛。例如，TLC5615 是美国德州仪器公司生产的具有串行外设接口总线（Serial Peripheral Interface，SPI，详见 6.2.6 节）的 10 位 D/A 转换器芯片，其性价比高，通过三根串行总线即可完成 10 位数据的串行输入。TLC5615 的主要特性如下：

● 10 位 CMOS 电压输出，5 V 单电源供电；
● 与微控制器采用三线串行接口连接；
● 最大输出电压可达基准电压的 2 倍，输出电压和基准电压极性相同；
● D/A 转换器的建立时间为 12.5 μs，内部上电复位；
● 低功耗，最大仅为 1.75 mW。

（1）芯片引脚及内部结构。TLC5615 采用双列直插式（DIP）封装形式，其引脚分布如图 5-13 所示，各引脚的功能如下。

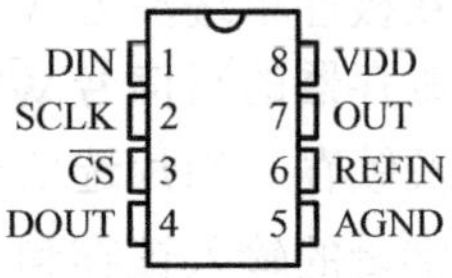

- DIN：串行二进制数输入端。
- SCLK：串行时钟输入端。
- $\overline{CS}$：芯片选择端，低电平有效。
- DOUT：用于级联时的串行数据输出端。
- AGND：模拟地。
- REFIN：基准电压输入端，通常取 2.048 V。
- OUT：模拟电压输出端。
- VDD：正电源端，4.5～5.5 V，通常取 5 V。

图 5-13　TLC5615 引脚分布

TLC5615 的内部功能结构框图如图 5-14 所示，主要由电压跟随器、16 位移位寄存器、并行输入/输出的 10 位 DAC 寄存器、10 位 DAC 转换电路、放大器，以及上电复位电路和逻辑控制电路等组成。其中电压跟随器为参考电压端 V_{REFIN} 提供高的输入阻抗（约为 10 MΩ）；16 位移位寄存器分为高 4 位虚拟位、10 位数据位及低 2 位填充位，用于接收串行移入的二进制数，并将其送入并行输入/输出的 10 位 DAC 寄存器。

寄存器输出的内容送入 10 位 DAC 转换电路后，由 DAC 转换电路将 10 位数字量转换为模拟量并进入放大器，放大器将模拟量放大为最大值为 $2V_{REFIN}$ 的输出电压，并从模拟电压输出端 V_{OUT} 输出。

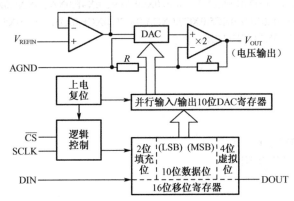

图 5-14　TLC5615 的内部功能结构框图

（2）TLC5615 的工作方式。TLC5615 具有级联和非级联两种工作方式。工作在非级联方式（单片工作）时，只需从 DIN 端向 16 位移位寄存器输入 12 位数，其中，前 10 位为待转换有效数据位，且输入时高位在前，低位在后；后 2 位为填充位，填充位的数据可以为任意值（一般填入 0）。在级联（多片同时）工作方式下，可将本片的 DOUT 端连接到下一片的 DIN 端，此时，需要向 16 位移位寄存器先输入高 4 位虚拟位，再输入 10 位有效数据位，最后输入低 2 位填充位。由于增加了高 4 位虚拟位，所以需要 16 个时钟脉冲。无论工作于哪一种方式，输出电压均为

$$V_{OUT} = V_{REFIN}(D/1024)$$

式中，D 为待转换的数字量。

（3）工作时序。TLC5615 的工作时序如图 5-15 所示。从工作时序图可看出，串行数据的

输入和输出必须满足片选信号 $\overline{CS}$ 为低电平和时钟信号 SCLK 有效跳变两个条件。当片选 $\overline{CS}$ 为低电平时，输入数据 DIN 由时钟 SCLK 同步输入或输出，最高有效位在前，最低有效位在后。在 SCLK 的上升沿会将串行输入数据 DIN 移入内部 16 位移位寄存器中，在 SCLK 的下降沿会在 DOUT 输出串行数据，在片选 $\overline{CS}$ 的上升沿时将数据传送至 DAC 寄存器。

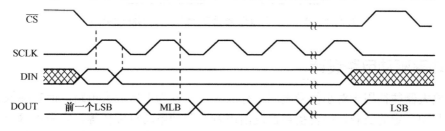

图 5-15 TLC5615 的工作时序

当片选 $\overline{CS}$ 为高电平时，串行输入数据 DIN 不能由时钟同步送入移位寄存器；输出数据 DOUT 保持最近的数值不变而不进入高阻状态。也就是说，SCLK 的上升沿和下降沿都必须发生在 $\overline{CS}$ 为低电平期间。当片选 $\overline{CS}$ 为高电平时，输入时钟 SCLK 为低电平。

（4）微控制器与 TLC5615 的连接。AT89C51 微控制器与 TLC5615 的连接电路如图 5-16 所示，TLC5615 工作于非级联方式，AT89C51 微控制器的 P3.0、P3.1、P3.2 分别控制 TLC5615 的片选端 $\overline{CS}$、串行时钟输入端 SCLK 和串行数据输出端 DIN，采用 C 语言编写的转换程序如下。

```c
#define SPI_CLK P3_1
#define SPI_DATA P3_2
#define CS_DA P3_0
void da5616(uint da)
{
    uchar i;
    da<<=6;

    CS_DA=0;
    SPI_CLK

    for(i=0; i<12; i++)
    {
        SPI_DATA=(bit)(da&0x8000);
        SPI_CLK=1;
        da<<1;
        SPI_CLK=0;
    }

    CS_DA=1;
    SPI_CLK=0;
}
```

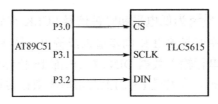

图 5-16 AT89C51 微控制器与 TLC5615 的连接电路

5.1.3 功率驱动电路设计

多级放大器往往用于对小信号电压进行放大，也称为电压放大电路。而功率放大器的输出要直接驱动一定的负载，如使扬声器发出声音、驱动电动机旋转等，它是以输出功率为主要技术指标的放大电路，此电路中的晶体管主要起能量转换作用，即把电源提供的直流电能转化为由信号控制的输出交变电能。由于目前功率放大器的类型和品种较多，所以要根据实际情况选择合适的功率放大器。

1. 双电源互补对称型功率放大器

双电源互补对称型功率放大器又称为无输出电容功率（Output Capacitor Less，OCL）放大电路，图 5-17 所示为其内部电路，VT_1、VT_2 分别为 NPN 和 PNP 型晶体管，并且输出特性相同，因此也称为互补对称晶体管。

当输入信号为零（$u_i=0$）时，VT_1、VT_2 截止，输出电流为 0，负载电阻上没有电压（$u_o=0$）。在静态时，放大电路不需要直流电源提供功率，其静态损耗为零；当加入正弦输入信号后，在正半周周期内，VT_1 因发射结正向偏置而导通，负载电阻 R_L 上有电流流过，其方向自上而下，如图中 i_{c1} 所示，VT_2 因发射结反向偏置而截止；在正弦输入信号的负半周周期内，VT_2 因发射结正向偏置而导通，R_L 上同样有电流通过，其方向自下而上，如图中 i_{c2} 所示，此时 VT_1 因发射结反向偏置而截止。对应于 u_i 的一个周期，输出电流的正半周是 i_{c1}，负半周是 i_{c2}，从而可以合成一个完整的正弦波。

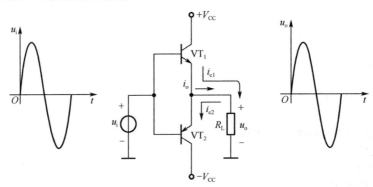

图 5-17 双电源互补对称型功率放大器内部电路

对于互补对称晶体管 VT_1 和 VT_2，在正弦输入信号 u_i 作用下，每个晶体管导通半个周期，在负载上合成的电流和电压是完整的正弦波，按这种方式工作的电路称为互补电路。如果忽略 VT_1 和 VT_2 输入特性死区的影响，那么负载电阻 R_L 上的电压波形与输入信号的波形相似。

2. 单电源互补对称型功率放大器

上面介绍的互补对称型功率放大器在工作时需要双电源供电，如果实际中需要采用单电源互补对称型功率放大器，其内部电路如图 5-18 所示。由于在电路中去掉了负电源，所以需要接入一个容量大的电容 C，该电容作用是在信号正半周时起到隔直通交，负半周放大时起到负向电压的作用。由于这种电路的输出端不连接变压器，所以称为无输出变压器（Output Transformer Less，OTL）功放电路。图 5-18 中的 V_1、V_2 是为了克服交越失真而接入的正向偏置电源，在实际电路中可用两个二极管来代替。

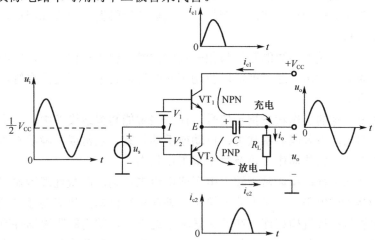

图 5-18　单电源互补对称型功率放大器内部电路

静态时，调整晶体管发射极电位使 $U_E= V_{CC}/2$。这样在输入信号作用下，输出电位 u_o 以 $V_{CC}/2$ 为基准上下变化，并随 VT_1、VT_2 轮流导通实现双向跟随。由于电容 C 的容量足够大，使电容充放电回路时间常数远大于信号周期，因此在信号变化过程中，电容两端电压基本不变。对信号 u_i 而言，C 的容抗接近于 0，因此能够把信号传给负载。而电容上具有的恒定电压 $V_{CC}/2$，则可看成信号负半周工作时 VT_2 的直流电压源。

3. 集成功率放大器（集成功放）

目前功率放大器都被做成集成化的器件，其种类很多，现以单电源的集成功率放大电路（Integrated Circuit Power Amplifier）LM384 为例，对集成功放进行简单介绍。LM384 功放的外部连接电路如图 5-19 所示，电路中的耦合电容（500 μF）用于驱动扬声器和保持运放输出电压为 $V_{CC}/2$。为了便于组件散热和降低连线端阻抗，输出端具有 7 个地线引脚（3、4、5、7、10、11、12）。

LM384 集成功放允许的最大电源电压 V_{CC} 为 28 V。当 V_{CC}=26 V、$R = 8\ \Omega$ 时，可以获得输出电压的峰-峰值为 22 V，相应的输出功率 $P_c = 7.6$ W，失真约为 5%。当输出电压峰-峰值减少到 18 V 时，输出功率会降到 5.1 W，而失真却仅为 0.2%。

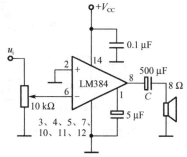

图 5-19　LM384 集成功放的外部连接电路

5.2　开关量输出及驱动电路设计

在微处理器控制装置中，数字量输出通道一般是由输出锁存器、输出驱动电路等组成的，其输出数字信号主要包括开关量和数字信号,其中开关量输出信号一般分为小功率信号驱动、中功率信号驱动和大功率信号驱动三种形式。

（1）开关量控制信号。某些系统的被控对象是开关式的控制执行机构或开关式器件,如电磁阀、电磁离合器、继电器、接触器和双向可控硅等。这些外设只有"开"和"关"两种工作状态,所以可以采用二进制的"1"和"0"来表示。因此,在实际中常利用一位二进制数来控制这些开关式器件的运行状态。例如,继电器或接触器的闭合和释放、马达的启动和停止、阀门的打开和关闭等。

（2）报警信号。将被测参数的数值与预先设定的参考值进行比较,比较的结果（大于或小于）以开关量的形式输出,这样就可以驱动声光报警装置来实现越限报警,或者输出到控制设备以采取相应措施。

（3）反映系统本身的工作状态指示信号。在一些智能装置或设备中,为了表示其内部的一些工作状态,例如,投入或后备状态、自动或手动状态、正常或故障状态等,都可以用开关量输出信号来表征,以使操作人员及时了解工作状态。

在实际中,外部执行机构通常需较大电压或电流来控制,而微处理器输出的开关量大多为 TTL 电平或 CMOS 电平,一般不能直接驱动外部执行机构,故需要经过锁存器并经过隔离和驱动电路才能与执行机构相连。在开关量输出通道中,常用的隔离器件有光电耦合器件和继电器,常用的驱动电路有小功率信号驱动电路、集成驱动芯片及固态继电器等。

1. 小、中功率驱动接口电路

常用小功率负载,如发光二极管、LED 显示器、小功率继电器等装置,一般要求具有 10～40 mA 的驱动能力,通常采用小功率晶体管（如 9012、9013、8050、8550 等）和集成电路（如 75451、74LS245 等）作为驱动电路,图 5-20 所示为小功率晶体管驱动电路。中功率驱动接口电路常用于驱动功率较大的继电器和电磁开关等装置,一般要求具有 50～500 mA 的驱动能力,通常可采用中功率的集成电路（如 MC1412、MC1413、MC1416 等）来驱动,图 5-21 所示为中功率集成驱动电路。

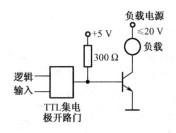

图 5-20　小功率晶体管驱动电路

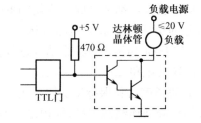

图 5-21　中功率集成驱动电路

2. 固态继电器输出接口电路

固态继电器（Solid State Relays,SSR）是一种全部由固态电子元器件组成的新型无触点功率型电子开关,内部采用开关晶体管、可控硅（晶闸管）等半导体器件,利用光电隔离技术实现控制端（输入端）与负载回路（输出端）之间的电气隔离。SSR 可达到无触点、无火花地接通和断开电路的目的,因此也称为无触点开关。SSR 具有开关速度快、体积小、质量小、寿命长、工作可靠等优点,特别适合控制大功率的设备。

5.3　电机驱动电路设计实例

5.3.1　直流电机控制

直流电机是应用最广、最常见的一类电力拖动设备，具有启动转矩大、调速性能好等特点。

对于直流电机的控制，一般有改变电枢回路电阻调速、改变电枢电压调速、采用晶闸管变流器供电的调速、改变励磁电流调速、脉冲宽度调制（PWM）调速等方法。对于小型直流电动机的控制，脉宽调制调速是最为简单、易行且有效的方法。

图 5-22 是由 TD340 和 4 个 MOSFET 构成的 H 桥式驱动电路。当 MOS 管 Q1、Q4 导通，Q2、Q3 截止时，电流从电机的 1 端流向 2 端，电机正转；当 MOS 管 Q2、Q3 导通，Q1、Q4 截止时，电流从电机的 2 端流向 1 端，电机反转。如果不持续导通某一组 MOS 管，而是在控制端加载 PWM 信号，就可以实现对直流电机的双向连续调速。

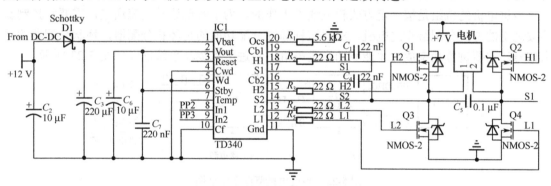

图 5-22　TD340 与 4 个 MOSFET 构成的 H 桥式驱动电路

TD340 驱动器芯片是 ST 公司推出的一种用于直流电机驱动的控制器件，可用于驱动 N 沟道 MOSFET。TD340 采用双列贴片式封装，各引脚的功能如下：

- L1、L2：低边门极驱动。
- H1、H2：高边门极驱动。
- Stby：待机模式。
- Wd：看门狗信号输入。
- Cwd：设置看门狗电容端。
- Vout：用于微处理器的 5V 电压。
- Cf：设置 PWM 频率的外部电容接入端。
- In1：模拟或数字信号输入端。
- In2：电机旋转方向控制端。
- Vbat、Gnd：电源正端和地端。

TD340 和 H 桥构成的直流电机调速系统具有元器件需求少、所占空间小、装配成本低等优点，同时由该器件驱动的 MOS 功率管可根据实际需求选择，驱动功率可灵活设置。

TD340 内集成有可驱动 N 沟道高速功率 MOS 管的电荷泵和内部 PWM 发生器，可进行速度和方向控制而且器件本身功耗很低，同时具有过压（＞20 V）、欠压（＜6.2 V）保护功能，以及反向电源保护功能。TD340 内含可调的频率开关（0～25 kHz）及待机模式，且集成了看门狗和复位电路。

除此之外，TD340 芯片还具有 H 桥直流电机部分和微控制器之间的必要接口，直流电机的速度和方向可由外界输入给 TD340 的信号来控制。其中速度由 PWM 来控制，当然也可以接收外部的脉冲宽度调制（PWM）信号。当 TD340 的 Cf 端通过电容接地时，0～5 V 的模拟输入即可产生 PWM 输出。实际上，当 Cf 端直接接地时，输入 TD340 的数字 PWM 信号便可驱动直流电机。

5.3.2　步进电机控制

步进电机是一种将电脉冲信号转换成直线或角位移的执行元件，具有控制特性好、误差不长期积累、步距值不受各种干扰因素的影响等优点。步进电机转子转动的速度取决于脉冲信号的频率，总位移量取决于总的脉冲数，它作为伺服电动机应用于控制系统时，可以使系统简化、工作可靠，而且可以获得较高的控制精度。

步进电机的绕组是按一定方式轮流通电工作的，为了实现这种轮流通电，需要将控制脉冲按规定的方式分配给步进电机，实现这种脉冲分配功能的是环状分配器，环状分配器的输出信号还需要进行功率放大才能驱动步进电机。步进电机驱动系统框图如图 5-23 所示。

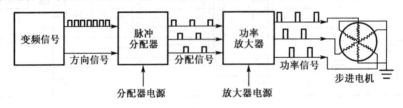

图 5-23　步进电机驱动系统框图

环状分配器可由硬件或软件构成，硬件环状分配器可以是由门电路和双稳态触发器组成的逻辑电路，也可以使用 CH250 等专用集成电路。环状分配器同样可以很容易地通过软件实现，只需在微控制器内存中建立环状分配表，设计延时子程序来控制步进频率即可。

步进电机驱动电路可以由分立元件构成，也可以使用集成电路来辅助完成设计。L297 和 L298 是意法半导体（ST）公司推出的两款步进电机驱动组合电路芯片，可方便地组成步进电机驱动器。L297 是步进电动机控制器（包括环状分配器），L298 是双 H 桥式驱动器。使用集成电路的优点在于需要的元件很少，从而使得装配成本低、可靠性高，并且 L297 和 L298 都是独立的芯片，应用比较灵活。

L297 芯片是一种硬件环状分配器集成芯片，可产生四相驱动信号，用于两相双极或四相单极步进电机，其核心部分是一组译码器，能产生各种所需的相序。L297 的 CONTROL 端的输入决定斩波器对相位线 A、B、C、D 或选通输入线 INH1 和 INH2 起作用。CONTROL 为高电平时，对 A、B、C、D 有控制作用；CONTROL 为低电平时，则对 INH1 和 INH2 起控制作用，从而可对电动机转向和转矩进行控制。译码器有四个输出点连接到输出逻辑部分，提供抑制和斩波功能所需的相序。

L297 能产生三种相序信号，分别对应于半步方式、基本步距一相激励方式和基本步距两相激励方式（双四拍）三种不同的工作方式。

（1）半步方式（Half Step）。设定 HALF/FULL 信号为高电平，步进电机的半步方式如图 5-24 所示，其内部定子绕组的励磁是一相与两相相间的，此时步进电机每接收一个脉冲，只转过半个步距角。步进电机工作于该模式时，步进电机所获得的转矩与常规值相比偏小。

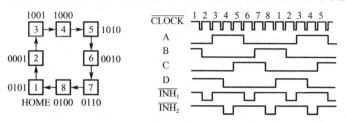

图 5-24　步进电机的半步方式

（2）基本步距（Full Step，整步）一相激励方式（见图 5-25）。设定 HALF/FULL 信号为低电平，此时步进电机工作于单四拍工作方式。步进电机工作于基本步距一相励磁方式时，其内部定子绕组的励磁在任何一个时刻都是一相的，此时步进电机每接收一个脉冲，转过一个步距角。步进电机工作于基本步距一相励磁方式时，步进电机获得常规转矩。

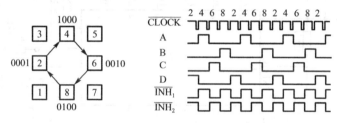

图 5-25　步进电机的基本步距一相激励方式

（3）基本步距两相激励方式（见图 5-26）。步进电机工作于基本步距两相励磁方式时，此时步进电机工作于双四拍工作方式，其内部定子绕组的励磁在任何一个时刻都是两相的，此时步进电机每接收一个脉冲，转过一个步距角。步进电机工作于基本步距两相励磁方式时，步进电机获得的转矩相对前两种而言是最大的。

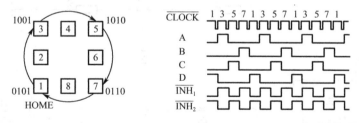

图 5-26　步进电机的基本步距两相激励方式

L297 是通过两个 PWM 斩波器来控制相绕组电流的，从而实现恒流斩波控制以获得良好的矩频特性。每个斩波器由一个比较器、一个 RS 触发器和外接采样电阻组成，并由一个共用振荡器向两个斩波器提供触发脉冲信号。

$$f=1/(0.69RC)$$

完整的 L297+L298 步进电机驱动电路如图 5-27 所示。该电路的相关技术参数如下：驱动频率 $T=1.44[(R_1+2R_2)\times C_1]$，每秒可达 0.6～596 step，电机的转数可达 0.18～178 rpm。

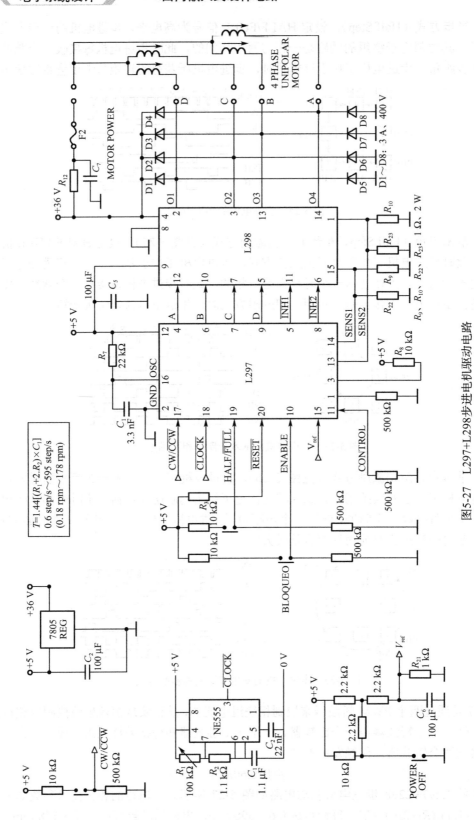

图5-27 L297+L298步进电机驱动电路

L298 芯片是一种高电压、大电流双全桥式驱动器，其输入端口为标准 TTL 逻辑电平信号，可驱动感性或纯阻性负载。L298 的引脚说明如下：

- 1、15 引脚：保护取样电阻。
- 2、3、13、14 引脚：内部桥式驱动输出。
- 4 引脚：源驱动电源。
- 9 引脚：逻辑电路电源。
- 5、7、10、12 引脚：逻辑电平输入。
- 6、11 引脚：选通输入控制。
- 8 引脚：地。

习题与思考题

（1）简述多路模拟量输出通道的组成结构。

（2）D/A 转换器一般分为哪几种类型？其主要特点是什么？

（3）D/A 转换器主要技术指标有哪些？

（4）在实际应用中，如何选用 D/A 转换器？

（5）假设系统采用某 10 位并行 D/A 转换器，其输出电压为 0～5 V。当 CPU 送出"80H,40H,10H"时，对应的模拟电压为多少？

（6）某执行装置的输入信号的变换范围是 4～20 mA，要求其转换精度达 0.05%，应如何选择 D/A 转换器？其分辨率为多少？

（7）参照图 5-12，试采用 51 系列单片机与 DAC0832 等相关电路完成三角波信号发生器功能的程序流程图并编写相应的程序。

（8）功率放大器与电压放大器相比较，主要有哪几方面的差别？

（9）简单说明 OTL 和 OCL 功率放大器各自的特点。

（10）微处理器输出的开关量信号一般有哪几种基本形式？

（11）简述步进电机控制的工作原理。

（12）试完成采用 51 系列单片机实现对工作在基本步距一相激励方式下步进电机的程序流程图并编写相应的程序。

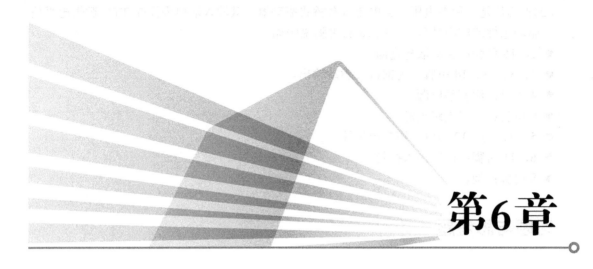

第6章

通信接口电路设计

在现代电子系统中，系统与系统、处理器与设备之间的信息交换方式、规则和实施措施等统称为通信技术。在进行通信的过程中，如果交换的信息是以字节或字为单位且各位同时进行传送的，则称为并行通信方式。并行通信传送速率高，一般应用在芯片内和PCB内的部件之间的通信中。如果通信双方交换的信息是以位为单位每次传送一位且各位数据依次按一定格式逐位传送的，则称为串行通信方式。串行通信方式所占用系统的资源少，常采用有线或无线方式，非常适合远距离通信。

本章主要介绍串行通信的有线通信和无线通信方式及其应用技术。

6.1 概述

在串行通信中，需要将传输的数据转换为二进制数据，然后采用一条信号线将多个二进制数据按一定的时间和顺序，逐位地由信息发送端传送到接收端。根据数据的传送方向和发送/接收是否能同时进行，可分为单工通信方式、半双工通信方式和全双工通信方式。

单工通信方式是指消息只能单方向地传送，发送端和接收端的身份是固定的，即信息的传送是单向的。例如，数据只能从A传送到B，而不能从B传送到A，但B可以把监控信息传送到A。单工通信方式的连接线路一般采用两线制，其中的一条线路用于传送数据，另一条线路用于传送监控信息。

半双工通信方式可以实现设备间的双向通信，但不能在两个方向上同时进行通信，只能轮流交替地进行接收和发送通信信息，通信信道的任意一端既可以作为发送端也可以作为接收端。这种方式的通信线路一般也采用两线制。

　　全双工通信方式是指在通信的任意时刻，允许数据同时在两个方向上传送，即通信双方可以同时发送和接收数据。全双工通信方式既可以采用四线制，也可以用两线制。一般采用四线制时，收、发的双方都要使用一根数据线和一根监控线。但是当在一条线路上用两种不同的频率范围代替两个信道时，全双工通信方式的四条线也可以用两条线代替。例如，调制解调器就是用两根线提供全双工通信的。

　　在数据的串行通信中，通信双方为保证串行通信的顺利进行，在数据传送方式、编码方式、同步方式、差错检验方式、信息的格式和数据传送速率等方面做出的规定，称为通信规程，也称为通信协议。通信双方必须遵从统一通信协议，否则将无法进行正常通信。

　　根据串行通信的时钟控制方式的不同，可以分为同步通信和异步通信两种方式，因此，通信协议也可分为异步串行通信协议和同步串行通信协议两类。

1. 异步串行通信方式

　　异步串行通信方式的特点是数据以字符为单位进行传送的，在每个字符数据的传送过程中都要加入一些识别信息位和校验信息位，从而构成一帧字符信息。这种方式在发送时，信息位的同步时钟并不发送到线路上去，在数据的发送端和接收端各自有独立的时钟。异步通信的速率也称为波特率，波特率是指每秒传送二进制数的位数或者每秒所传输的字符数与位数的乘积。

　　例如，在 51 系列单片机中，异步通信双方以字符为通信单位，每个字符由 1 个起始位（约定为逻辑 0 电平）、5～8 个数据位（先传送低位后传送高位）、1 个校验位（用于校验传送的数据是否正确）、1 个（或 2 个）停止位（逻辑 1）四部分组成，如图 6-1 所示。因此，一个字符信息可由 10 位或 11 位组成，这样的一组字符称为一帧。字符一帧一帧地传送，每帧数据的传送依靠起始位来同步。发送端发送完一个字符的停止位后，可立即发送下一帧字符信息。发送端也可发送空闲信号（逻辑 "1"），表示通信双方不进行数据通信。当需要发送字符时，再用起始位进行同步。在通信中为保证传送正确，线路上传送的所有位信号都保持一致的信号持续时间，接收端与发送端虽然使用各自独立的时钟，但必须保持相同的传送速率。异步串行通信方式对硬件要求较低，实现起来比较简单、灵活，但传送信息的速率较低，所需发送的时间相对要长一些。

图 6-1　串行异步传输通信格式

　　例如，要求对 ASCII 码（7 位）字符 C（ASCII 码为 43H）加上奇校验位后进行传送，其异步串行通信的数据传送格式为 0110000101。其中，最前面 "0" 为起始位；中间数据位 "1100001" 为字符 C 的 ASCII 编码 43H（在发送时，数据的低位在前、高位在后）；倒数第二位 "0" 为校验位；最后的 "1" 为停止位。注意，每帧信息的最高位和最低位由系统自动生成。

　　51 系列单片机异步串行通信的波特率一般为 50～19200 bps。如果每秒传送 120 个字符，每一个字符的格式为 1 个起始位、7 个 ASCII 码数据位、1 个奇偶校验位、1 个停止位，共 10 位组成，这时传送速率为

$$10\ \text{位/字符} \times 120\ \text{字符/秒} = 1200\ \text{bps} = 1200\ \text{波特}$$

可见，异步串行通信在传送每个字符时至少要传送 20% 的附加控制信息（开始和停止位），因而传送效率较低。

2. 同步串行通信方式

在异步串行通信方式中，每传送一个字符都要用到起始位和停止位作为其传送开始和传送结束的标志，为了提高传送速率，可采用同步字符的方式作为数据传送开始的统一标志。

同步串行通信是以数据块为单位传输数据的，其结构为：同步字符（SYN）、数据块、校验码，其格式如图 6-2 所示。在数据块被传送前，需加入 1 个或 2 个同步字符（SYN），作为传输数据信息开始的标志；中间部分是需要被传送的数据块（或者称为数据包）；最后部分为 1 个或 2 个校验字符码。接收端接收到数据后，采用校验字符码对接收到的数据进行校验，以判断传输是否正确。在同步协议中，一般采用循环冗余码（即 CRC 码）方式进行错误检测，具有较高的查错和纠错能力。

同步字符（SYN）	数据块	校验码

图 6-2　串行同步通信格式

同步串行通信方式在发送端和接收端之间一般采用公共的同步时钟，以确保双方在工作时保持同步。在实际操作时，可在传输线中增加一根时钟信号线，用同一时钟发生器驱动收、发设备。但是当信息传输距离太远时，也可以将时钟信息包含在信息块中，然后通过调制解调器从数据流中提取同步信号，采用锁相环技术得到与发送时钟频率相同的接收时钟频率；也可以在接收端和发送端分别采用单独的时钟信号方式，但这种方式则要求双方时钟严格保持同步。

在同步串行通信的数据块内，数据与数据之间不需要插入同步字符、没有间隙，因而传输效率较高。但要求有准确的时钟，用来实现接收与发送双方的严格同步，对硬件要求较高。同步串行通信方式适合传送成批数据，一般用于高速通信方式。在现代电子系统中，典型的同步串行通信方式有 USB、I2C 和 SPI 等，相关内容详见 6.2 节。

6.2　有线通信接口电路设计

串行通信方式虽然可以使设备之间的连线大为减少，但也随之带来了串/并、并/串转换和位计数等相关问题，这使串行通信硬件部分的构成要复杂一些。实现串行通信的方法是采用硬件接口方式，同时辅之以必要的软件驱动程序。

在串行通信接口中，为了确保不同设备之间能够顺利地进行串行通信，还要求对它们之间连接的若干信号线的机械、电气、功能特性进行统一的规定，使通信双方共同遵守统一的接口标准。

6.2.1　通用异步收发器

通用异步收发器（Universal Asynchronous Receiver and Transmitter，UART）是一种可以实现全双工的、单极性的串行通信接口。在嵌入式处理器内部通常具有多个 UART 接口，其功能是将内部的并行信号转换成为串行输出信号。UART 接口输出的信号为标准 TTL 电平信号，经过专用转换电路可以方便地实现 RS-232、RS-485 等其他标准串行接口通信方式。

在嵌入式处理器中，UART 模块的基本功能包括：

- 实现串行数据的格式化，在异步方式下，UART 自动生成起始位、停止位的帧数据格式；在面向字符的同步通信方式下，接口要在待发送的数据块之前加上同步字符；
- 进行串行数据和并行数据之间的相互转换；
- 控制数据传送速率，即对波特率或通信速率进行选择和控制；
- 进行错误检测，在发送时自动生成奇偶校验或其他校验码；在接收时检查字符的奇偶校验或其他校验码，确定是否发生传送错误。

按照 UART 模块的基本功能，UART 的数据帧格式通常都包括起始位、数据位、停止位、可选的校验位，数据位长度通常包括 7 位、8 位或 9 位等。

例如，51 系列单片机内部通常有一个 UART 接口，主要由两个独立的串行数据缓冲寄存器 SBUF（一个为发送缓冲寄存器、另一个为接收缓冲寄存器）、发送控制器、接收控制器、移位寄存器，以及若干控制门电路组成，其内部结构示意图如图 6-3 所示。

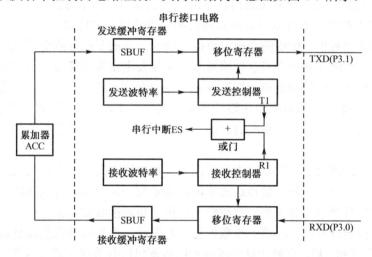

图 6-3　系列 51 系列单片机 UART 的内部结构示意图

51 系列单片机可以通过特殊功能寄存器对接收或发送缓冲寄存器进行访问，两个寄存器共用一个地址 99H，由指令来决定访问哪一个寄存器。工作在接收方式时，控制器首先将接收端接收到的串行数据送入移位寄存器，变成并行数据后传送给接收缓冲寄存器，在控制信号作用下，并行数据通过数据总线送给内部累加器。发送时，由发送缓冲寄存器接收累加器送来的并行数据，送至发送移位寄存器，被传送信息自动加上起始位、校验位和停止位后，由发送端串行输出。

单片机在输出数据时，执行写方式到发送缓冲寄存器，接收数据时，单片机则读出接收缓冲寄存器的内容。接收器具有双缓冲结构，即在从接收缓冲寄存器中读出前一个已收到的字节之前，便能接收第二个字节，如果第二个字节已经接收完毕，第一个字节还没有读出，则将丢失其中一个字节，编程时应引起注意。对于发送缓冲寄存器则不用考虑这个问题，因为此时数据是由单片机内部控制和发送的。

6.2.2 RS-232C 标准串行通信

RS-232C 是美国电子工业协会（Electronic Industries Association，EIA）在 1973 年公布的一种串行数据通信标准。其中 RS 是推荐标准（Recommended Standard）的缩写，232 是识别代号，C 是标准的版本号。该标准定义了数据终端设备（Data Terminal Equipment，DTE）和数据通信设备（Data Communication Equipment，DCE）之间的接口信号特性，提供了一个利用公用电话网络作为传输媒介、通过调制解调器将远程设备连接起来的技术规定。RS-232C 标准串行通信方式是一种在低速率串行通信中增加通信距离的单端输出信号标准，应用比较广泛。EIA 的 RS-232C 中技术规定包括以下四个方面。

- 机械特性：分为 9 针和 25 针两种，目前主要使用 9 针，接口为 D 形插件。
- 电气信号特性：负载电容不超过 2500 pF，负载电阻为 3～7 kΩ，电压为-3～-15 V 和 +3～+15 V 之间（采用负逻辑方式）。
- 数据传输模式：允许全双工通信、半双工通信和单工通信方式。
- 串行通信的控制方式可以采用同步通信和异步通信两种形式。

在串行通信的过程中，传输的数据位可能会受到外界的干扰导致电平发生变换而发生错误。检错是接收端检测在数据字或包传输过程中可能发生错误的能力，最常见的错误类型是位错误和突发位错误。位错误是指数据字或包中某一个位接收不正确，即 1 变为 0 或 0 变为 1。突发位错误是指数据字或数据包中连续多个位接收不正确。如果在通信中检测到了错误，就需要采取纠错措施。纠错是指系统通过适当方法更正错误，检错和纠错能力通常也是通信协议的一部分。

校验和方式是经常用于对数据包进行检测的一种检错方式。一个数据包内含有多个数据字段，在使用奇偶校验时，每个要传送的字段都要增加一位校验位用以帮助检错。在采用校验和方式校验时，每个包都要增加一个校验字，用于帮助接收方检错。例如，可以计算数据包中所有数据字的异或和，并将该值与数据包一起发送。当接收端在接收到数据包及校验字（即计算得到的算式和）后，立刻计算所接收到的数据包所有数据字的异或和。如果计算所得到的异或和与所接收到的异或和相同，则认为所接收到的数据包是正确的，否则认为是错误的。但需要注意的是，并不是所有的错误组合都可以用这种方式检测到。更可靠的方法是同时使用奇偶校验与校验和两种检错方式，或者直接采用循环冗余校验码（CRC）等方式，以得到更强的检错能力。

RS-232C 标准串行接口的引脚定义如表 6-1 所示，具体可采用带有握手信号的连接方式或者不带有握手信号的连接方式，如图 6-4 所示。在实际应用中，最简单的 RS-232C 串行接口可以采用 TXD（发送线）、RXD（接收线）和 GND（公共地线）三根通信线进行通信。

表 6-1　RS-232C 标准串行接口的引脚定义

引　脚	符　号	功　能	方　向
3	TXD	发送数据	输出
2	RXD	接收数据	输入
7	RTS	请求发送	输出
8	CTS	清除发送	输入

引　脚	符　号	功　能	方　向
6	DSR	数据设备就绪	输入
5	GND	信号地线	—
1	DCD	数据载波检测	输入
4	DTR	数据终端就绪	输出
9	RI	振铃信号指示	输入

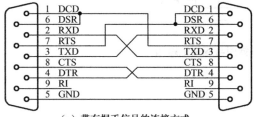 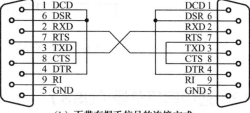

（a）带有握手信号的连接方式　　　　　　　　　　　（b）不带有握手信号的连接方式

图 6-4　RS-232C 接口连接方式

RS-232C 标准接口在通信、自动控制和嵌入式等领域已经得到了广泛的应用，但由于 RS-232C 标准的制定和出现得比较早，在应用时存在如下不足。

（1）接口信号电平较高，可达 ±12 V，由于与 TTL 电平不兼容，需使用电平转换电路才能与 TTL 电路连接；否则易损坏接口电路芯片，使其不能正常工作。

（2）由于接口采用单端驱动、单端接收的单端双极性电路标准，所以一条线路只能传输一种信号。

（3）发送端和接收端之间具有公共信号地，共模信号会耦合到信号系统。对于多条信号线来说，这种共地传输方式的抗共模干扰能力很差，尤其是传输距离较长时会在传输电缆上产生较大压降损耗，压缩了有用信号范围，在干扰较大时通信可能无法进行。

（4）在异步传输方式时，传输速率较低，最大仅为 115200 bps。

（5）传输距离有限，传输距离一般在 15～30 m。

在实际使用中，为了保证 RS-232C 标准串口数据传输的稳定性并提高传输距离，通常采用带有屏蔽层的传输信号线和降低传输速率的方式。

在单片机内部一般集成了标准 TTL 电平的 UART 串行接口，为了和 RS-232C 标准串行设备通信，通常采用 MAX232 等接口芯片用于电平的转换。MAX232 芯片引脚图与应用电路图如图 6-5 所示。

32 位的嵌入式微处理器内部一般都集成了 3.3 V 的 LVTTL（低电压形式的 TTL 电平）电平的 UART 串行接口，其中 LVTTL 标准定义逻辑"1"对应 2～3.3 V 电平，定义逻辑"0"对应 0～0.4 V 电平。为了与 RS-232C 标准串行设备通信，需要采用 SP3243 或 MAX3223 芯片来转换电平（负逻辑方式），这样可以将微处理器中的逻辑"1"信号变成 RS-232C 标准接口需要的 -3～-12 V，将微处理器中的逻辑"0"信号变成 RS-232C 标准接口需要的 +3～+12 V 电平。

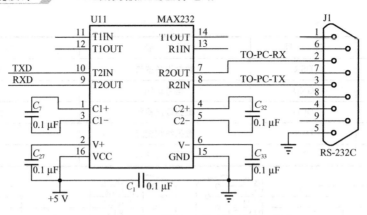

图 6-5 MAX232 芯片引脚图与应用电路图

6.2.3 通用串行总线（USB）

通用串行通信总线（Universal Serial Bus，USB）是在 1994 年年底由 Intel、Compaq 及 Microsoft 等多家公司联合提出的一种新的同步串行总线标准，目前已成功替代串口和并口，成为现在计算机与大量智能设备的必配接口。USB 主要用于 PC、智能设备与外围设备的互连，如 U 盘、移动硬盘、MP4、键盘、鼠标、打印机、数码相机、手机等。

USB 版本经历了多年的发展，曾先后公布了三代的 USB 规范版本，目前已经发展为 USB3.1 版本。USB 标准主要特征如表 6-2 所示。

表 6-2 三代 USB 标准主要特征

	标　志	速　度	传输方式	供电能力	电缆长度
USB1.1	CERTIFIED USB	低速：1.5 Mbps 全速：12 Mbps	两线差分	5 V/500 mA	<5 m
USB2.0	HI-SPEED CERTIFIED USB	低速：1.5 Mbps 全速：12 Mbps 高速：480 Mbps	两线差分	5 V/500 mA	<5 m
USB3.0	SUPERSPEED CERTIFIED USB	低速：1.5 Mbps 全速：12 Mbps 高速：480 Mbps 超速：5.0 Gbps	四线差分	5 V/900 mA	<5 m

USB1.0 是在 1996 年提出的，速度只有 1.5 Mbps，1998 年升级为 USB1.1，速度提升到了 12 Mbps。

USB2.0 是由 USB1.1 规范演变而来的，它的传输速率达到了 480 Mbps。USB2.0 中的增强主机控制器接口（EHCI）定义了一个与 USB1.1 相兼容的架构，它可以用 USB2.0 的驱动程序驱动 USB1.1 设备，也就是说所有支持 USB1.1 的设备都可以直接在 USB2.0 的接口上使用而不必担心兼容性问题，并且 USB 线缆、插头等附件也都可以直接使用。

USB3.0 的理论速度为 5.0 Gbps，USB3.1 标准传输速度为 10 Gbps，这将极大提升传输速度。

USB3.1 供电标准提升至 20 V/5 A、100 W，能够极大地提升设备的充电速度，同时还能为笔记本、投影仪甚至电视等更高功率的设备供电。USB3.1 的接口标准共有三种，分别是USB Type A、USB Type B 及 USB Type-C，如图 6-6（a）所示，USB3.1 接口插件的引脚分配如图 6-6（b）所示。USB Type-C 有望成为统一各接口的标准接口，但它未必支持 USB3.1 标准，同样使用了 USB3.1 标准的接口不一定就是 USB Type-C 接口。目前部分高档的便携式设备只需要内置一个 USB Type C 接口，便可满足供电、传输的需求。注意，新型 USB Type-C插口不再分正反。

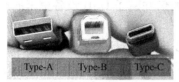
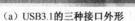

（a）USB3.1的三种接口外形　　　　　（b）USB接口插件引脚分配

图 6-6　USB 总线端口外形及引脚分配

USB 串行总线通信具有如下特点。

（1）热插拔（即插即用），即设备不需重新启动便可以工作。这是因为 USB 协议规定在主机启动或 USB 设备与系统连接时都会对设备进行自动配置，无须手动设置端口地址、中断地址等参数。

（2）传输速率高，USB1.1 的最高速率为 12 Mbps，USB2.0 高达 480 Mbps，USB3.0 高达5 Gbps，USB3.1 高达 10 Gbps。

（3）连接方便、易于扩展。USB 接口标准统一，使用一个 4 针插头作为标准，可通过串行连接或者集线器 Hub 连接 127 个 USB 设备，从而以一个串行通道取代 PC 上一些类似串行口和并行口的 I/O 端口。这样更容易实现嵌入式系统与外设之间的连接，让所有的外设通过协议来共享 USB 的带宽。

（4）USB 接口提供了内置电源，在不同设备之间可以共享接口电缆，同时在每个端口都可检测终端是否连接或分离，并能区分高速设备或低速设备。USB 主接口提供一组 5 V 的电压，可作为 USB 设备的电源，可基本满足鼠标、读卡器、U 盘等大多数电子设备的供电需求。

（5）携带方便，USB 设备大多以小、轻、薄见长，对用户来说，随身携带很方便。

一个 USB 接口内部一般由 USB 主接口（Host）、USB 设备（或称为从接口，Device）和USB 互连操作三个基本部分组成。USB 主接口包含主控制器和内置的集线器，主机通过集线器可以提供一个或多个接入点（端口）；USB 设备通过接入点与主机相连；USB 互连操作是指 USB 设备与主机之间进行连接和通信的软件操作。USB 在高速模式下通常使用带有屏蔽的双绞线，而且最长不能超过 5 m；而在低速模式时，可以使用不带屏蔽的双绞线或者其他连线，但最长不能超过 3 m。USB 接口是通过四线电缆传输信号并与外部设备相连的，其接口插件引脚分配如图 6-6（b）所示，其中，D+和 D-是互相缠绕的一对数据线，用于传输差分信号。USB 主机中的 VBus 和 GND 分别为电源和地，可以给外部设备提供 5 V 的电源。注意，USB 设备中的电源端 VBus 采用无源形式。

USB 采用单极性、差分、不归零编码方式，支持半双工通信的串行数据传输。按照 USB协议，通过 USB 主机与 USB 设备之间进行的一系列握手过程，USB 主机可知道设备的情况并知道该如何与 USB 设备通信，还可为 USB 设备设置一个唯一的地址。常见的 USB 接口支持同步传输、中断传输、批量传输和控制传输四种信息传输方式。

USB 接口的基本工作过程如下：

- USB 设备接入 USB 主机后（或有源设备重新供电），USB 主机通过检测信号线上的电平变化判断是否有 USB 设备接入；
- USB 主机通过询问 USB 设备获取确切的信息；
- USB 主机得知 USB 设备连接到哪个端口上并向这个端口发出复位命令；
- USB 设备上电，所有的寄存器复位并且以默认地址 0 和端点 0 响应命令；
- USB 主机通过默认地址 0 与端点 0 进行通信并赋予 USB 设备空闲的地址，USB 设备可对该地址进行响应；
- USB 主机读取 USB 设备状态并确认 USB 设备的属性；
- USB 主机依照读取的 USB 设备状态进行配置，如果 USB 设备所需的 USB 资源得以满足，就发送配置命令给 USB 设备，该 USB 设备就可以使用了；
- 当通信任务完成后，USB 设备被移走时（无源 USB 设备拔出 USB 主机端口或有源 USB 设备断电），USB 设备会向 USB 主机报告，USB 主机关闭端口并释放相应资源。

目前，嵌入式系统的 USB 接口有两种实现方法：一种是处理器自带 USB 接口控制器，如三星公司的 S3C2440、意法半导体公司的 STM32 系列、飞利浦公司的 LPC2100 系列等；另一种是微处理器不带有 USB 接口控制器，需要外接专用的 USB 接口芯片，如飞利浦公司的 PDIUSBD12 等。PDIUSBD12 内部结构和与 MCU 连接示意图如图 6-7 所示。

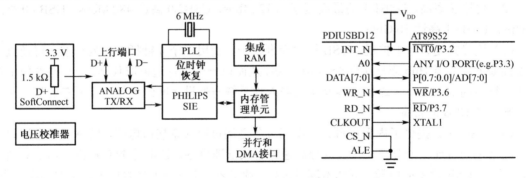

图 6-7 PDIUSBD12 内部结构和与 MCU 连接示意图

在一个完整的嵌入式 USB 系统中，不仅应包括 USB 硬件接口，还要在软件上编写 USB 控制器程序和 USB 设备驱动程序等。以 PDIUSBD12 实现 USB 从设备的使用为例，在完成硬件连接后，还需要在软件中完成发送 USB 请求、等待 USB 中断、设置相应的标志、处理 USB 总线事件、PDIUSBD12 命令接口，以及面向硬件电路的底层函数及驱动程序编写等工作。

因此，在设计嵌入式系统时，应当优先选用内部带有 USB 主机或 USB 设备功能的微处理器，使用其内部集成的 USB 功能，以及对应厂商提供的函数库、例程等，以便提高开发效率。

6.2.4 单总线串行通信

1. 概述

单总线（1-wire）串行通信是美国 Dallas 公司的一项专利技术，它采用单根信号线，既可传输时钟又可传输数据，而且数据传输是双向的。单总线串行通信具有接口简单、硬件开销少、成本低廉、便于总线扩展和维护等优点。

单总线串行通信采用简单的通信协议，通过一条公共数据线完成了一个主机/主控制器与一个或多个从机之间的半双工、双向通信，单总线串行通信的连接如图 6-8 所示。

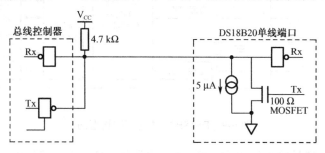

图 6-8   单总线串行通信的连接

在数据传输过程中，总线状态为高电平时，主机向器件内部电容充电。当总线状态为低电平时，从机利用内部电容存储的电荷为器件供电。典型的单总线主机包括一个漏极开路 I/O 口，并通过 4.7 kΩ 的电阻上拉到 3～5 V 电源。设备（主机或从机）通过一个漏极开路或三态端口连至该数据线，这样允许设备在不发送数据时释放总线，以便其他设备使用该总线。单总线串行通信要求外接一个约 4.7 kΩ 的上拉电阻，这样当总线闲置时，状态为高电平。

主机和从机之间的通信通过三个步骤完成：初始化单总线器件、识别单总线器件、交换数据。由于二者是主从结构，只有主机呼叫从机时，从机才能答应，因此主机访问单总线器件时都必须严格遵循单总线串行通信的命令时序：初始化→ROM 命令→功能命令。

目前常用的单总线器件有数字温度传感器（如 DS18B20）、A/D 转换器（如 DS2450）、单总线控制器（如 DSIWM）等。

2. 数字温度传感器 DS18B20 及应用

每一个单总线器件内都具有控制、收/发、存储等电路，为了区分不同的单总线器件，在生产单总线器件时厂家在内部刻录了一个 64 位的二进制 ROM 代码，即单总线器件的唯一 ID，通过这个 ID 可以识别挂接在单总线上的器件。

（1）DS18B20 性能特点。数字温度传感器件 DS18B20 特点如下：

● 内含 64 位唯一 ID。

● 独特的单总线接口方式，仅需一个端口引脚即可实现嵌入式处理器与 DS18B20 的双向通信。

● 简单的多点分布应用，不需要任何外围器件。

● 内含寄生电源，可用数据线供电，电压范围为 3.0～5.0 V。

● 测温范围-55～+125℃，可编程实现 9～12 位的数据读取方式，分辨率分别是 0.5℃、0.25℃、0.125℃和 0.0625℃，默认测量分辨率为 0.0625℃（9 位二进制数，含符号位）。

● 用户可自行设置非易失性温度报警的上下限值。

● 支持多节点组网功能，多个 DS18B20 可以并联在三条线上，实现多点测温。

● 温度数字量转换时间为 200 ms（典型值）。

● 可以应用在温度控制、工业系统、消费品等热感监测系统中。

（2）DS18B20 的内部结构。DS18B20 内部结构主要由四部分组成：64 位光刻 ROM 和单总线接口、温度传感器、高温报警器 TH 和低温报警器 TL、高速暂存器，如图 6-9 所示。

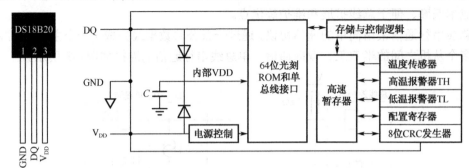

图 6-9 DS18B20 的内部结构框图

其中 DQ 为数字信号输入/输出端，GND 为电源地，V_{DD} 为外接供电电源输入端（在寄生电源接线方式时接地）。64 位光刻 ROM 是出厂前被光刻好的，它可以看成 DS18B20 的地址序列号，不同的器件地址序列号不同。64 位光刻 ROM 的结构如表 6-3 所示。

表 6-3 64 位光刻 ROM 的结构

8 位 CRC 校验码		48 位序列号		8 位工厂代码	
MSB	LSB	MSB	LSB	MSB	LSB

DS18B20 高速暂存器共 9 个存储单元，具体分配如表 6-4 所示。

表 6-4 高速暂存器存储单元分配表

字节序号	寄存器名称	功 能	字节序号	寄存器名称	功 能
0	温度低字节	以 16 位补码形式存放	4	配置寄存器	
1	温度高字节		5、6、7	保留寄存器	
2	TH/用户字节	温度上限	8	8 位 CRC	
3	TL/用户字节	温度下限			

第 4 号字节是配置寄存器，用于确定器件的转换分辨率。DS18B20 工作时按此寄存器中的分辨率将温度转换为相应精度的值。字节各位定义如下：

TM	R1	R0	1	1	1	1	1

该字节低 5 位皆为 1，TM 位用于设置 DS18B20 是在工作模式（0，默认值为 0），还是测试模式（1）。R1 和 R0 决定转换精度位数，默认为 12 位，分辨率设置如表 6-5 所示。

表 6-5 分辨率设置

R1	R0	分辨率位数	温度精度/℃
0	0	9	0.5
0	1	10	0.25
1	0	11	0.125
1	1	12	0.0625

第 0 号字节和第 1 号字节以 16 位补码形式存储转换后的温度值，温度值格式如图 6-10 所示。

	bit7	bit6	bit5	bit4	bit3	bit2	bit1	bit0
低位字节:	2^3	2^2	2^1	2^0	2^{-1}	2^{-2}	2^{-3}	2^{-4}

	bit15	bit14	bit13	bit12	bit11	bit10	bit9	bit8
高位字节:	S	S	S	S	S	2^6	2^5	2^4

图 6-10　温度值格式

这里以 12 位转化为例说明温度高低字节存放形式及计算：12 位转化后得到的 12 位数据，存储在 DS18B20 的高低两个 8 位的 RAM 中，二进制中的前面 5 位是符号位。如果测得的温度大于 0，这 5 位为 0，只要将测到的数值乘以 0.0625 即可得到实际的温度；如果温度小于 0，这 5 位为 1，测到的数值需要取反加 1 再乘以 0.0625 才能得到实际的温度。

（3）DS18B20 与 51 系列单片机的典型接口设计。在硬件上，DS18B20 与单片机的连接有两种方法：一种是 V_{CC} 接外部电源，GND 接地，I/O 与单片机的 I/O 线相连；另一种是用寄生电源供电，此时 V_{DD}、GND 接地，I/O 接单片机 I/O。无论是内部寄生电源还是外部供电，I/O 口线要接 4.7 kΩ 的上拉电阻，DS18B20 与微控制器的电路连接如图 6-11 所示。

图 6-11（a）是与具有独立电源的 DS18B20 接线图，由于数据线空闲时为高电平，因此需要加一个 4.7 kΩ 的上拉电阻，另外两个引脚分别接电源（外部供电）和地。

图 6-11（b）是寄生电源供电方式，为保证在有效的 DS18B20 时钟周期内提供足够的电流，51 系列单片机的 I/O 控制场效应管将单线总线上拉。采用寄生电源供电方式时，V_{DD} 和 GND 端都要接地。

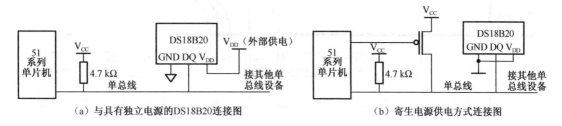

（a）与具有独立电源的DS18B20连接图　　　　　　　（b）寄生电源供电方式连接图

图 6-11　DS18B20 接线图

3. DS18B20 编程设计

通过单总线端口访问 DS18B20 的协议，包括初始化、ROM 操作命令和功能操作等命令。通过单总线的所有执行（处理）都是从一个初始化序列开始的。

下面就对常用的命令进行介绍，如初始化、写时序、读时序。

（1）复位与读写时序。DS18B20 需要严格的协议以确保数据的完整性，协议包括几种单总线信号类型，如复位脉冲、应答脉冲、写 0、写 1、读 0 和读 1 等，所有这些信号，除了应答脉冲，都是由单总线控制器发出的。

① DS18B20 的初始化时序。单总线控制器和 DS18B20 间的任何通信都需要以初始化序列开始。单总线控制器先发送一个复位脉冲（最短为 480 μs，最长不能超过 960 μs 的低电平信号）后释放总线，等待 DS18B20 应答。DS18B20 检测到总线上的上升沿后等待 15～60 μs，然后发出一个存在（应答）脉冲（低电平持续 60～240 μs）表明 DS18B20 已经准备好发送和

接收数据。单总线控制器从发送完复位脉冲到再次控制总线至少要等待 480 μs。DS18B20 的初始化时序如图 6-12 所示。

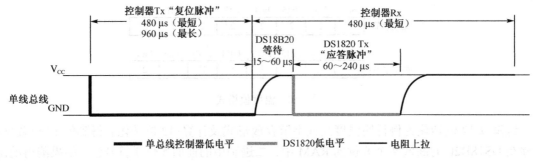

图 6-12　DS18B20 的初始化时序

② DS18B20 的写时序。当主机把数据线从逻辑高电平拉到逻辑低电平时，写时间隙开始。这样有两种时间隙，即写 1 时间隙和写 0 时间隙。所有写时间隙必须持续最短 60 μs，包括 2 个写周期加至少 1 μs 的恢复时间。I/O 线电平变低后，DS18B20 在一个 15～60 μs 的窗口内对 I/O 线进行采样。如果 I/O 线上是高电平，就写 1，如果线上是低电平，就写 0。如果主机要生成一个写时间隙，必须把数据线拉到低电平后释放，在写时间隙开始后的 15 μs 内允许数据线拉到高电平；如果主机要生成一个写 0 时间隙，必须把数据线拉到低电平并保持 60 μs。写操作时序如图 6-13 所示。

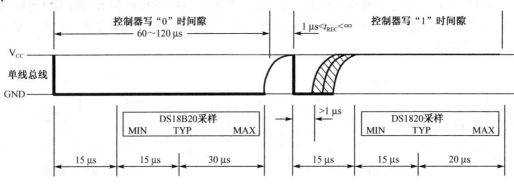

图 6-13　写操作时序

③ DS18B20 的读时序。DS18B20 只有在主机生成读时间隙后才能转换数据。当从 DS18B20 读取数据时，主机生成读时间隙，从 DS18B20 输出的数据在读时间隙的下降沿出现后 15 μs 内有效。因此，主机在读时间隙开始后必须把 I/O 引脚驱动为低电平 15 μs，以读取 I/O 引脚状态。读操作时序如图 6-14 所示。

在读时间隙的结尾，I/O 引脚将被外部上拉电阻拉到高电平，所有读时间隙必须最少 60 μs，包括两个读周期加至少 1 μs 的恢复时间。

（2）操作命令。

① ROM 命令。

● 读 ROM（0x33H）：该命令允许从 DS18B20 芯片中读取 8 位编码、序列号和 8 位 CRC 码，当总线上只有一个 DS18B20 时才可以使用。

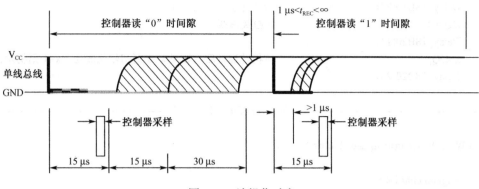

图6-14　读操作时序

- 匹配 ROM（0x55H）：该命令后面跟随 64 位 ID 时，可以在总线上找到一个唯一的 DS18B20，只有匹配这个 ID 的芯片才能响应随后的命令，而所有不匹配的芯片都等待复位。
- 跳过 ROM（0xCCH）：当总线上只有单个芯片时，可以使用该命令跳过 ROM 搜索以节省时间。
- 搜索 ROM（0xF0H）：当不知道总线上有几个芯片和各芯片的 ID 时，这条命令可以采用排除法识别总线上芯片的 64 位 ID。
- 报警搜索（0xECH）：在最近一次测温后，满足报警条件的芯片将响应这条命令。

② 功能命令。

- 启动温度转换（0x44）：启动 DS18B20 进行温度转换。
- 读暂存器（0xBE）：读暂存器 9 个字节内容。
- 写暂存器（0x4E）：将数据写入暂存器的 TH、TL 字节。
- 复制暂存器（0x48）：把暂存器内容写到 E2PROM 中。
- 读 E2PROM 命令（0xB8）：把 E2PROM 中的内容写到暂存器。
- 读电源供电方式（0XB4）：若是寄生电源返回 0，若是外部电源则返回 1。

（3）DS18B20 读取温度值的子程序编写。DS18B20 最基本的操作有：初始化、写时序、读时序。下面给出了用 C 语言实现 DS18B20 初始化、写 1 个字节和读 1 个字节的子程序。

DS18B20 的 C 语言程序如下。

```
#include <reg52.h>
sbit DQ = P1^5;
void Delay_18B20(unsigned inti)
{
    while(i--);
}
/*-------------------------------------DS18B20 初始化函数-------------------------------------/
void Init_DS18B20(void)
{
    unsigned char x=0;
    DQ = 1;                          //DQ 复位
    Delay_18B20(8);                  //稍做延时
    DQ = 0;                          //单片机将 DQ 拉低
```

```
        Delay_18B20(80);                 //精确延时，大于 480 μs
        DQ = 1;                          //拉高总线
        Delay_18B20(14);
        x=DQ;                            //稍做延时后，如果 x=0 则初始化成功；x=1 则初始化失败
        Delay_18B20(20);
}
/*-------------------------------------向 DS18B20 写 1 个字节-------------------------------------*/

void WriteOneChar(unsigned char dat)
{
    unsigned char i=0;
    for (i=8; i>0; i--)
    {
        DQ = 0;
        DQ = dat&0x01;
        elay_18B20(5);
        DQ = 1;
        at>>=1;
    }
}
/*-------------------------------------从 DS18B20 读 1 个字节-------------------------------------*/
unsigned char ReadOneChar(void)
{
    unsigned char i=0;
    unsigned char dat = 0;
    for (i=8;i>0;i--)
    {
        DQ = 0;                          //给脉冲信号
        dat>>=1;
        DQ = 1;                          //给脉冲信号
        if(DQ)
        dat|=0x80;
        Delay_18B20(4);
    }
    return(dat);
}
```

（4）主程序流程。读者可在以上子程序的基础上，参考图 6-15 所示的单路测量温度主函数流程图，以及图 6-16 所示的多路测量温度主函数流程图，自行设计编写单路或多路测量温度主函数、温度转换和显示程序等。

6.2.5　内部集成电路串行总线通信

内部集成电路串行总线（Inter Integrate Circuit，I2C）是 Philips 公司设计推出的一种多主双向的串行总线，采用两根连线实现全双工同步数据传送，可以很方便地通过扩展外围器件构成串行总线系统。随着众多支持 I2C 总线的集成器件出现，I2C 总线极大地缩短了系统设计人员和器件提供商对新产品的设计周期。使用 I2C 总线，可以直接与具有 I2C 总线接口

的控制器和各种外围器件进行双向八位二进制同步串行通信，如嵌入式微处理器、存储器、A/D 转换器、D/A 转换器、键盘、LCD 控制器和智能传感器等。

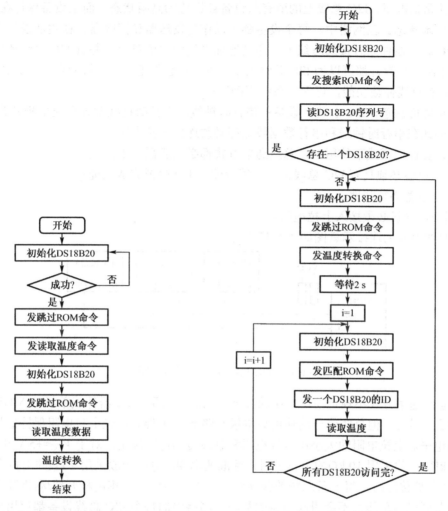

图 6-15　单路测量温度主函数流程图　　　图 6-16　多路测量温度主函数流程图

　　I2C 总线最主要的优点是其简单性和有效性。由于接口直接在组件之上，因此 I2C 总线占用的空间非常小，减少了电路板的空间和芯片引脚的数量，降低了互连成本。总线的长度可高达 25 英尺（1 英尺≈0.3048 m），并且能够以 100 kbps 的最大传输速率支持 40 个组件。I2C 总线的另一个优点是支持多主控，其中任何能够进行发送和接收的设备都可以成为主设备。一个主设备能够控制信号的传输和时钟频率，但是在系统任何时间点上只能有一个主设备。

1. 性能与工作原理

　　I2C 总线通信方式具有低成本、易实现、中速（标准总线可达 100 kbps，扩展总线可达 400 kbps）的特点。I2C 总线的 2.1 版本使用的电源电压低至 2 V，传输速率可达 3.4 Mbps。I2C 使用两条连线，其中串行数据线（SDL/SDA）用于数据传送，串行时钟线（SCL/SCK）用于指示什么时候数据线上是有效数据。

　　I2C 总线可以工作在全双工通信模式，其规范并未限制总线的长度，但其总负载电容需要保持在 400 pF 以下。I2C 总线通信有主传送模式、主接收模式、从传送模式和从接收模式四种操作模式。其中的 I2C 主设备负责发出时钟信号、地址信号和控制信号，选择通信的 I2C 从设备和控制收发。每个 I2C 设备都有一个唯一的 7 位地址（扩展方式为 10 位），便于主设备访问。正常情况下，I2C 总线上的所有从设备被设置为高阻状态，而主设备保持在高电平，表示处于空闲状态。在网络中，每个设备都可以作为发送器和接收器。在主从通信中，可以有多个 I2C 总线器件同时接到总线上，通过地址来识别通信对象，并且 I2C 总线还可以是多主系统，任何一个设备都可以为 I2C 总线的主设备，但是在任一时刻只能有一个 I2C 主设备。I2C 总线具有总线仲裁功能，可保证系统正确运行。

在应用时应注意，I2C 总线上设备的串行时钟线和串行数据线都使用集电极开路/漏极开路接口，因此在串行时钟线和串行数据线上都必须连接上拉电阻。

总之，在任何模式下使用 I2C 总线通信方式都必须遵循以下三点：

● 每个设备必须具有 I2C 总线接口功能或使用 I/O 模拟完成功能；
● 各个设备必须共地；
● 两个信号线必须接入上拉电阻。

I2C 总线设备的连接示意图如图 6-17 所示。

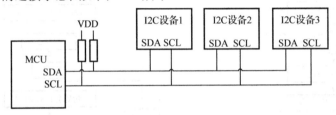

图 6-17 I2C 总线设备的连接示意图

I2C 总线通信方式不规定使用电压的高低，因此双极型 TTL 器件或单极型 MOS 器件都能够连接到总线上。但总线信号均使用集电极开路/漏极开路，通过上拉电阻保持信号的默认状态为高电平。上拉电阻的大小由电源电压和总线传输速度决定，对于 V_{cc}=+5 V 电源电压，低速 100 kHz 一般采用 10 kΩ 的上拉电阻，标准速率 400 kHz 一般采用 2 kΩ 的上拉电阻。

当"0"被传送时，每一条总线的晶体管用于下拉该信号。集电极开路/漏极开路信号允许一些设备同时写总线而不会引起电路的故障，网络中的每个 I2C 总线设备都使用集电极开路/漏极开路，并连接到串行时钟线 SCL 和串行数据线 SDA 上。

在具体的工作中，I2C 总线通信方式被设计成多主设备总线结构，即任何一个设备都可以在不同的时刻成为主设备，没有一个固定的主设备在 SCL 上产生时钟信号。相反，当传送数据时，主设备同时驱动 SDA 和 SCL；当总线空闲时，SCL 和 SDA 都保持高电位，当两个设备试图改变 SCL 和 SDA 到不同的电位时，集电极开路/漏极开路能够防止出错。但是每个主设备在传输时必须监听总线状态，以确保报文之间不会互相影响，如果设备收到了不同于它要传送的值时，它知道报文之间发生相互影响了。I2C 总线的起始信号和停止信号如图 6-18 所示。

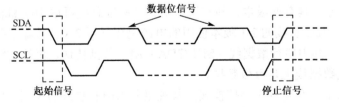

图 6-18 I2C 总线的起始信号和停止信号

在传输数字信号方面，I2C 总线通信方式包括七种常用的信号。

- 总线空闲状态：串行时钟线和串行数据线均为高电平。
- 起始信号：即启动一次传输，串行时钟线是高电平时，串行数据线由高变低。
- 停止信号：即结束一次传输，串行时钟线是高电平时，串行数据信号线由低变高。
- 数据位信号：串行时钟线是低电平时，可以改变串行数据线电位。串行时钟线是高电平时，应保持串行数据线上电位不变，即时钟在高电平时，数据有效。
- 应答信号：占 1 位，数据接收端接收 1 字节数据后，应向数据发出端发送应答信号。低电平为应答，继续发送；高电平为非应答，结束发送。
- 控制位信号：占 1 位，I2C 主设备发出的读写控制信号，高电平为读、低电平为写（对 I2C 主设备而言），控制位在寻址字节中。
- 地址信号和读写控制：地址信号为 7 位从设备地址，读写控制位 1 位，两者共同组成一个字节，称为寻址字节，各字段含义如表 6-6 所示。

表 6-6　I2C 总线寻址字节各字段的含义

位	D7	D6	D5	D4	D3	D2	D1	D0
含义	器件地址				引脚地址			读写控制位
	DA3	DA2	DA1	DA0	A2	A1	A0	R/W

其中，设备地址（DA3～DA0）是 I2C 总线接口器件固有的地址编码，由生产厂家给定，如 I2C 总线 EEPROM 器件 24CXX 系列器件地址为 1010。需要注意的是，在标准的 I2C 总线定义中设备地址是 7 位，而扩展的 I2C 总线允许 10 位地址。地址 0000000 一般用于发出通用呼叫或总线广播，总线广播可以同时给所有的设备发出命令信号。

引脚地址（A2、A1、A0）由 I2C 总线接口器件的地址引脚 A2、A1、A0 来确定，接电源者为 1，接地者为 0，对于读写控制位（R/$\overline{\text{W}}$）：1 表示主设备读，0 表示主设备写。

I2C 总线通信方式最主要的优点是简单性和有效性，因此在诸多低速控制和检测设备中得到了广泛的应用。

2．基于 I2C 总线的数字温度传感器

（1）概述。TMP101 是 TI 公司生产的基于 I2C 串行总线接口的低功耗、高精度智能温度传感器，其内部集成有二极管温度传感器、Σ-Δ 型 A/D 转换器、串行接口等，TMP101 内部结构和引脚如图 6-19 所示，该器件主要有以下特点。

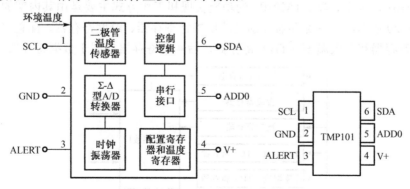

图 6-19　TMP101 内部结构和引脚

- I2C 总线通过串行接口（SDA 和 SCL）实现与单片机的通信，I2C 总线上可挂接 3 个 TMP101 器件，构成多点温度测控系统。
- 温度测量范围为-55℃～125℃，9～12 位 A/D 转换精度，12 位 A/D 转换的分辨率达 0.0625%，被测温度值以符号扩展的 16 位数字方式串行输出。
- 电源电压范围宽（+2.7～+5.5 V），静态电流小，待机状态下仅为 0.1 μA。
- 内部具有可编程的温度上、下限寄存器及报警（中断）输出功能，内部的故障排除功能可防止因噪声干扰引起的误触发，从而提高温控系统的可靠性。

TMP101 采用 SOT23-6 封装，引脚说明如下。

- SCL：串行时钟输入引脚，CMOS 电平。
- GND：接地脚。
- ALERT：总线报警（中断）输出引脚，漏极开路输出。
- V+：电源端。
- ADD0：I2C 总线的地址选择引脚，输入用户设置的地址。
- SDA：串行数据输入/输出端，CMOS 电平，双向开路。

电源与接地端之间接有一只 0.1 μF 的耦合电容。

TMP101 内部含有二极管温度传感器、Σ-Δ型 A/D 转换器、时钟振荡器、控制逻辑、配置寄存器和温度寄存器，以及串行接口等。TMP101 首先通过内部的二极管温度传感器产生一个与被测温度成正比的电压信号，再通过 12 位 Σ-Δ型 A/D 转换器将电压信号转换为与摄氏温度成正比的数字量并存储在内部的温度寄存器中。

（2）TMP101 工作原理。TMP101 的 I2C 总线串行数据线 SDA 和串行时钟线 SDA 由主控制器控制。主控制器作为主机，TMP101 作为从机并支持 I2C 总线协议的读/写操作命令。首先通过主控制器进行地址设定，使主控制器对挂接在总线上的 TMP101 进行地址识别。为了能够正确获取 TMP101 内部温度寄存器中的温度值数据，要通过 I2C 总线对 TMP101 内部相关寄存器写相应的数据，设定温度转换结果的分辨率、转换时间、报警输出的上下限温度值及工作方式等。也就是对 TMP101 内部的配置寄存器、上限温度寄存器和下限温度寄存器进行初始化设置。

① TMP101 的地址设置。根据 I2C 总线规范，TMP101 有一个 7 位的从器件地址码，其有效位为 10010，其余两位根据引脚 ADD0 接地、悬空和接电源端的不同，分别设置为 00、01、10。一条 I2C 总线上可挂接 3 个 TMP101 器件。

② TMP101 内部寄存器。TMP101 的功能实现和工作方式主要是由其内部的 5 个寄存器确定，如图 6-20 所示，这些寄存器分别是地址指针寄存器、温度寄存器、配置寄存器、下限温度（TL）寄存器和上限温度（TH）寄存器，后 4 个寄存器均属于数据寄存器。

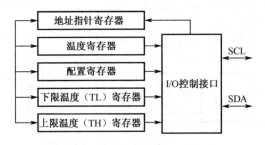

图 6-20　TM101 内部的 5 个寄存器

地址指针寄存器为 8 位可读写寄存器,内部存储了要读写的其他 4 个数据寄存器的地址。在读写操作中,通过设定地址指针寄存器的内容可确定要访问的寄存器。在 8 位数据字节中,前 6 位全部设置为 0,后 2 位(P0 和 P1)用于选择寄存器,P0、P1 的值与选择的寄存器关系如表 6-7 所示。

表 6-7　P0、P1 的值与选择的寄存器关系

P1	P0	寄　存　器
0	0	温度寄存器(只读)
0	1	配置寄存器(读/写)
1	0	上限温度(TH)寄存器(读/写)
1	1	下限温度(TL)寄存器(读/写)

温度寄存器为 16 位可读寄存器,用于存储经 A/D 转换后的 12 位温度数据,后 4 位全补为 0,以构成 2 字节的可读寄存器,也可以通过设置配置寄存器的内容来获得 9、10、11、12 位不同的 A/D 转换结果。

配置寄存器为 8 位可读/写寄存器,可通过配置寄存器来设置器件的工作方式。R1/R0 为温度传感器转换分辨率配置位,可以设定内部 A/D 转换器的分辨率及转换时间;F1/F0 为故障排队次数配置位,当被测温度值连续超过 n 次(可通过设置 F1/F0 位)时,就会有报警输出;POL 为 ALERT 极性位,通过 POL 的设置,可以使控制器和 ALERT 输出的极性一致;SD 用来设置器件是否工作在关断模式,在关断模式下,向 OS/ALERT 位写 1 可以开启一次温度转换,在温度比较模式下,该数据位可提供温度比较模式的状态。

(3)I2C 总线编程示例。AT89S52 单片机内部没有集成 I2C 接口电路,因此这里介绍如何通过编程来实现单片机 I/O 口模拟 I2C 总线的接口电路。

I2C 总线的基本操作有启动总线、停止总线、写 1 个字节、读 1 个字节。以下采用两条 I/O 口线分别作为 I2C 总线的 SCL 和 SDA 信号,并给出用 C 语言编写的各个子函数。

① 启动总线与停止总线。前面介绍了 I2C 总线的起始与停止的时序,可根据图 6-18 来完成 I2C 总线控制的起始与停止程序,程序如下。

这里需要调用延时子函数 DelayMs(unsigned int number),表示延时 number 毫秒。

```
void I2C_Start(void)
{
    SDA = 1;
    SCL = 1;
    DelayMs(1);
    SDA = 0;
    DelayMs(1);
    SCL = 0;
    DelayMs(1);
}
void I2C_Stop(void)
{
    SCL = 0;
    SDA = 0;
```

```
        DelayMs(1);
        SCL = 1;
        DelayMs(1);
        SDA = 1;
        DelayMs(1);
}
```

② 应答机制。应答信号用于表明 1 字节数据传输的结束，由数据接收端发出。数据发送端在第 9 个时钟位上释放数据总线，使其处于高电平，此时接收端输出的低电平为数据总线的应答信号。用 C 编语言编写的 I2C 总线控制应答程序如下。

```
void I2C_Ack(void)
{
        SDA = 0;
        DelayMs(1);
        SCL = 1;
        DelayMs(1);
        SCL = 0;
        DelayMs(1);
        SDA = 1;
        DelayMs(1);
}
/*检测应答子程序
 *ErorrBit = 0，接收到正常应答信号
 *ErrorBit = 1，无正常应答信号  */
bit AckCheck(void)
{
        bit ErrorBit;
        SDA = 1;
        DelayMs(1);
        SCL = 1;
        DelayMs(1);
        ErrorBit = SDA;
        SCL = 0;
        DelayMs(1);
        return(ErrorBit);
}
```

③ 非应答信号。非应答信号用于数据传输出现异常而无法完成的情况，在传送完 1 个字节的数据后，在第 9 个时钟位上，从设备输出高电平作为非应答信号。非应答信号产生有两种情况：

一是当从设备正在进行其他处理而无法立即接收总线上的数据时，从设备不产生应答信号，此时从设备释放总线，将数据线 SDA 置为高电平。这样，主设备可产生一个停止信号来终止总线数据传输。

二是当主设备接收来自从设备的数据时，接收到最后 1 个字节后，必须给从设备发送一个非应答信号，使从设备释放数据总线。这样，主设备才可以发生停止信号，从而终止数据传输。

用 C 语言编写 I2C 总线控制的非应答信号程序如下。

```
void NACK(void)
{
    SDA = 1;
    DelayMs(1);
    SCL = 1;
    DelayMs(1);
    SCL = 0;
    DelayMs(1);
}
```

④ 写数据。I2C 总线协议规定了完整的数据传送格式，以写数据为例，在数据传输的开始时，主设备发出起始信号，然后发送寻址字节，这里寻址字节的最低位应该为 0，表示这次操作是写操作，在寻址字节后是要传送的数据字节与应答位，具体过程如下所示。

开始	寻址字节	应答位	数据 1	应答位	数据 2	应答位	数据 n	应答位/否位	停止信号

如果一次数据传输完毕，主设备希望继续占用总线，则可以不产生停止信号，再次发送起始信号，并对另一从设备进行寻址，便可进行新的数据传输。

用 C 语言编写的 I2C 总线控制的写 1 个字节数据程序如下。

```
bit WriteByte(unsigned char data)          //data 为要发送的数据
{
    unsigned char temp;
    for(temp = 8; temp != 0; temp--)        //循环移位，逐位发送 8 位数据
    {
        SDA = (bit)(data & 0x80);
        DelayMs(1);
        SCL = 1;
        DelayMs(1);
        SCL = 0;
        DelayMs(1);
        data = data <<1;
    }
    return 1;
}
```

如果主设备需要发送 n 个字节的数据，则首先发送起始位，接着是寻址字节，然后是数据所要存入单元的首地址，从设备此时产生正确的应答后，主设备便将 n 个字节数据传到指定的从设备中。用 C 语言编写的 I2C 总线控制的写 n 个字节数据程序如下。

```
void WriteNByte(unsigned char *Wdata, unsigned char RomAddress, unsigned char number)
{
    I2C_Start();                           //启动总线
    WriteByte(WriteDevAdd);                //写从设备的寻址地址
    AckCheck();                            //检测应答信号
    WriteByte(RomAddress);                 //写入所要存入单元的首地址
    AckCheck();                            //检测应答信号
```

```
    for(; number != 0; number--)                    //逐个字节发送
    {
        WriteByte(*Wdata);                          //发送 1 个字节数据
        AckCheck();                                 //检测应答信号
        Wdata++;                                    //指向下一个数据
    }
    Stop();                                         //结束本次传输
    DelayMs(1);
}
```

其中，WriteDevAdd 为 I2C 总线从设备的寻址地址，其声明如下。

```
#define   WriteDevAdd   0xa0
```

⑤ 读数据。与写数据的过程类似，I2C 总线的读数据也是从主设备发出起始信号开始的，然后发送寻址字节，具体过程如下所示。

开始信号	从器件地址	应答信号	数据 1	应答信号	数据 2	应答信号	数据 n	应答/非应答	停止信号

用 C 语言编写 I2C 总线控制的读 1 个字节数据的程序如下。

```
unsigned char ReadByte()
{
    unsigned char temp, rbyte=0;
    for(temp=8;temp!=0;temp--)
    {
        SCL = 1;
        DelayMs(1);
        rbyte=rbyte<<1;
        DelayMs(1);
        //数据线 SDA 上的数据存入 rbyte 的最低位
        rbyte=rbyte|((unsigned char)(SDA));
        SCL = 0;
        DelayMs(1);
    }
    return(rbyte);
}
```

主设备读取 n 个字节数据的过程与发送 n 个字节数据的过程类似，只不过寻址地址中的读写位为 1。

需要注意的是，在读 n 个字节的操作中，除了发送寻址字节外，还要发送设备的子地址。因此，在读 n 个字节操作前，要进行 1 个字节的写操作，然后重新开始读操作，将从设备内的 n 个字节数据读出。用 C 语言编写的 I2C 总线控制的读 n 个字节数据程序如下。

```
void ReadNByte(unsigned char *RamAddress, unsigned char RomAddress, unsigned char bytes)
{
    Start();                                        //启动 I2C 总线
    WriteByte(WriteDevAdd);                         //写从设备的寻址地址
    AckCheck();                                     //检测应答信号
    WriteByte(RomAddress);                          //写 I2C 设备内部数据的读取首地址
```

```
        AckCheck();                          //检测应答信号
        Start();                             //重新启动
        WriteByte(ReadDevAdd);               //写设备的寻址地址
        AckCheck();                          //检测应答信号
        while(bytes != 1)                    //循环读入字节数据
        {
            *RamAddress = ReadByte();        //读入 1 个字节
            I2C_Ack();                       //应答信号
            RamAddress++;                    //地址指针递增
            bytes--;                         //待读入数据个数递减
        }
        *RamAddress = ReadByte();            //读入最后 1 个字节数据
        NACK();                              //非应答信号
        Stop();                              //停止 I2C 总线
}
```

其中 WriteDevAdd 和 ReadDevAdd 分别为写、读 I2C 总线设备的寻址字节，声明如下。

```
#define    WriteDevAdd   0xa0
#define    ReadDevAdd    0xa1
```

（4）TMP101 的使用方法。要获取 TMP101 中的温度值数据，首先应通过 AT89S52 单片机对 TMP101 内部的配置寄存器、上限温度寄存器和下限温度寄存器进行初始化设置。其过程为 AT89S52 单片机对 TMP101 写地址，然后写配置寄存器地址到地址指针寄存器，最后将数据写入配置寄存器。AT89S52 单片机对 TMP101 配置寄存器写操作的时序如图 6-21 所示，上/下限温度寄存器的写时序和配置寄存器的写时序同理。

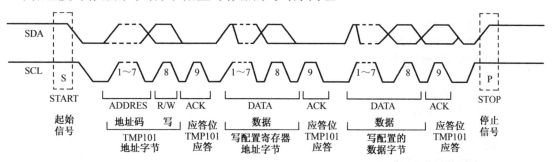

图 6-21　AT89S52 单片机对 TMP101 配置寄存器写操作的时序

读取 TMP101 内部温度寄存器当前值的过程是：首先写入要读的 TMP101 地址，然后写入要读的 TMP101 内部温度寄存器，向 I2C 总线上发送一个"重启动信号"，并将 TMP101 地址字节再重发一次，改变数据的传输方向，从而进行读取温度寄存器的操作。AT89S52 单片机对 TMP101 温度寄存器读操作的时序如图 6-22 所示。

由图 6-22 可见，在串行数据线 SDA 和串行时钟线 SCL 的时序配合下，将 AT89S52 单片机的启动使能位 SEN 置位并建立启动信号时序，接着单片机将要读的 TMP101 地址字节写入缓冲器，并通过单片机内部移位寄存器将字节移送至 SDA 引脚，8 位地址字节的前 7 位是 TMP101 的受控地址，最后 1 位为读/写的控制位（为"0"时表示写操作）。写地址字节完成后，在第 9 个时钟脉冲周期内，单片机释放 SDA，以便 TMP101 在地址匹配后能够反馈一个有效应答信号供单片机检测接收。第9个时钟脉冲之后，SCL引脚保持为低电平，SDA引脚电平保持不变，直到下一个数据字节被送入缓冲器为止，然后写入要读的TMP101内部温度寄存器地址字节，其过程与TMP101地址字节的写操作同理。通过向总线上发送"重启信号"，改变数据的传输方向，此时寻址字节也要重发一次，但对TMP101的地址字节已变为读操作，然后读取TMP101内部温度寄存器的地址字节，最后读出TMP101内部温度寄存器中的温度值数据字节，被测温度值是以符号扩展的16位数字量的方式串行输出的。单片机每接收一个字节都要反馈一个应答信号，此时要注意单片机反馈的应答信号和TMP101反馈的应答信号是不同的，最后通过设置停止使能位，发送一个停止信号时序到总线上，表明终止此次通信。

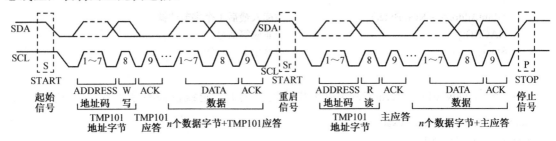

图6-22　AT89S52单片机控制TMP101温度寄存器读操作的时序

（5）C语言应用程序。TMP101的C语言应用程序如下。

```
voidTMP101_Init(void)
{
    I2C_Stop();
    do{
        I2C_Start();
        I2C_Write(0x92);
    }while(!I2C_GetAck());
    do{
        I2C_Write (0x01);
    }while(!I2C_GetAck());

    do{
        I2C_Write(0x78);
    }while(!I2C_GetAck ());
    I2C_Stop();
}
unsigned int TMP101_Get(void)
{
    unsigned int data;
    do{
        I2C_Start();
        I2C_Write(0x92);
    }while(!I2C_GetAck());
    do{
        I2C_Write(0x00);
```

```
    }while(!I2C_GetAck());
    do{
        I2C_Start();
        I2C_Write(0x93);
    }while(!I2C_GetAck());
    data = I2C_Read();
    I2C_PutAck(0);
    data<<= 8;
    data |= I2C_Read();
    I2C_PutAck(1);
    I2C_Stop();
    return (data);
}
main()
{
    int dat;
    ......
    TMP101_Init();
    dat= TMP101_Get();
    ......
}
```

6.2.6　串行外围设备接口

1. 概述

串行外围设备接口（Serial Peripheral Interface，SPI）总线技术是 Motorola 公司推出的一种同步串行接口，目前许多公司生产的 MCU 和 MPU 都配有 SPI 总线接口。例如，基于 ARM9 的 S3C2440 微处理器配备了两个 SPI 总线接口，既可以作为主 SPI 使用，也可以作为从 SPI 使用。SPI 总线可用于 CPU 与各种外围器件进行全双工、同步串行通信。SPI 总线可以同时发出和接收串行数据，它只需四条线就可以完成 MCU 与各种外围器件的通信，这四条线分别是串行时钟线（SCK）、主机输入/从机输出数据线（MISO）、主机输出/从机输入数据线（MOSI）、低电平有效的从机选择线 $\overline{CS}$。可与 SPI 通信的常用的外围器件有 LCD 显示驱动器、集成 A/D 和 D/A 芯片、智能传感器等。SPI 总线接口主要特点如下：

- 可以同时发送和接收串行数据；
- 可以作为主机或从机工作；
- 提供频率可编程时钟；
- 发送结束中断标志；
- 写冲突保护；
- 总线竞争保护等。

2. 工作原理与接口方式

当 SPI 工作时，在移位寄存器中的数据逐位从输出引脚（MOSI）输出（高位在前），同时从输入引脚（MISO）接收的数据逐位移到移位寄存器（高位在前）。发送一个字节后，从另一个外围器件接收的字节数据进入移位寄存器中。主 SPI 设备的时钟信号（SCK）使传输同步，在时钟信号的作用下，在发送数据的同时还可以接收对方发来的数据，也可以采用只发送数据或者只接收数据的方式，其通信速率可以达到 20 Mbps 以上。SPI 设备系统连接如图 6-23 所示。

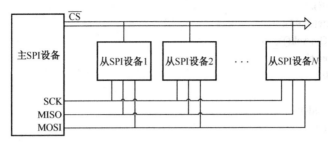

图 6-23　SPI 设备系统连接图

SPI 总线有四种工作方式，其时序如图 6-24 所示，其中使用最为广泛的是 SPI0 和 SPI3 方式。

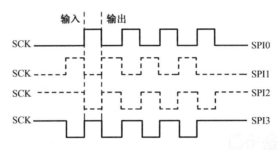

图 6-24　SPI 总线四种工作方式时序图

为了与其他设备进行数据交换，根据设备工作要求，可以对 SPI 模块输出的串行同步时钟极性和相位进行配置，时钟极性（CPOL）对传输协议没有太大的影响，如果 CPOL=0，串行同步时钟的空闲状态为低电平；如果 CPOL=1，串行同步时钟的空闲状态为高电平。时钟相位（CPHA）能够配置，用于选择两种不同的传输协议之一进行数据传输。如果 CPHA=0，在串行同步时钟的第一个跳变沿（上升或下降）数据被采样；如果 CPHA=1，在串行同步时钟的第二个跳变沿（上升或下降）数据被采样，SPI 主模块和与之通信的外设的时钟相位和时钟极性应该一致。SPI 总线数据传输时序如图 6-25 所示。

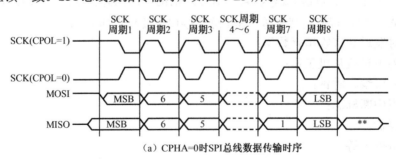

（a）CPHA=0时SPI总线数据传输时序

图 6-25　SPI 总线数据传输时序

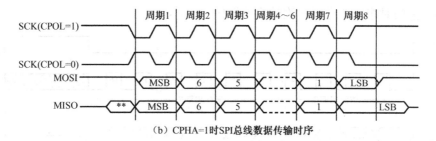

（b）CPHA=1时SPI总线数据传输时序

图6-25　SPI总线数据传输时序（续）

3. 基于 SPI 总线的串行 A/D 转换器 TLC2543 及应用

TLC2543 是 TI 公司生产的 12 位串行开关电容型逐次逼近 A/D 转换器，具有以下特点。
- 12 位分辨率，在工作温度范围内转换时间为 10 μs；
- 11 个模拟输入通道，3 路内置自测试方式；
- 采样率为 66 kbps，线性误差为+1LSB；
- 转换结束（EOC）输出，具有单、双极性输出；
- 输出数据长度可编程，内部结构采用 CMOS 技术。

TLC2543 的引脚分布如图 6-26 所示，引脚功能如下。

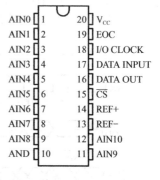

- AIN0～AIN10：模拟输入端，由内部多路器选择。对于大于 4.1 MHz 的 I/O CLOCK，驱动源阻抗必须小于或等于 50 Ω。
- $\overline{\text{CS}}$：片选端，$\overline{\text{CS}}$ 由高到低时将复位内部计数器，并且控制 DATA OUT、DATA INPUT 和 I/O CLOCK 信号。$\overline{\text{CS}}$ 由低到高的变化将在一个设置时间内禁止 DATA INPUT 和 I/O CLOCK 信号。
- DATA INPUT：串行数据输入端，串行数据以 MSB 为前导并在 I/O CLOCK 的前 4 个上升沿移入 4 位地址，用来选择下一个要转换的模拟输入信号或测试电压。之后，I/O CLOCK 将余下的几位依次输入。

图6-26　TLC2543 的引脚排分布

- DATA OUT：A/D 转换结果三态输出端，在 $\overline{\text{CS}}$ 为高电平时，该引脚处于高阻状态；当 $\overline{\text{CS}}$ 为低电平时，该引脚由前一次转换结果的 MSB 值置换成相应的逻辑电平。
- EOC：转换结束信号，在最后的 I/O CLOCK 下降沿之后，EOC 由高电平变为低电平并保持到转换完成及数据准备传输。
- V_{CC}、GND：电源正端、地。
- REF+、REF-：正、负基准电压端，通常 REF+接 V_{CC}，REF-接 GND，最大输入电压范围取决于两端电压差。
- I/O CLOCK：时钟输入/输出端。

（1）TLC2543 的工作原理。每次转换和数据传输可以使用 12 或 16 个时钟周期得到全 12 位分辨率，也可以选择使用 8 个时钟周期得到 8 位分辨率。

一个片选 $\overline{\text{CS}}$ 脉冲要插到每次转换的开始处，或者在转换时序的开始时变化一次后保持 $\overline{\text{CS}}$ 为低，直到时序结束。图 6-27 所示为使用 16 个时钟周期转换和传输数据，在每次传递周

期之间插入 $\overline{CS}$ 的时序，即进行一次转换就操作一次 $\overline{CS}$。

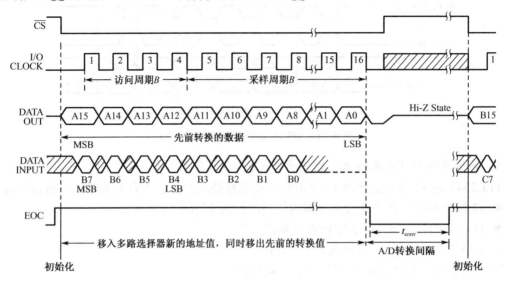

图 6-27 在每次传递周期之间插入 $\overline{CS}$ 时序

图 6-28 所示为使用 16 个时钟周期转换和传递数据，仅在每次转换序列开始处插入一次 $\overline{CS}$ 时序，即连续进行多次转换才操作一次 $\overline{CS}$。

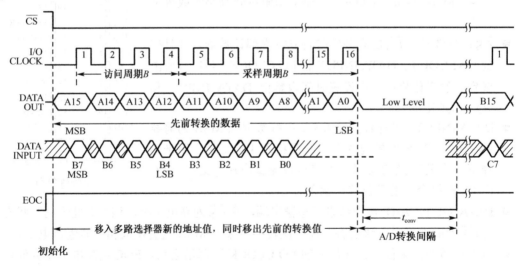

图 6-28 仅在每次转换序列开始处插入一次 $\overline{CS}$ 时序

从图 6-28 中可以看出，在 TLC2543 的 $\overline{CS}$ 变低时开始转换和传送数据，CPU 将通道选择、数据长度选择、前导选择、单双极性选择的控制信息送入 DATA INPUT 引脚的同时，还从 DATA OUT 引脚读出 A/D 转换的结果。因此，本次读出的 A/D 转换结果是上一次操作 TLC2543 所选择的通道对应的数据。通道选择、数据长度选择、前导选择、单双极性选择这四项的设置数据共 8 位，I/O CLOCK 的前 8 个上升沿将这 8 位的工作模式设置数据从 DATA INPUT 输入数据寄存器。如果工作在 12 或 16 个时钟周期模式，则后 4 位或 8 位的 DATA INPUT 数据没意义，可为任意值，这 4 或 8 位只是为了补齐 12 或 16 个时钟，使 12 位的 A/D 转换结果同步输出。使用 16 个时钟时，读出的 A/D 数据为 16 位，因为有效数据只有 12 位，所以应根据程序屏蔽高或低 4 位。

在 I/O CLOCK 上升沿时，数据发生变化，即 I/O CLOCK 低电平时将要写入 DATA INPUT 的数据准备好；当 I/O CLOCK 高电平时，读出 DATA OUT 的数据。

当 $\overline{\text{CS}}$ 为高时 I/O CLOCK 和 DATA INPUT 被禁止，DATA OUT 为高阻状态不能操作。

（2）TLC2543 电路连接图。AT89S52 单片机使用 I/O 口模拟 SPI 的方式连接 TLC2543，其中 TLC2543 的片选 $\overline{\text{CS}}$ 接到 P1.7 引脚，串行时钟输入端 I/O CLOCK 接到 P1.4 引脚，串行数据输入端 DATA INPUT 接到 P1.5 引脚，串行数据输出端 DATA OUT 接到 P1.6 引脚，转换结束端 EOC 接到 P1.3 引脚，TLC2543 与单片机的接口电路如图 6-29 所示，TLC2543 的电压基准为 5 V，因此 TLC2543 的量程最大为 5 V。

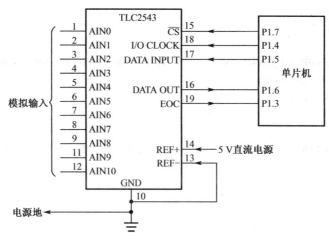

图 6-29　TLC2543 与单片机的接口电路

（3）C 语言应用程序。用 C 语言编写的 TLC2543 应用程序如下。

```
/* TLC2543 控制引脚定义 */
sbit AD_EOC          = P1^3;
sbit AD_IO_CLOCK     = P1^4;
sbit AD_DATA_IN      = P1^5;
sbit AD_DATA_OUT     = P1^6;
sbit AD_CS_2543      = P1^7;
/* TLC2543 A/D 转换程序，采用 16 个时钟传送时序图（使用 CS，MSB 在前）*/
static const unsigned char ad_chunnel_select[]=
{
    0x0C,          //AD channel 00 select
    0x1C,          //AD channel 01 select
    0x2C,          //AD channel 02 select
    0x3C,          //AD channel 03 select
    0x4C,          //AD channel 02 select
    0x5C,          //AD channel 02 select
    0x6C,          //AD channel 02 select
    0x7C,          //AD channel 02 select
    0x8C,          //AD channel 02 select
    0x9C,          //AD channel 02 select
```

```
        0xAC,              //AD channel 02 select
};
//TLC2543 读出上一次 A/D 值（12 位精度）并开始下一次转换
unsigned int ad2543work(uchar chunnel_select)
{
    unsigned int din;
    unsigned char dout, i;
    din=0;
    dout=ad_chunnel_select[chunnel_select]        //选择控制命令
    while(AD_EOC==0);
    AD_IO_CLOCK=0;
    AD_CS_2543=0;
    for(i=0;i<16;i++)
    {
        if(dout&0x80) AD_DATA_IN=1;        //控制命令从 MSB 到 LSB，向 A/D 转换器发送数据
        else AD_DATA_IN=0;
        AD_IO_CLOCK=1;
        dout<<=1 ;
        din<<=1 ;
        AD_IO_CLOCK=0;        //接收 A/D 转换器数据，从 MSB 到 LSB
    }
    AD_CS_2543=1;
    return (din>>4);
}
```

6.2.7 控制器局域网总线

控制器局域网（Controller Area Network，CAN）总线是一种用于实时场合的串行通信协议，可用双绞线来传输信号。该协议由德国的 Bosch 公司开发，用于汽车中各种不同电子元件之间的通信，以此取代配电线束。例如，发动机管理系统、变速箱控制器、仪表装置和电子主干系统中均嵌入 CAN 总线控制装置。CAN 总线协议的特性包括高完整性的串行数据通信、提供实时支持、传输速率高达 1 Mbps，同时具有 11 位的寻址以及检错能力。

CAN 总线控制系统强调集成、规模化的工作方式，具有抗干扰能力强、实时性好、系统错误检测和隔离能力强的优点。由于 CAN 总线优点突出，其应用范围目前已不再局限于汽车行业，也广泛应用在航空航天、航海、机械工业、农用工业、机器人、数控机床、医疗器械及传感器等领域。

1. CAN 总线工作原理

CAN 总线属于现场总线之一，也是一种多主方式的串行通信总线。总线使用串行数据传输方式，可以 1 Mbps 的传输速度在 40 m 双绞线上运行，也可以使用光缆连接，而且这种协议支持多主控器。CAN 与 I2C 总线的许多细节很类似，但也有一些明显的区别。

在 CAN 总线中，每一个节点都是以 AND 方式连接到总线的驱动器和接收器上的。CAN 总线使用差分电压传送信号，两条信号线分别为 CAN_H 和 CAN_L，静态时均是 2.5 V，此时状态被称为逻辑 1，也被称为隐性。用 CAN_H 比 CAN_L 高表示逻辑 0，称为显性，此时 CAN_H 的电压为 3.5 V，CAN_L 的电压为 1.5 V。当所有节点都传送 1 时，总线被称为隐性

状态；当一个节点传送 0 时，总线处于显性状态。数据以数据帧的形式在网络上传送。

CAN 总线是一种同步总线，所有的发送器必须同时发送，节点通过监听总线上位传输的方式使自己与总线保持同步，数据帧的第一位提供了帧中的第一个同步机会。数据帧以 1 个"1"开始，以 7 个"0"结束（在 2 个数据帧之间至少有 3 个位的域）。分组中的第一个域包含目标地址，该域被称为仲裁域，目标标识符长度是 11 位。如果数据帧用来从标识符指定的设备请求数据时，后面的远程传输请求（RTR）位被设置为 0，当 RTR=1 时，分组被用来向目标标识符写入数据。控制域提供一个标识符扩展和 4 位的数据域长度，但在它们之间要有 1 个"1"。数据域的范围是 0～64 B，这取决于控制域中给定的值。数据域后发送一个循环冗余校验（CRC）用于错误检测。确认域用于发出一个是否帧被正确接收的标识信号，发送端把一个隐性位（1）放到确认域的 ACK 中，如果接收端检测到了错误，它强制该位变为显性的 0 值。如果发送端在 ACK 中发现了一个 0 在总线上，就必须重发。CAN 总线的标准数据帧结构如图 6-30 所示。

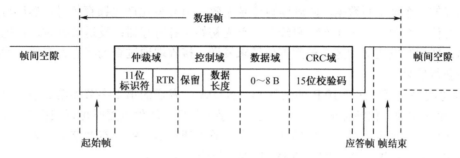

图 6-30　CAN 总线的标准数据帧结构

2. CAN 总线特点及组成结构

CAN 总线具有传送速度快、网络带宽利用率高、纠错能力强、低成本、传输距离远（长达 10 km）、数据传输速率高（高达 1 Mbps）等特点，还具有可以根据报文的 ID 决定接收或屏蔽该报文、可靠的错误处理和检错机制、发送的信息遭到破坏后可自动重发、节点在错误严重的情况下具有自动退出总线的功能。由于 CAN 总线协议执行非集中化总线控制，所有信息传输在系统中分几次完成，从而实现高可靠性通信。

CAN 总线也存在时延不确定的现象，由于每一帧信息包括 0～8 B 的有效数据，只有在具有最高优先权传输帧的延时是确定的，其他帧只能根据一定的模型估算。另外，由于 CAN 总线的数据传输方式单一，限制了它的功能。例如，CAN 总线通过网上下载程序就比较困难。CAN 总线的网络规模一般是在 50 个节点以下。CAN 总线控制器体系结构如图 6-31 所示。

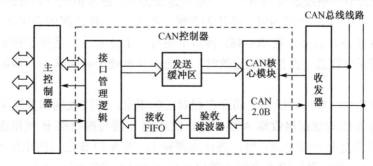

图 6-31　CAN 总线控制器的体系结构

3．CAN 总线接口的设计

无论是在微处理器中内嵌 CAN 总线控制器（如 LPC2294 微处理器），还是在系统中采用独立的 CAN 总线控制器，都需要通过 CAN 总线收发器（CAN 驱动器）连接到 CAN 物理总线。国内常用的 CAN 总线收发器是 82C250（全称为 PCA82C250），它是 Philips 公司的 CAN 总线收发器产品，其作用是增加通信距离、提高系统的瞬间抗干扰能力、保护总线、降低射频干扰和实现热防护，该收发器至少可挂接 110 个节点。另外还有 TJA1050、TJA1040 可以替代 PCA82C250 产品，而且它们的电磁辐射更低，无待机模式。为了进一步提高系统的抗干扰能力，往往还会在 CAN 总线控制器和 CAN 总线收发器之间增加一个光电隔离器件。

在实际应用中，也可以使用由 Philips 公司生产的 CAN 总线控制器芯片 SJA1000T 替代 PCA82C250。ARM 微处理器和 SJA1000T 以总线方式连接，其中，SJA1000T 的复用总线和 ARM 微处理器的数据总线连接。SJA1000T 的片选、读写信号均采用 ARM 微处理器总线信号，地址锁存 ALE 信号由读写信号和地址信号通过 GAL 产生。在写 SJA1000T 寄存器时，首先往总线的一个地址写数据，此时读写信号无效，ALE 变化产生锁存信号。然后写另一个数据，读写信号有效。控制 CAN 总线时，首先初始化各寄存器；发送数据时，首先置位命令寄存器，然后写发送缓冲区，最后置位请求发送。接收端通过查询状态寄存器，读取接收缓冲区可获得信息。

CAN 总线每次可以发送 10 B 的信息（CAN2.0A）。发送的第 1 字节和第 2 字节的前 3 位为 ID 号，第 4 位为远程帧标记，后 4 位为有效字节长度。软件设置时可以根据 ID 号选择是否屏蔽上述信息，也可以通过设置硬件产生自动验收滤波器。8 个有效字节代表什么参数，可以自行定义内部标准，也可以参照 DeviceNet 等应用层协议。

CAN 总线主要用于汽车电子领域，特别适合汽车环境中的微控制器通信，在车载的各个电子装置之间交换信息，形成汽车电子控制网络。图 6-32 给出了在一辆小型汽车内的基于 CAN 总线的汽车电子应用系统架构示意图，图 6-32 中含有 4 条 CAN 总线，并且含有 4 种 MPU 与 CAN 总线控制器的配置方法。

6.2.8　RS-485 标准串行通信

RS-485 标准串行通信是在 RS-232C 的基础上发展起来串行通信标准，它只规定了接口电路的电气特性，而没有规定机械特性、数据格式及通信协议等方面的内容，这些方面的规定可以参照 RS-232C 标准。在此基础上，用户还可以建立自己的高层通信协议。

RS-485 标准串行通信接口规定的数据信号采用差分传输方式，也称为平衡传输，它使用一对双绞线，将其中一根线定义为 A，另一根线定义为 B。通常情况下，发送驱动器端的 A、B 之间的正电平在 2～6 V 范围内时，被认为逻辑 1 状态；A、B 之间的负电平在 2～6 V 范围内时，是逻辑 0 状态。另外，在 RS-485 接口中还有一个使能端，是用于控制发送驱动器与传输信号线的断开与连通。当使能端无效时，发送驱动器处于高阻状态，即区别于逻辑 1 与 0 的第三态。

信号的接收端与信号的发送端之间存在相对应的规定，即接收端和发送端通过平衡双绞线将数据发送端 A 线与数据接收端 A 线相连，发送端 B 线与接收端 B 线相连。当在接收端 A 和 B 之间的电位差大于+200 mV 时，被认为逻辑 1；当 A 和 B 之间的电位差小于−200 mV 时，被认为逻辑 0。接收器接收平衡线上的电平范围通常在 200 mV～6 V。RS-485 接口可以采用二线或四线制连接方式，其中二线制方式可实现多点双向通信，即通过程序的协调，每台设备都可以实现接收或发送功能。但由于发送和接收共用一条线路，通信只能采用半双工的工作方式，即在总线上同一时刻只有一个发送器发送数据，其他发送器处于关闭状态，设备的端口在接收时应将自己的发送端关闭，在发送时将自己的接收端关闭。

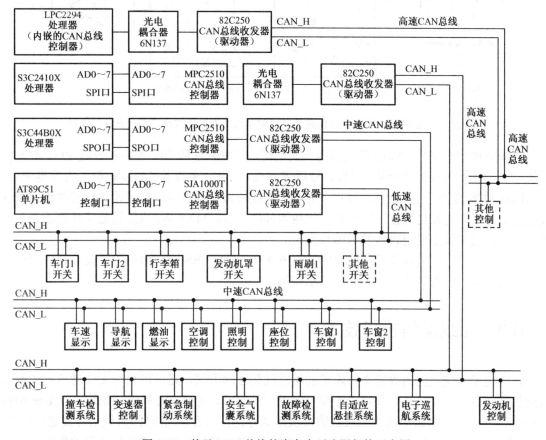

图 6-32　基于 CAN 总线的汽车电子应用架构示意图

采用四线制连接方式能够实现单点对多点的通信，但只能有一个主（Master）设备，其余为从设备，该方式可工作在全双工方式。RS-485 通信无论是采用四线制还是二线制连接方式，总线上至多可以连接 32 个设备。

RS-485 接口最大传输距离约为 1200 m，最大传输速率为 10 Mbps。在实际使用中，平衡双绞线的长度与传输速率成反比。一般在 100 kbps 以下时，才可能使用规定最长的电缆长度。另外，只有在很短的距离下才能获得最高速度，如 100 m 长的双绞线最大传输速率为 1 Mbps。由于 RS-485 接口采用平衡传输方式，一般需要在传输线两端外接终端匹配电阻，其阻值等于传输电缆的特性阻抗（一般为 120 Ω）。在短距离传输（300 m 以下）时可以不需要终端匹配电阻。

与 RS-232C 通信类似，微处理器的串口输出的 TTL 电平需要经过 RS-485 收发器的转换后才能与 RS-485 总线设备进行通信。目前常见的 RS-485 收发器有 MAX485、MAX3485 等，采用 MAX485 收发器构成的二线制半双工通信方式连接多个设备的连线图如图 6-33 所示。

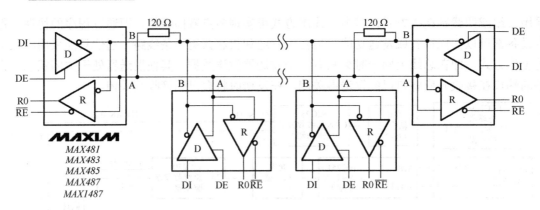

图 6-33　采用 MAX485 收发器构成的二线制半双工通信方式连接多个设备的连线

当微处理器连接 MAX485 收发器时，通常使用数据发送线 DI、数据接收线 RO、收发控制线（DE 和 $\overline{\text{RE}}$ 可连接在一起）三根信号线来完成。当某一个设备的收发控制线为高电平时，MAX485 收发器处于发送状态，此时 RS-485 总线被该设备占用，其他设备只能接收该设备发送的数据而不能发送数据；当收发控制线为低电平时，MAX485 收发器处于接收状态，该设备能够接收总线上任何设备发送的数据。

在智能设备之间进行长距离通信的诸多方案中，由于 RS-485 通信方式硬件设计简单、控制方便、成本低廉等优点，因此被广泛使用。

6.3　无线通信接口技术

现代电子系统之间的数据交换除了利用总线和连网方式，还可以采用无线通信方式。无线通信方式避免了设备必须有物理连接才能通信的要求，主要有红外线、蓝牙、ZigBee 和移动通信等方式，它们通常以功能独立的模块形式存在，内含编/解码的射频信号发送/接收芯片，可以内置和外置在电路上，通过网口、串口或 USB 接口与嵌入式微处理器的数据总线连接，或者通过总线的专用适配卡接入。

6.3.1　蓝牙无线通信技术

瑞典的爱立信公司首先构想以无线电波来连接计算机与电话等各种周边装置，建立一套室内的短距离无线通信的开放标准，并以中世纪丹麦国王 Harold 的外号"蓝牙"（Bluetooth）来命名。1998 年爱立信、诺基亚、英特尔、东芝和 IBM 公司共同发表声明组成一个特别利益集团小组（Special Interest Group，SIG），共同推动蓝牙技术的发展。

蓝牙协议是一个新的无线连接全球标准，建立在低成本、短距离的无线射频连接上。蓝牙协议所使用的频带是全球通用的，如果配备蓝牙协议的两个设备之间的距离在 10 m 以内，则可以建立连接。由于蓝牙协议使用基于无线射频的连接，不需要实际连接就能通信。例如，掌上电脑可以向隔壁房间的打印机发送数据；微波炉也可以向智能手机发送一个信息，告诉用户饭已准备好。目前，蓝牙协议已成为众多的移动电话、PC、掌上电脑，以及其他种类繁多的电子设备的通信标准。蓝牙无线通信技术主要有如下特点。

（1）适用设备多。蓝牙技术最大的优点是使众多电子设备和计算机设备不需要电缆就能进行连接通信。例如，将蓝牙技术引入移动电话和笔记本电脑中，就可以去掉连接电缆而通过无线射频进行通信。例如，打印机、平板电脑、PC、传真机、键盘、游戏手柄及手机等其他的数字设备都可以成为蓝牙系统的一部分。

（2）工作频段全球通用。工作在 2.4 GHz 的 ISM（Industry Science Medicine）频段，该频段用户不必经过任何组织机构允许，就可以在世界范围内自由使用。这样可以消除国界的障碍，有效地避免无线通信领域的频段申请问题。

（3）使用方便。蓝牙技术规范中采用了一种"Plonk and Play"的概念，该技术类似于计算机系统的"即插即用"。在使用蓝牙时，用户不必再学习如何安装和设置，嵌入蓝牙技术的设备一旦搜寻到另一个蓝牙设备，在允许的情况下可以立刻建立联系，利用相关的控制软件即可传输数据，无须用户干预。

（4）安全加密、抗干扰能力强。ISM 频带是对所有无线电系统都开放的频带，因此使用其中的某个频带都会遇到不可预测的干扰源，如某些家电、无绳电话、微波炉等。为了避免干扰，蓝牙技术特别设计了快速确认和跳频方案，每隔一段时间就从一个频率跳到另一个频率，不断搜寻干扰比较小的信道。在无线电环境非常嘈杂的情况下，蓝牙技术的优势极为明显。蓝牙标准的有效传输距离为 10 m，通过增加放大器可将传输距离增加到 100 m。

（5）兼容性好。由于蓝牙技术独立于操作系统，所以在各种操作系统中均有良好的兼容特性。目前，主流的各种操作系统，以及各个发行版本的 Linux 操作系统等都提供了对蓝牙技术的完整支持。

（6）尺寸小、功耗低。所有的技术和软件集成在芯片内部，从而可以集成到各种小型的设备中，如蜂窝电话、平板电脑、数码相机及各种家用电器，与集成的设备相比可忽略其功耗和成本。目前，大部分厂商已经将蓝牙技术与 Wi-Fi 技术整合到同一个芯片的内部，进一步减小了系统的体积和功耗，已经在笔记本电脑和手机中得到了广泛的应用。

（7）多路方向链接。蓝牙无线收发器的连接距离可达 10 m，不限制在直线范围内。甚至，设备不在同一房间内也能相互连接，而且可以连接多个设备（最多可达 7 个），这就可以把用户身边的设备连接起来，形成一个个域网，在个人数字设备之间实现数据的传输。

（8）蓝牙芯片是蓝牙系统的关键技术。1999 年年底，朗讯公司宣布了它的第一个蓝牙集成芯片 W7020，该产品由一个单芯片无线发送子系统、一个基带控制器和蓝牙协议软件组成，蓝牙系统模块如图 6-34 所示。

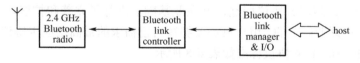

图 6-34　蓝牙系统模块

随着手机、笔记本电脑等移动通信设备的迅速发展，蓝牙设备和蓝牙通信技术的版本也不断地得到迅猛的发展。蓝牙通信技术已经经历了六个主要版本，分别是 V1.1、V1.2、V2.0、V2.1、V3.0 和 V4.0 版。2010 年 4 月颁布的蓝牙 V4.0 标准在电池续航时间、节能和设备种类等多方面做出了改进，使得蓝牙通信成为一种拥有低成本、跨厂商互操作性、低延迟性（3 ms）、超长距离（100 m 以上）、AES-128 加密等诸多优良特性的无线通信方式。另外蓝牙 V4.0 依旧向下兼容，包含经典蓝牙技术规范和最高速率为 24 Mbps 的蓝牙高速技术规范。

蓝牙网络的基本单元是微微网，微微网由主设备单元和从设备单元构成。蓝牙组网技术属于无线连接的自组网技术，它免去了通常网络连接所需的电缆插拔和软/硬件系统同步配置操作，给用户带来了极大的方便。

在蓝牙网络中，所有的设备都是对等的，每个设备通过自身唯一的 48 位地址来标识，可以通过程序或用户的干预将其中某个设备指定为主设备，主设备可以连接多个从设备形成一个微微网。同时，蓝牙设备间的数据传输也支持点对点通信方式。硬币大小的基于 USB 的蓝牙收发器和蓝牙耳机如图 6-35 所示。

图 6-35　基于 USB 的蓝牙收发器和蓝牙耳机

蓝牙 V4.0 将三种规格集于一体，包括传统蓝牙技术、高速技术和低耗能技术，使用一粒纽扣电池甚至可连续工作数年之久。

蓝牙技术联盟于 2016 年推出了最新一代蓝牙技术"Bluetooth 5"，其目标锁定在智能家居、物联网（IoT）、音讯等三大应用，大幅提升了传输距离、速率及广播信息负载量，可以在更远的传输距离提供稳定、可靠的物联网连接，适合整户家庭、整栋建筑，以及户外的各种使用情境，可实现的互连互通的物联网世界。

6.3.2　ZigBee 无线通信技术

ZigBee 作为一种双向无线通信技术，具备近距离、低复杂度、自组织、低功耗、低数据速度、低成本等优点，广泛应用在嵌入式产品中。2004 年年底由 ZigBee 联盟发布了 1.0 版本规范，2005 年 4 月已有 Chipcon、CompXs、Freescale、Ember 四家公司通过了 ZigBee 联盟对其产品所做的测试和兼容性验证。从 2006 年开始，基于 ZigBee 的无线通信产品和应用迅速得到了普及和高速发展。

ZigBee 工作在 2.4 GHz 或 868/915 MHz 无线频带，ZigBee 协议的整体框架包括物理层、MAC 层、数据链接层、网络层和应用会话层，其中物理层、MAC 层和数据链路层采用了 IEEE 802.15.4（无线个人区域网）协议标准，并在此基础上进行了完善和扩展。而网络层及应用会话层是由 ZigBee 联盟制定的，用户只需要编写自己需求的最高层应用协议，即可实现节点之间的通信。IEEE 802.15.4 协议标准如表 6-8 所示。

表 6-8　IEEE 802.15.4（无线个人区域网）协议标准

工作频率	频段属性	使用区域	使用频道数	传输速率（理论）/kbps
2.4 GHz	ISM	全球	16	250
915 MHz	ISM	美国	10	40
868 MHz	—	欧洲	1	20

ZigBee 可实现点对点、一点对多点、多点对多点之间的设备间的数据透明传输，支持三

种主要的自组织无线网络类型，即星状结构、网状结构（Mesh）和簇状结构（Cluster），其中星状网络是一个辐射状系统，数据和网络命令都通过中心节点传输；而网状结构具有很强的网络健壮性和系统可靠性。

在传感器节点组网方面，ZigBee 网络中的节点可以分为协调器、路由器和终端节点三种不同的类型。协调器是 ZigBee 网络中的第一个设备，负责选择信道和网络标识，并组建网络；路由器主要负责其他设备加入网络、多跳路由的实现；终端节点处在网络的最边缘，负责数据的采集、设备的控制等外围功能。

例如，目前广泛应用的 TI 公司的 CC2530 集成了 ZigBee 模块，具备以下的基本特性。

● 优化的 51 单片机内核，达到标准 8051 单片机的 8 倍性能，支持硬件 AES 加密和解密；
● 内置 DMA 控制器、看门狗定时器、A/D 转换器、实时时钟、UART/SPI、8/16 位定时器，多达 21 个 GPIO；
● 支持 16 MHz 或 32 MHz 外部晶体振荡器，可扩展高达 32/64/128/256 KB 的可编程闪存，具有 8 KB 的 RAM；
● 支持无线 IEEE 802.15.4 通信协议的硬件结构，集成 2.4 GHz 的 DSSS 数字射频部件；
● 宽电压供电，工作电压为 2.0～3.6 V。

CC2530 将 MCU 与 RF 集成封装在一起，不仅减小了系统的体积，同时也降低了系统功耗，提高了系统的稳定性。宽电压的设计使得 CC2530 更适合移动应用设备，如智能家居、矿井安全定位等。目前主要流行的基于 ZigBee 通信的专用集成芯片有 TI（Chipcon）的 CC2530、Freescale 的 MC13192、Jennic 的 JN5148、Atmel 的 LINK-23X 和 LINK-212 等。

基于 CC2530 的 ZigBee 模块是一种物联网无线数据终端，可利用 ZigBee 网络为用户提供无线数据传输功能。该产品采用高性能的工业级 ZigBee 方案，提供 SMT 与 DIP 接口，可直接连接 TTL 接口设备，实现数据的透明传输；采用低功耗设计，最低功耗小于 1 mW；提供多路 I/O，可实现数字量输入/输出、脉冲输出，可实现模拟量采集、脉冲计数等功能。无线传感器通信模块如图 6-36 所示。

图 6-36　无线传感器通信模块

无线传感器通信模块可作为无线传感器网络的协调器、路由器和终端节点，这三种类型节点与 ZigBee 网络的三种节点功能相对应。目前，部分无线传感器通信模块在硬件结构上完全一致，只是设备嵌入的软件不同，通过跳线设置或软件配置即可实现不同的功能。

无线传感器通信模块的功能及技术指标如下。

- 智能型数据模块，通电即可进入数据传输状态；
- 支持 ZigBee 无线短距离数据传输功能，无线传输距离为 100～2 000 m；
- 频率范围为 2.405～2.480 GHz，16 个无线信道，天线连接为外置 SMA 天线或 PCB 天线；
- 寻址方式为 IEEE 802.15.4/ZigBee 标准地址；
- 最大数据包为 256 B；
- 发送模式灵活，可选择广播发送或目标地址发送模式；
- 提供 TTL 串行接口、SPI 接口，提供的 TTL 接口可直接连相同电压的 TTL 串口设备；
- 节点类型灵活，协调器、路由器、终端节点可任意设置；
- 支持点对点、点对多点、对等和 Mesh 网络，网络容量最多为 65535 个节点。

随着我国物联网进入发展的快车道，ZigBee 也正逐步被国内越来越多的用户所接受。ZigBee 技术也已在部分智能传感器场景中进行了应用，例如，地铁隧道施工过程中的考勤定位系统采用的就是 ZigBee 技术，ZigBee 技术取代传统的 RFID 考勤系统，实现了无漏读、方向判断准确、定位轨迹准确和可查询，提高了隧道安全施工的管理水平；又如，在某些高档的老年公寓中，基于 ZigBee 网络的无线定位技术可在疗养院或老年社区内实现全区实时、定位及求助功能。由于每个老人都随身携一个移动报警器，遇到险情时，可以及时按下求助按钮，不但使老人在户外活动时的安全监控及救援问题得到解决，而且使用简单方便、可靠性高。

目前，无线传感器通信模块已广泛应用于物联网产业链中的 M2M 行业，如智能电网、智能交通、智能家居、金融、移动 POS 终端、供应链自动化、工业自动化、智能建筑、消防、公共安全、环境保护、气象、数字化医疗、遥感勘测、农业、林业、水务、煤矿、石化等领域。

6.3.3　Wi-Fi 移动通信技术

目前，无线保真技术（Wireless Fidelity，Wi-Fi）是人们在日常生活中访问互联网的重要手段之一。通过 Wi-Fi 无线网络上网可以简单地理解为无线上网，几乎所有智能手机、平板电脑和笔记本电脑都支持 Wi-Fi 技术，Wi-Fi 已成为当今使用最广泛的一种无线网络传输技术，其本质上就是把有线网络信号转换成无线信号，使用无线路由器支持其相关计算机、手机、平板电脑等接收。如果手机有 Wi-Fi 功能的话，在有 Wi-Fi 信号的时候就可以通过 Wi-Fi 技术上网。也就是说，应用 Wi-Fi 技术可以通过一个或多个体积很小的接入点，为一定区域（如家庭、校园、机场）的众多用户提供互联网访问服务。

1. 概述

Wi-Fi 是一种允许电子设备连接到无线局域网（WLAN）的技术，通常使用 2.4 GHz UHF 或 5 GHz SHF ISM 射频频段。Wi-Fi 是一个无线网络通信技术的品牌，由 Wi-Fi 联盟所持有，目的是改善基于 IEEE 802.11 标准的无线网络产品之间的互通性。

Wi-Fi 与蓝牙通信方式类似，同属于短距离无限通信技术。不过，Wi-Fi 的传输距离可达数百米，传输速率可达数百 Mbps 甚至 Gbps，能够提供高速无线局域网的接入能力。

Wi-Fi 技术经历了十几年的发展，如今 IEEE 802.11a/b/g/n 已经成为主流 Wi-Fi 协议（2.4 GHz、3.6 GHz、5 GHz）。对于网络服务运营商而言，Wi-Fi 载波的频率属于免费的公共频段。Wi-Fi 技术具有以下四个特点。

- Wi-Fi 的覆盖范围半径可达 100 m 左右，可以在普通大楼中使用。
- Wi-Fi 的传输速率快，可以达到 11 Mbps，但通信质量和安全性不是很好。

- 应用方便，只要在机场、车站等公共场所部署了相关设备，就可高速接入互联网。
- Wi-Fi 最主要的优势是无线布线，非常适合移动办公。

2. Wi-Fi 组成及工作原理

Wi-Fi 无线网络的基本配备就是无线网卡及一台 AP（Access Point，一般翻译为无线访问节点或桥接器）。AP 就像一般有线网络的 Hub 一样，无线工作站可以快速且轻易地与网络相连，特别是对于宽带，使用 Wi-Fi 更有优势。例如，有线宽带网络（如 ADSL、小区 LAN 等）到户后连接到一个 AP，然后在计算机中安装一块无线网卡即可使用 Wi-Fi；普通家庭有一个 AP 已经足够，甚至邻居得到授权后也能以共享的方式上网。

Wi-Fi 芯片的应用主要针对笔记本电脑或手机，其结构框图如图 6-37 所示。Wi-Fi 芯片经过初始设置与连接关联后，该设备在之后的绝大多数时间里不做任何操作，仅在必要的时候定期唤醒，执行各种与应用相关或与网络相关的任务。

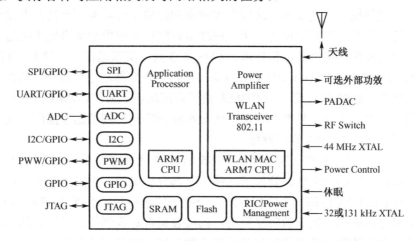

图 6-37　Wi-Fi 芯片结构框图

Wi-Fi 芯片内部高度集成的体系结构实现了有效的电源管理，一旦指定的操作为空闲，处理器和时钟部件能够快速切断至休眠状态以实现省电。当接收到收发操作指令时，在一个时钟周期内又能恢复正常工作。芯片的各部件可以根据需要灵活关闭，也可将整个芯片所有部件（包括时钟晶振）全都关闭，进入深度休眠状态。恢复时，仅需几毫秒就可从深度睡眠状态切换到完全工作状态，系统能够支持在指定的信标（Beacon）时刻唤醒。

6.3.4　2G/3G/4G/5G 现代通信技术

1. GPRS 通信技术

GPRS 是通用分组无线业务（General Packet Radio Service）的缩写，是在 1993 年由英国 BT Cellnet 公司提出的从 GSM 向第三代移动通信（3G）过渡的一种技术，通常称为 2.5 G。GPRS 采用与 GSM 相同的频段、频带宽度、突发结构、无线调制标准、跳频规则，以及相同的 TDMA 帧结构，面向用户提供移动分组的 IP 或者 X.25 连接，从而为用户同时提供语音与数据业务。从外部看，GPRS 同时又是 Internet 的一个子网。

GPRS 无线网络技术不受距离、地域、时间的限制，适合小批量数据的传输，支持 TCP/IP 协议，其覆盖范围广、性能较为完善，本身又具有较强的数据纠错能力、数据传输速率较高

（可达 150 kbps），还能够保证数据传输的可靠性和实时性，所以广泛应用于远程无线数据传输领域。在实际应用中，GPRS 具备高速传输、快捷连接、实时在线、合理计费、自如切换、业务丰富和资源共享等诸多优点。GPRS 技术的引入，为家庭网关接入外部数据网提供了一种新的解决方案。GPRS 是全球移动通信系统 GSM 的技术升级，从而真正实现了 GSM 网络与 Internet 的兼容，可为用户提供 9.6～150 kbps 的数据传输速率。

GPRS 提供的业务主要包括 GPRS 承载 WAP 业务、电子邮件业务、在线聊天、无线接入 Internet、基于手机终端安装数据业务、支持行业应用业务、GPRS 短消息业务等；另外，GPRS 还可以实现无线监控与报警、无线销售、移动数据库访问、财经信息咨询、远程测量、车辆跟踪与监控、移动调度系统、交通管理、警务及急救等应用。

2. CDMA 通信技术

码分多址（Code Division Multiple Access，CDMA）是一种扩展频谱多址数据通信技术，属于 2.5 代移动通信技术，是在第二次世界大战期间因战争的需要而研究开发出无线通信技术，其初衷是防止敌方对己方通信的干扰，在战争期间广泛应用于军事抗干扰通信，后来由美国高通公司更新成为商用蜂窝电信技术。1993 年 3 月，美国通信工业学会（TIA）通过了 CDMA 空中接口标准 IS-95，使 CDMA 成为第二代数字蜂窝移动通信系统，其在通信速率等方面与 GPRS 接近。1995 年，第一个 CDMA 商用系统运行之后，CDMA 技术在理论上的诸多优势在实践中得到了检验，从而在北美、南美和亚洲等地得到了迅速推广和应用，全球许多国家和地区都已建有 CDMA 商用网络。

2002 年前后，中国联通便已经建立了 IS-95 的 CDMA 网络，CDMA 网络是由移动台子系统、基站子系统、网络子系统、管理子系统等几部分组成的，主要采用扩频技术的码分多址方式进行工作。CDMA 给每一个用户分配一个唯一的码序列（扩频码，PN 码），并用它对承载信息的信号进行编码。知道该码序列用户的接收机可对收到的信号进行解码，并恢复出原始数据，这是因为该用户的码序列与其他用户的码序列的互相关是很小的。由于码序列的带宽远大于所承载信息的信号的带宽，在编码过程扩展了信号的频谱，所以也称为扩频调制，所产生的信号也称为扩频信号。

CDMA 通信不是简单的点对点、点对多点，甚至多点对多点的通信，而是大量用户同时工作的大容量、大范围的通信。移动通信的蜂窝结构是建立大容量、大范围通信网络的基础，而采用 CDMA 通信技术实现和构建的多用户、大容量通信网络，具有码分多址的众多优点。

3. 第三代无线移动通信技术

第三代无线移动通信技术（3rd-Generation，3G）是指支持高速数据传输的蜂窝移动通信技术。3G 服务能够同时传送声音及数据信息，速率一般在 Mbps 以上。目前，世界上的 3G 技术包含四种标准：CDMA2000、WCDMA、TD-SCDMA 和 WiMAX 技术。

与以 GSM、GPRS、EGDE 和 CDMA-95 为代表的第二代移动通信技术相比，3G 的主要优势在于声音和数据传输速度的提升，并且能够在全球范围内更好地实现无线漫游，提供图像、音乐、视频流等多种媒体形式，实现包括网页浏览、电话会议、电子商务等多种信息服务，同时与已有第二代移动通信系统也有良好的兼容性。

3G 能够支持不同的数据传输速率，能够实现高达 2.1 Mbps 传输速率。国内支持三个 3G 标准，分别是中国电信的 CDMA2000，中国联通的 WCDMA 和中国移动的 TD-SCDMA。在这三种 3G 标准中，中国联通运营的 WCDMA 网络是目前世界上应用最广泛的，占据全球 80%

以上的市场份额；中国移动运营的 TD-SCDMA 是由我国自主研发的 3G 标准。

4. 第四代和第五代无线移动通信技术

第四代无线通信技术（简称 4G）能够在高速移动情况下提供高达 100 Mbps 的通信速率，4G 以 LTE 和 WiMAX 为代表。目前，TD-LTE 是第一个 4G 无线移动宽带网络数据标准，由中国移动修订与发布。

第五代无线移动通信技术（简称 5G）是 4G 的延伸。中国（华为）、韩国（三星电子）、日本、欧盟都已投入相当的资源研发 5G 网络。4G 网速大概比 3G 高出 10 倍左右，而 5G 网速则更是远远高出 4G，整部超高画质的电影可在 1 s 之内下载完成。相对于传统的移动通信网络，5G 具有如下的基本特征。

（1）互联网设备数目扩大 100 倍。随着物联网和智能终端的快速发展，预计 2020 年后，连网的设备数目将达到 500 亿～1000 亿。未来的 5G 网络单位覆盖面积内支持的设备数目将大大增加，相对于目前的 4G 网络将增长 100 倍。

（2）数据流量增长 1000 倍。业界预测 2027 年前后，全球移动数据流量将达到 2010 年的 1000 倍，因此，5G 的单位面积的吞吐量能力，特别是忙时吞吐量能力也要求提升 1000 倍。

（3）峰值速率至少 10 Gbps。面向 2020 年的 5G 网络，相对于 4G 网络，其峰值速率需要提升 10 倍，即达到 10 Gbps，特殊场景下，用户的单链路速率可达到 10 Gbps。

（4）网络耗能低。绿色低碳、节省能源是未来通信技术的发展趋势，未来的 5G 网络，利用端到端的节能设计可使网络综合能耗效率提高 1000 倍，满足 1000 倍流量的要求，但能耗与现有的网络相当。

（5）频谱利用率高。由于 5G 网络的用户规模大、业务量大、流量高，对频率的需求量大，通过演进及频率倍增或压缩等创新技术的应用，可提升频率利用率。相对于 4G 网络，5G 的平均频谱效率会提升 5～10 倍，可解决大流量带来的频谱资源短缺问题。

（6）可靠性高和时延短。未来的 5G 网络，可满足用户随时随地的在线体验服务，并满足诸如应急通信、工业信息系统等更多高价值场景需求。因此，要求进一步降低用户延时和控制延时，相对于 4G 网络会缩短 5～10 倍。

未来 5G 网络正朝着网络多元化、宽带化、综合化、智能化的方向发展，随着各种智能终端的普及，在 2020 年及以后，移动数据流量将呈现爆炸式增长。

习题与思考题

（1）按照传送信息的方向，串行通信可分为哪三种方式？各自的特点是什么？

（2）按照时钟控制方式区分，串行通信可分为哪两种形式？各自有哪些特点？

（3）简述通用异步收发器（UART）的主要功能及特点。

（4）简述 RS-232C 通信方式的主要功能及特点。

（5）简述 USB 总线的组成及主要特点。

（6）简述 USB 总线的基本工作过程。

（7）简述 1-Wire 串行通信的工作原理。

（8）参照图 6-15，编写单通道主函数、温度转换和显示程序。

（9）参照图 6-16，编写多通道主函数、温度转换和显示程序。

（10）简述 I2C 总线通信方式的组成及主要特点。

（11）简述 SPI 总线通信方式的组成及主要特点。

（12）简述 CAN 总线通信方式的主要功能及特点。

（13）简述蓝牙通信方式的主要的特点。

（14）简述 ZigBee 无线通信技术的主要特点。

（15）简述 Wi-Fi 技术的特点及工作原理。

（16）简述 5G 无线移动通信技术的基本特征。

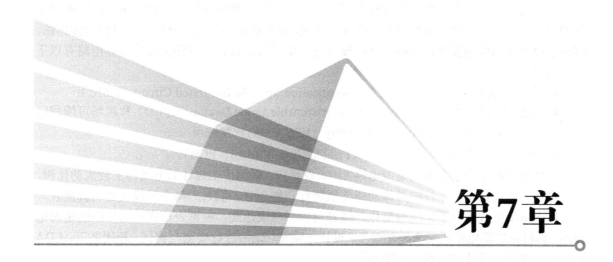

第7章

EDA 与可编程逻辑器件应用

7.1 电子设计自动化技术 EDA

EDA 是电子设计自动化（Electronic Design Automation）的缩写，是在 20 世纪 60 年代中期从计算机辅助设计（CAD）、计算机辅助制造（CAM）、计算机辅助测试（CAT）和计算机辅助工程（CAE）的概念发展而来的。

20 世纪 90 年代，国际上电子和计算机技术较为先进的国家，一直在积极探索新的电子电路设计方法，在设计方法、工具等方面进行了彻底的变革，并取得了巨大的成功。在电子技术设计领域，可编程逻辑器件（如 CPLD、FPGA）的应用已得到广泛普及，为数字系统的设计带来了极大的灵活性。可以通过软件编程对这些器件的硬件结构和工作方式进行重构，从而使得硬件的设计如同软件设计那样方便快捷，极大地改变了传统的数字系统设计方法、设计过程和设计观念，促进了 EDA 技术的迅速发展。

7.1.1 概述

EDA 技术就是以计算机为工具，设计者在 EDA 软件平台上用硬件描述语言（Hardware Description Language，HDL）完成设计文件，然后由计算机自动地完成逻辑编译、化简、分割、综合、优化、布局、布线和仿真，直至完成对特定目标芯片的适配编译、逻辑映射和编程下载等工作。EDA 技术融合了应用电子技术、计算机技术、信息处理及智能化技术的最新成果，实现了电子产品的自动设计。

利用 EDA 工具，电子设计师可以从概念、算法、协议等开始设计电子系统，大量的工作可以通过计算机完成，可在计算机上完成从电路设计、性能分析到设计出 IC 板图或 PCB 图的电子产品设计的整个过程。EDA 技术的出现，极大地提高了电路设计的效率和可操作性，减轻了设计者的劳动强度。利用 EDA 技术进行电子系统设计，最终实现的目标电路有以下三种类型。

- 全定制或半定制专用集成电路（Application Specific Integrated Circuit，ASIC）；
- 复杂可编程逻辑器件（Complex Programmable Logic Device，CPLD）和现场可编程门阵列（Field Programmable Gate Array，FPGA）的开发应用；
- 绘制电路原理图和印制电路板（Printed Circuit Board，PCB）。

在传统的数字电子系统或集成电路（IC）设计中，采用手工设计的方式占了较大的比例。手工设计一般先按电子系统的具体功能要求进行功能划分，然后为每个子模块画出真值表，并采用卡诺图方式进行手工逻辑简化，接着写出布尔表达式，根据表达式画出相应的逻辑电路图，再根据逻辑电路图来选择元器件，设计电路板，最后进行实测与调试。相比之下，EDA 技术与传统电子设计方法有很大的不同。

（1）采用 HDL 语言作为设计输入。采用 HDL 语言对数字电子系统进行抽象与功能描述，以及描述具体的内部线路结构，从而可以在电子设计的各个阶段、各个层次进行计算机模拟验证，保证设计过程的正确性，从而大大降低设计成本，缩短设计周期。

（2）资源库的引入。EDA 工具之所以能够完成各种自动设计过程，关键是有各类库的支持，例如，进行逻辑仿真时有模拟库、进行逻辑综合时有综合库、进行版图综合时有版图库、进行测试综合时有测试库等，这些库资源都是由 EDA 公司与半导体生产厂商紧密合作、共同开发的。

（3）设计文档的管理。某些 HDL 语言也是文档型的语言（如 VHDL），极大地简化了设计文档的管理。

（4）具有系统电路仿真功能。EDA 仿真测试技术只需要通过计算机，就能从不同层次的系统性能特点对所设计的电子系统进行一系列准确的测试与仿真操作。在完成实际系统的安装后，还能对系统上的目标器件进行所谓的边界扫描测试，这一切都极大地提高了大规模系统电子设计的自动化程度。

（5）具有自主知识产权。无论传统的应用电子系统设计得如何完美，使用了多么先进的功能器件，如单片机、CPU、DSP、数字锁相环或其他特定功能的 IC，但对于设计者来说没有任何自主知识产权可言。因为系统中的关键性的器件并非出自设计者之手，这将导致该系统在许多情况下的应用会直接受到限制，而且有时是致命的。例如，系统中某关键器件失去供货来源，或作为极具竞争性的产品批量外销，或应用于关键的军事设备中等。

（6）开发技术的标准化、规范化，以及 IP（具有知识产权的电路功能模块）核的可重用性。传统的电子设计方法至今都没有任何标准规范加以约束，因此设计效率低、系统性能差、开发成本高、市场竞争力小。以单片机或 DSP 开发为例，每一次新的开发，都必须选用具有更高性价比和更适合设计项目的处理器，但由于不同的处理器的结构、语言和硬件特性有很大差异，因此设计者每次都必须重新了解和学习相关的知识，如重新了解器件的详细结构和电气特性，重新设计该处理器的功能软件，甚至重新购置和了解新的开发系统和编译软件。EDA 技术则完全不同，它的设计语言是标准化的，不会因设计对象的不同而改变；它的开发工具是规范化的，EDA 软件平台支持任何标准化的设计语言；它的设计成果是通用性的，具有良好的可移植与可测试性，为高效高质的系统开发提供了可靠的保证。

（7）适用于高效率、大规模系统设计的自顶向下设计方案。从电子设计方法来看，EDA

技术最大的优势就是能将所有设计环节纳入统一的自顶向下的设计方案中；在传统的电子设计技术中，由于没有规范的设计工具和表达方式，无法完成这种先进的设计流程。

（8）全方位地利用计算机自动设计、仿真和测试技术。EDA不但在整个设计流程上充分利用了计算机的自动设计能力，也可在各个设计层次上利用计算机完成不同内容的仿真模拟，而且在系统板设计结束后仍可利用计算机对硬件系统进行完整的测试（边界扫描测试）。传统的设计方法，如单片机仿真器，只能在最后完成的系统上进行局部的软件仿真调试，而对整个设计的中间过程是无能为力的。至于硬件系统测试，由于现在的许多系统主板不但层数多，而且许多微处理器都是BGA（Ball Grid Array）封装的，所有引脚都在芯片的底面，焊接后普通的仪器仪表无法接触到所需要的信号点，因此无法进行测试。

（9）对设计者的硬件知识和硬件经验要求低。传统的电子设计方法对电子设计工程师有更多的要求，例如，设计者在电子技术理论和设计实践方面必须是行家里手，必须熟悉针对不同单片机或DSP器件开发系统的使用方法和性能，还必须知道器件的封装形式和电气特性，知道不同的在线测试仪表的使用方法和性能指标，所有这一切都不符合现代电子技术发展的需求，不符合快速换代的产品市场要求，不符合需求巨大的人才市场的要求。EDA技术的标准化，以及HDL设计语言和设计平台与具体硬件的无关性，使得设计者能更大程度地将自己的才智和创造力集中在设计项目性能的提高和成本的降低上，而将具体的硬件实现工作让专业部门来完成。显然，高技术人才比经验性人才的培养效率要高得多。

（10）与以CPU为主的电路系统相比，EDA技术具有更好的高速性能。以软件方式控制操作和运算的系统速度显然无法与纯硬件系统相比，因为软件是通过顺序执行指令的方式来完成控制和运算步骤的，而用HDL语言描述的系统是以并行方式工作的。

（11）纯硬件系统的高可靠性。大量事实表明，以CPU（或单片机）为核心的系统的可靠性通常不高，其主要原因是以软件运行为核心的CPU的指令地址指针在外部干扰下容易发生不可预测的变化，而使运行陷入不可预测的非法循环中，从而使系统瘫痪。事实上，许多要求可靠性高的智能控制系统完全可以利用EDA技术以全硬件来实现。

7.1.2　常用的EDA工具

EDA工具在EDA技术应用中占据着极其重要的位置，EDA的核心是利用计算机完成电子设计全程自动化，因此基于计算机环境的EDA软件支持是必不可少的。本节主要介绍当今广泛使用的、以开发FPGA和CPLD为主的EDA工具。

由于EDA的整个流程涉及不同技术环节，在每个环节中必须由对应的软件包或专用EDA工具独立处理，包括对电路模型的功能模拟、对VHDL行为描述的逻辑综合等，因此单个EDA工具往往只涉及EDA流程中的某一步骤。本节就以EDA设计流程中涉及的主要软件包为依据对EDA工具进行分类，并给予简要介绍。EDA工具大致可以分为设计输入编辑器、HDL综合器、仿真器、适配器（或布局布线器）、下载器（编程器）五种类型。

当然这种分类不是绝对的，还有些辅助的EDA工具没有在上面的分类中。

1. 设计输入编辑器

设计输入编辑器可以接收不同的设计输入表达方式，如原理图输入方式、状态图输入方式、波形输入方式及HDL文本输入方式。在可编程逻辑器件生产厂商提供的EDA开发工具中，一般都包含设计输入编辑器，如Xilinx的ISE、Altera的MAX+PlusⅡ和QuartusⅡ等。

通常，专业的 EDA 工具供应商也提供相应的设计输入工具，这些工具一般与该公司的其他电路设计软件整合，这点尤其体现在原理图输入环境上。由于 HDL（包括 VHDL、Verilog HDL 等）的输入方式是文本格式，所以它的输入实现要比原理图输入简单得多，用普通的文本编辑器即可完成。

2. HDL 综合器

由于目前通用的 HDL 语言为 VHDL、Verilog HDL，所以下面介绍的 HDL 综合器主要是针对这两种语言的。硬件描述语言诞生的初衷是用于电路逻辑的建模和仿真，但直到 Synopsys 公司推出了 HDL 综合器后，才可以将 HDL 直接用于电路的设计。

HDL 综合器把可综合的 VHDL/Verilog HDL 语言转化成硬件电路，一般要经过两个步骤。

（1）HDL 综合器对 VHDL/Verilog HDL 进行分析处理，并将其转成相应的电路结构或模块，这时无须考虑实际器件的实现，即完全与硬件无关，这个过程是一个通用电路原理图形成的过程。

（2）对实际实现的目标器件的结构进行优化，并使之满足各种约束条件，优化关键路径等。

HDL 综合器的输出文件一般是网络表文件，如 EDIF 格式（Electronic Design Interchange Format），文件后缀是 ".edf"，是一种用于设计数据交换和交流的工业标准文件格式的文件，是可直接用 VHDL/Verilog HDL 语言表达的标准格式即网络表文件，或者是对应 FPGA 器件厂商的网络表文件，如 Xilinx 的 XNF 网络表文件。

由于综合器只是完成 EDA 设计流程的一个独立设计步骤，往往会被其他 EDA 环节调用以完成全部的流程。它的调用方式一般有两种：一种是前台模式，在调用时显示的是最常见的窗口界面；另一种是后台模式或控制台模式，在调用时不出现图形界面，仅在后台运行。HDL 综合器的使用也有图形和命令行（Shell 模式）两种模式。

3. 仿真器

仿真器有基于元件（逻辑门）的仿真器和基于 HDL 语言的仿真器两种，基于元件的仿真器缺乏 HDL 仿真器的灵活性和通用性，在此主要介绍 HDL 仿真器。

在 EDA 设计技术中，仿真的地位十分重要。行为模型的表达、电子系统的建模、逻辑电路的验证，以及门一级系统的测试，每一步都离不开仿真器的模拟检测。在 EDA 发展的初期，快速进行电路逻辑仿真是当时的核心问题，即使在现在，各设计环节的仿真仍然是整个 EDA 工程流程中最耗时间的一个步骤，因此仿真器的仿真速度、仿真的准确性、易用性也是衡量仿真器的重要指标。按仿真器对设计语言不同的处理方式分类，可分为编译型仿真器和解释型仿真器。

编译型仿真器的仿真速度较快，但需要预处理，不便于即时修改；解释型仿真器的仿真速度一般，但可随时修改仿真环境和条件。

按处理的硬件描述语言类型不同，HDL 仿真器可分为 VHDL 仿真器、Verilog 仿真器、Mixed HDL 仿真器（混合 HDL 仿真器，可同时处理 Verilog HDL 与 VHDL 语言），以及其他 HDL 仿真器（针对其他 HDL 语言的仿真），几乎各个 EDA 厂商都提供基于 Verilog HDL/VHDL 的仿真器。

4. 适配器（布局布线器）

适配器的任务是完成目标系统在器件上的布局布线，适配即结构综合，通常都是由可编程逻辑器件的厂商提供的专门针对器件开发的软件来完成的，这些软件可以单独存在，也可以嵌入在厂商的针对自己产品的集成 EDA 开发环境中。

适配器最后输出的是各厂商自己定义的下载文件,用于下载到器件中以实现设计。例如,适配器可输出多种用途的文件,如时序仿真文件、适配技术报告文件、面向第三方 EDA 工具的输出文件、FPGA/CPLD 编程下载文件。

5. 下载器(编程器)

下载器的功能是把设计文件下载到对应的实际器件中,以实现硬件设计。软件部分一般都是由可编程逻辑器件的厂商提供的专门针对器件下载或编程软件来完成的。

7.2　硬件描述语言

硬件描述语言(HDL)是电子系统硬件行为描述、结构描述、数据流描述的语言。利用这种语言,数字电路系统的设计可以从顶层到底层(从抽象到具体)逐层描述自己的设计思想,用一系列分层次的模块来表示极其复杂的数字系统。然后利用电子设计自动化(EDA)工具,逐层进行仿真验证,再把其中需要变为实际电路的模块组合,经过自动综合工具转换为门一级电路网络表。最后用 ASIC、CPLD 和 FPGA 自动布局布线工具,把网络表转换为要实现的具体电路布线结构。

硬件描述语言(HDL)发展至今已有近 30 多年的历史,它已被成功地应用于各种设计领域,主流的 HDL 有 VHDL 和 Verilog HDL 等。

7.2.1　VHDL 描述语言

VHDL(Very High Speed Hardware Description Language)是 1985 年在美国国防部支持下推出的。1987 年,IEEE(Institute of Electrical and Electronics Engineers,电气电子工程师协会)将 VHDL 制定为标准。

自 IEEE 公布了 VHDL 的标准版本之后,各 EDA 公司相继推出了自己的 VHDL 设计环境,或宣布自己的设计工具支持 VHDL。此后,VHDL 在电子设计领域得到了广泛的应用,并逐步取代了原有的非标准硬件描述语言。

VHDL 作为一种规范语言和建模语言,随着 VHDL 的标准化,出现了一些支持该语言的行为仿真器。由于创建 VHDL 的最初目标是用于标准文档的建立和电路功能模拟,其基本想法是在高层次上描述系统和元件的行为。但到了 20 世纪 90 年代初,人们发现 VHDL 不仅可以作为系统模拟的建模工具,而且可以作为电路系统的设计工具,可以利用软件工具将 VHDL 源码自动地转化为用文本方式表达的基本逻辑元件连接图,即网络表文件。这种方法显然对于电路自动设计是一个极大的推进,随后电子设计领域出现了第一个软件设计工具——VHDL 逻辑综合器,它可以把标准 VHDL 的部分语句描述转化为具体电路实现的网络表文件。

目前,VHDL 和 Verilog HDL 作为 IEEE 的工业标准硬件描述语言,得到众多 EDA 公司的支持,在电子工程领域已成为事实上的通用硬件描述语言。VHDL 语言具有很强的电路描述和建模能力,能从多个层次对数字系统进行建模和描述,从而大大简化硬件设计任务,提高设计效率和可靠性。

VHDL 具有与具体硬件电路无关,以及与设计平台无关的特性,并且具有良好的电路行为描述和系统描述的能力，在语言易读性、层次化、结构化设计方面表现出了强大的生命力和应用潜力。VHDL 支持自顶向下、自底向上或混合设计等多种设计方法，在面对当今许多电子产品生命周期缩短、需要多次重新设计以融入最新技术、改变工艺等方面，VHDL 具有良好的适应性。用 VHDL 进行电子系统设计的一个很大的优点是设计者可以专注于其功能的实现，而不需要对不影响功能的、与工艺有关的因素花费过多的时间和精力。

传统的电子设计技术通常是自底向上的，即首先确定构成系统底层的电路模块或元件的结构和功能，然后根据主系统的功能要求，将它们组合成更大的功能块，使它们的结构和功能满足高层系统的要求。以此流程，逐步向上递推，直至完成整个目标系统的设计。

应用 VHDL 进行自上而下的设计，就是指使用 VHDL 模型在所有综合级别上对硬件设计进行说明、建模和仿真测试。主系统及子系统最初的功能要求在 VHDL 中体现为可以被 VHDL 仿真程序验证的可执行程序。由于综合工具可以将高级别的模型转化为逻辑门一级的模型，所以整个设计过程基本是由计算机自动完成的。人为介入的方式主要是根据仿真的结果和优化的指标，控制逻辑综合的方式和指向。因此，在设计周期中，要根据仿真的结果进行优化和升级，以及对模型进行及时的修改，改进系统或子系统的功能，更正设计错误，提高目标系统的工作速度，减小面积耗用，降低功耗和成本等。在这些过程中，由于设计的下一步是基于当前的设计的，即使当发现问题或进行新的修改而需从头开始设计时，也不妨碍整体的设计效率。此外，VHDL 设计的可移植性、EDA 平台的通用性，以及与具体硬件结构的无关性，使得前期的设计可以很容易地应用于新的设计项目，而且可以显著缩短项目设计的周期。

采用自顶向下的设计方法将系统分解为各个模块的集合后，可以对设计的每个独立模块指派不同的工作小组。这些小组可以工作在不同地点，甚至可以分属不同的单位，最后将不同的模块集成为最终的系统模型，并对其进行综合测试和评价。

自顶向下设计流程包括以下设计阶段。

（1）提出设计说明书，即用自然语言表达系统项目的功能特点和技术参数等。

（2）建立 VHDL 行为模型，这一步是将设计说明书转化为 VHDL 行为模型。在这一项目的表达中，可以使用满足 IEEE 标准的 VHDL 的所有语句而不必考虑可综合性，这一建模行为的目标是通过 VHDL 仿真器对整个系统进行系统行为仿真和性能评估。

（3）VHDL 行为仿真。这一阶段可以利用 VHDL 仿真器对顶层系统的行为模型进行仿真测试，检查模拟结果，继而进行修改和完善。这一过程与最终实现的硬件没有任何关系，也不考虑硬件实现中的技术细节，测试结果主要是对系统功能行为的考察，其中许多 VHDL 的语句表达主要为了方便了解系统各种条件下的功能特性，而不可能用真实的硬件来实现。

（4）VHDL RTL 级建模。如上所述，VHDL 只有部分语句集合可用于硬件功能行为的建模。因此在这一阶段，必须将 VHDL 的行为模型表达为 VHDL 行为代码（或称为 VHDL RTL 级模型）。这里应该注意的是，VHDL 行为代码是用 VHDL 中可综合子集中的语句完成的，即可以最终实现目标器件的描述。因为利用 VHDL 的可综合的语句同样可以方便地对电路进行行为描述，而目前许多主流的 VHDL 综合器都能将其综合成 RTL 级，甚至门一级模型。在第（3）步和第（4）步，人为介入的因素比较多，设计者需要给予更多的关注。

（5）前端功能仿真。在这一阶段对 VHDL RTL 级模型进行仿真，称为功能仿真。尽管 VHDL RTL 级模型是可综合的，但对它的功能仿真仍然与硬件无关，仿真结果表达的是可综合模型的逻辑功能。

（6）逻辑综合。使用逻辑综合工具将 VHDL 行为级描述转化为结构化的门一级电路。

（7）功能仿真。利用获得的测试向量对 ASIC 的设计系统和子系统的功能进行仿真。

（8）结构综合。主要将综合产生的表达逻辑连接关系的网络表文件，结合具体的目标硬件环境进行标准单元调用、布局、布线，以及满足约束条件的结构优化配置，即结构综合。

（9）门级时序仿真。在这一级中将使用门级仿真器或仍然使用 VHDL 仿真器（因为结构综合后能同步生成 VHDL 格式的时序仿真文件）进行门级时序仿真，在计算机上了解更接近硬件目标器件工作的功能时序。在这一步，将带有从布局布线得到的精确时序信息映射到门级电路重新进行仿真，以检查电路时序，并对电路功能进行最后检查。

（10）硬件测试。这是对最后完成的硬件系统进行的检查和测试。

与其他的硬件描述语言相比，VHDL 具有较强的行为仿真级与综合级的建模功能，这种能远离具体硬件、基于行为描述方式的硬件描述语言恰好满足典型的自顶向下设计方法，因而能顺应 EDA 技术发展的趋势，解决现代电子设计应用中出现的各类问题。

7.2.2　Verilog HDL 描述语言

Verilog HDL 是硬件描述语言的一种，主要用于数字电子系统设计，设计者可用它进行各种级别的逻辑设计，以及进行数字逻辑系统的仿真验证、时序分析、逻辑综合，是目前应用最广泛的一种硬件描述语言。

Verilog HDL 是 1983 年由 GDA（Gateway Design Automation）公司为其模拟器产品开发的硬件描述语言。基于 Verilog HDL 的优越性，IEEE 于 2001 年发布了 Verilog HDL 1364—2001 标准。

（1）自顶向下（Top-Down）的设计概念。自顶向下的设计是指从系统级开始，把系统划分为若干基本单元，然后把每个基本单元划分为下一层次的基本单元，一直这样做下去，直到可以直接用 EDA 元件库中的基本元件来实现为止。

（2）具体模块的设计编译和仿真的过程。在不同的层次进行具体模块的设计所用的方法也有所不同，在高层次上往往编写一些行为级的模块并通过仿真加以验证，其主要目的是考虑系统总体的性能和各模块的指标分配，并非实现具体的电路，往往不需进行综合及其以后的步骤。而当设计的层次比较接近底层时，行为描述往往需要用电路逻辑来实现，这时的模块不仅需要通过仿真加以验证，还需进行综合、优化、布线和后仿真。总之，具体电路是从底向上逐步实现的。EDA 工具往往不仅支持 HDL 描述，也支持电路图输入，有效地利用这两种方法是提高设计效率的办法之一。

模块设计流程主要由两大主要功能部分组成。

● 设计开发：即编写设计文件→综合布局布线→投片生成这样一系列步骤。

● 设计验证：也就是进行各种仿真的一系列步骤，如果在仿真过程中发现问题就返回设计输入编辑器进行修改。

（3）对应具体工艺器件的优化、映像和布局布线。由于各种 ASIC、CPLD 和 FPFA 器件的工艺各不相同，因而当采用不同厂家的不同器件来实现已验证的逻辑网络表文件（EDIF 文件）时，需要不同的基本单元库与布线延时模型与之对应才能进行准确的优化、映像和布局布线。基本单元库与布线延时模型由熟悉本厂工艺的工程师提供，再由 EDA 厂商的工程师编入相应的处理程序。而逻辑电路设计师只需用文件说明所用的工艺器件和约束条件，EDA 工具就会自动根据这一文件选择相应的库和模型进行准确的处理，从而大大提高设计效率。

7.2.3 Verilog HDL 和 VHDL 的比较

Verilog HDL 和 VHDL 都是用于逻辑设计的硬件描述语言，并且都已成为 IEEE 标准。VHDL 于 1987 年成为 IEEE 标准，Verilog HDL 则在 1995 年才正式成为 IEEE 标准。之所以 VHDL 比 Verilog HDL 早成为 IEEE 标准，这是因为 VHDL 是美国军方组织开发的，而 Verilog HDL 则是由一个普通的民间公司开发的，基于 Verilog HDL 的优越性，才成为 IEEE 标准，因而具有更强的生命力。

这里的比较不是要判断哪一种语言好些，因为这样的判断没有实际意义，且不同的语言有其特定的适用环境，必须要将语言和它的使用领域相结合才能得出有意义的结论。

一般的硬件描述语言可以在三个层次上进行电路描述，其描述层次依次可分为行为级、RTL 级和门电路级。VHDL 的特点决定了它更适合于行为级（包括 RTL 级）的描述，有人称它为行为描述语言；而 Verilog HDL 属于 RTL 级硬件描述语言，通常更适合 RTL 级和更低层次的门电路级描述。

由于任何一种硬件描述语言源程序最终都要转换成门电路级，才能被布局布线器或适配器所接收，因此 VHDL 源程序的综合通常要经过行为级→RTL 级→门电路级的转化。而 Verilog HDL 源程序的综合过程要略简单一些，只需要经过 RTL 级→门电路级的转化。

与 Verilog HDL 相比，VHDL 是一种高级描述语言，适用于电路高级建模，比较适合于 FPGA/CPLD 目标器件的设计，或间接方式的 ASIC 设计。而 Verilog HDL 语言则是一种较低级的描述语言，更适用于描述门电路，易于控制电路资源，因此，更适合于直接的集成电路或 ASIC 设计。

VHDL 和 Verilog HDL 的共同特点是：能形式化地抽象表示电路的结构和行为，支持逻辑设计中层次与领域的描述，可借用高级语言的精巧结构来简化电路的描述，具有电路仿真与验证机制，以保证电路设计的正确性，支持电路描述由高层到低层的综合转换，便于文档管理，易于理解和设计重用。VHDL 和 Verilog HDL 的主要区别在于逻辑表达的描述级别。

VHDL 虽然也可以直接描述门电路，但这方面的能力却不如 Verilog HDL 语言，而 Verilog HDL 语言在高级描述方面不如 VHDL。Verilog HDL 的描述风格接近于电路原理图，从某种意义上说，它是电路原理图的高级文本表示方式；VHDL 最适于描述电路的行为，然后由综合器根据功能要求来生成符号要求的电路网络表文件。

Verilog HDL 的最大优点是易学易用，入门容易，只要有 C 语言编程的基础，设计者就可以在 2~3 个月的时间内掌握这种设计技术。VHDL 语言入门相对较难，一般很难在较短的时间内真正掌握其设计技术，但在熟悉以后其设计效率明显高于 Verilog HDL。两者生成的电路性能也不相上下。由于 VHDL 和 Verilog HDL 各有所长，市场占有量也相差不多。

目前，大多数高档 EDA 软件都支持 VHDL 和 Verilog HDL 混合设计，因而在工程应用中，有些电路模块可以用 VHDL 设计，其他电路模块则可以用 Verilog HDL 设计，各取所长，已成为 EDA 应用技术发展的一个重要趋势。

7.3 可编程逻辑器件简介

随着电子系统数字化进程的发展，以及实用性要求的不断提高，可编程逻辑器件得到了越来越广泛的应用，如智能仪表、实时工控、通信设备、航空航天、机器人等领域。

可编程逻辑器件（PLD）可以完全由用户通过软件进行配置和编程，从而完成某种特定的逻辑功能，它是 20 世纪 70 年代在专用集成电路 ASIC 设计的基础上发展起来的新型逻辑器件，到目前为止，可编程逻辑器件已经成为半导体领域中发展最快的产品之一。

随着可编程逻辑器件应用的日益广泛，许多 IC 制造厂家涉足这个领域。目前在这个领域中，著名供应商的有 Altera、Xilinx、Lattice 等公司。

1. CPLD 和 FPGA 概述

在 PLD 器件中有重要的两大类：复杂可编程逻辑器件（CPLD）和现场可编程门阵列（FPGA）。两者的功能基本相同，只是实现原理略有不同。

CPLD 是从 PAL 和 GAL 器件发展出来的器件，相对而言规模大、结构复杂，属于大规模集成电路范围，是一种用户根据各自需要而自行构造逻辑功能的数字集成电路。其基本设计方法是借助集成开发软件平台，用原理图、硬件描述语言等方法，生成相应的目标文件，通过下载电缆（在系统编程）将代码传送到目标芯片中，实现设计的数字系统。

FPGA 是在 PAL、GAL、CPLD 等可编程器件的基础上进一步发展的产物，它是作为专用集成电路（ASIC）领域中的一种半定制电路而出现的，既解决了定制电路的不足，又克服了原有可编程器件门电路数有限的缺点。

CPLD 的结构和工艺与可编程阵列逻辑（Programmable Logic，PAL）一样，而 FPGA 的结构则类似于门阵列 ASIC。简单而言，以乘积项结构方式构成逻辑行为的器件称为 CPLD，如 Xilinx 公司的 XC9500 系列、Lattice 公司的 ispLSI 系列、Altera 的 MAX7000S 系列等；以查表法结构方式构成逻辑行为的器件称为 FPGA，如 Altera 的 FLEXl0K、ACEXlK 或 Cyclone 系列，Xilinx 的 Spartan 系列和 Virtex 系列等。

总体来讲，CPLD/FPGA 中的逻辑门的数量规模比较大，可以替代几十甚至几千块通用 IC（集成电路）芯片。这样的 CPLD/FPGA 实际上就是一个子系统部件，用户通过编程可以在短时间内把一个通用的 CPLD/FPGA 芯片配置成用户需要的硬件数字电路。

CPLD/FPGA 是嵌入式硬件工程师在研发过程中常用的两种器件，因为这两种器件既具备 ASIC 电路高密度和高速度的优点，又具备 PLD 在短时间内完成功能编制的特点。使用 PLD 生产的嵌入式系统 IC 包括嵌入式微处理器、加 / 解密器、流媒体编 / 解码器、接口控制器、接口数据转换器、信号发生器、数据采集器等。

2. CPLD 和 FPGA 的结构特点

尽管 CPLD、FPGA 与其他类型 PLD 在结构上各有其特点和长处，但它们都是由以下三大部分组成的。

- 可编程二维的逻辑阵列块，它们构成了 PLD 器件的逻辑核心；
- 可编程的输入 / 输出块；
- 可编程的连接逻辑块的连线资源，连线资源由各种长度的连线线段组成，其中也有一些可编程的连接开关，它们用于逻辑块之间、逻辑块与输入 / 输出块之间的连接。

图 7-1 和图 7-2 分别给出了典型的 CPLD 和典型的 FPGA 的结构图，从中可以看到两者结构上的不同，下面简述其中的主要部件功能。

（1）逻辑阵列块（Logic Array Block，LAB）：如图 7-1 所示，每一个 LAB 都是可编程的，LAB 是实现用户逻辑功能的主要单元，由组合逻辑资源和触发器两部分组成。组合逻辑资源通常又称为函数发生器，由于各个系列不同，每个可编程 LAB 由 1～3 个功能不尽相同的函数发生器和 1~2 个触发器组成。

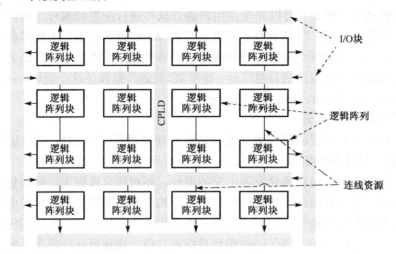

图 7-1 典型 CPLD 结构图（Altera 公司 MAX7000 系列）

（2）可配置逻辑块（Configurable Logic Block，CLB）：如图 7-2 所示，每个可配置逻辑模块有 4 个块，每个块都有 4 输入查找表（Look Up Table，LUT）、触发器、多路复用器、运算逻辑、载体逻辑以及专门的内部布线，可实现任意的组合电路与时序电路。

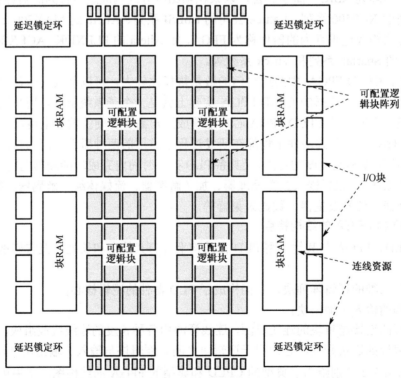

图 7-2 典型的 FPGA 结构图（Xilinx 公司 Virtex 系列）

（3）延时锁定环（Delay Locked Loop，DLL）：主要由一个多种类的延时线和控制逻辑组成，延时线对时钟输入端产生一个延时时钟，分布网线将该时钟分配到器件内的各个寄存器和时钟反馈端。

（4）块 RAM（Block RAM）：可以配置为双端口 RAM 或先进先出（FIFO）功能，并提供 64 位误差校验和纠正（ECC）功能。它能使用户有效地存储数据或者缓冲数据，而无须使用片外存储器。以 Virtex-5 系列的 FPGA 为例，每个块 RAM 的最大容量是 36 KB，因此可以配置成 2 个独立的 18 KB 块 RAM，或者使用一个 36 KB 块 RAM。

目前，FPGA 和 CPLD 的集成度已经高达 500 万门/片以上，这样就可以用来开发一些较大规模的数字逻辑电路，特别适合样品研制或小批量产品开发，使产品能够以最快的速度上市。利用 FPGA 和 CPLD 进行 ASIC 设计的优点如下。

- 一个 FPGA 和 CPLD 器件可以经过成千上万次的擦除和写入，能够做到反复编程、反复擦除、反复使用，非常适合科研和样机研制；
- 对开发设备和场地无特别要求，只要有一台普通的 PC 外加一个 FPGA 和 CPLD 实验系统就能够开展设计和试验，可以在现场完成功能制定，并满足临时修改要求；
- 投资小，成本低，目标电路的正确性可以在投片之前通过实验系统模拟运行加以验证，避免投片风险；
- 由于 PC 平台的开发环境普及化，可以同时由多人开发，因此能够缩短设计周期。

3. FPGA 和 CPLD 主要区别

FPGA 和 CPLD 主要区别有如下几个方面。

① CPLD 更适合完成各种算法和组合逻辑，FPGA 更适合完成时序逻辑。也就是说，FPGA 更适合触发器丰富的结构，而 CPLD 更适合触发器有限而乘积项较丰富的结构。

② CPLD 的连续式布线结构决定了它的时序延时是均匀的和可以预测的，而 FPGA 的分段式布线结构决定了其延时的不可预测性。

③ 在编程上，FPGA 比 CPLD 具有更大的灵活性。CPLD 通过修改具有内连电路的逻辑功能来编程，FPGA 主要通过改变内部连线的布线来编程。FPGA 可在逻辑门下编程，而 CPLD 是在逻辑模块下进行编程的。

④ FPGA 的集成度比 CPLD 高，具有更复杂的布线结构和逻辑实现。

⑤ CPLD 比 FPGA 使用起来更方便。CPLD 的编程采用的是基于电子熔丝技术，不需要外部存储器芯片，使用简单；而 FPGA 的编程信息需存放在 Flash 等外部存储器上，使用方法复杂。

⑥ CPLD 的速度比 FPGA 快，并且具有较大的时间可预测性。这是由于 FPGA 是门一级编程，并且逻辑块 CLB 之间采用分布式互连；而 CPLD 是逻辑块一级编程，并且其逻辑块之间的互连是集总式的。

⑦ 在编程方式上，CPLD 主要是基于 E2PROM 或 Flash 存储器编程的，编程次数可达 1 万次，优点是系统断电时编程信息也不丢失。CPLD 又可分为在编程器上编程和在系统编程两类。FPGA 大部分是基于 SRAM 编程的，编程信息在系统断电时会丢失。每次上电时，需从器件外部将编程数据重新写入 SRAM 中，其优点是可以任意次编程，可在工作中快速编程，从而实现板级和系统级的动态配置。

⑧ CPLD 保密性好，FPGA 保密性差。

⑨ 一般情况下，CPLD 的功耗要比 FPGA 大，且集成度越高越明显。

随着复杂可编程逻辑器件（CPLD）密度的提高，数字器件设计人员在进行大型设计时，既灵活又容易，而且产品可以很快进入市场，许多设计人员已经感受到 CPLD 容易使用、时序可预测和速度高等优点。然而，在过去由于受到 CPLD 密度的限制，他们只好转向 FPGA 和 ASIC。现在，设计人员可以体会到密度高达数十万门的 CPLD 所带来的好处。

CPLD 和 FPGA 这两种可编程逻辑器件之间的主要区别如表 7-1 所示。

表 7-1　CPLD 和 FPGA 的区别

主 要 指 标	CPLD	FPGA
逻辑电路的性质	组合逻辑	时序逻辑
目标电路适应性	触发器有限而乘积项较丰富	触发器
时序	延时均匀，并且可预测	延时较大，不可预测
编程灵活性	小	大
编程方式	基于电子熔丝技术编程	基于外部 Flash 编程
编程次数	大约 1 万次	任意次，工作中可编程
布线结构与逻辑实现	复杂度低	复杂度高
程序信息易失性	系统断电时不丢失	系统断电时会丢失
保密性	好	差
使用方便性	相对低	相对高
集成度	低	高

7.4　EDA 的设计流程与相关开发环境

7.4.1　EDA 的设计流程

基于 EDA 软件的开发流程如图 7-3 所示，这个开发流程对于 CPLD、FPGA 器件的设计具有一般性的指导意义。下面，将分别介绍该流程图中各个操作步骤的功能特点。

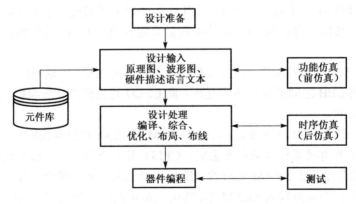

图 7-3　基于 EDA 软件的开发流程

1．设计准备

在进行项目设计之前，首先要进行方案论证、系统设计和器件选择等准备工作。现在多采用自上而下的设计方法，也可以采用传统的自下而上的设计方法。

2. 设计输入

将开发人员设计的电路系统以一定的表达方式输入计算机，这是进行 FPGA/CPLD 开发的最初步骤。通常，使用 EDA 工具的设计输入可分为两种类型。

（1）图形输入。图形输入通常包括波形图输入、状态图输入和原理图输入等，其中波形图输入是将待设计的电路看成一个黑盒子，只需告诉 EDA 该黑盒子中电路的输入和输出时序的波形图，EDA 即可据此完成黑盒子电路的设计。

状态图输入是根据电路的控制条件和不同的转换方式，用绘图的方法在 EDA 的状态图编辑器上绘出状态图，然后由 EDA 编译器和综合器将此状态变化流程图形编译综合成电路网络表文件。

原理图输入是一种类似于传统电子设计方法的编辑输入方式，即在 EDA 的图形编辑界面上绘制能完成特定功能的电路原理图。原理图由逻辑器件（符号）和连接线构成，这些元件通常存储在元件库中，设计时需要什么元件就从元件库中直接调用该元件的符号。原理图输入的优点是直观，便于观察信号和调整电路；其缺点是设计修改不方便，从元件库中调图比较繁杂。

（2）硬件描述语言文本输入。这种方式与传统的计算机软件语言编辑输入基本一致，就是用文本方式描述设计，编辑输入某种硬件描述语言的电路设计文本（如 VHDL 或 Verilog 的源程序）。硬件描述语言文本输入的优点是：语言与工艺无关，可以使开发者在系统设计、逻辑验证阶段便确立方案的可行性；语言的公开可利用性便于实现大规模系统的设计；无须熟悉底层硬件电路和 PLD。

3. 功能仿真

仿真就是让计算机根据一定的算法和仿真库中的资源对 EDA 设计进行模拟，以验证设计，排除错误。功能仿真也称为前仿真，是最基本的仿真验证，它基于设计布线和配置之前的网络表文件，直接对 VHDL、原理图或其他形式描述的逻辑电路进行测试模拟，以了解其实现的功能是否满足原设计要求的过程，不涉及任何具体器件的硬件特性，不经历适配阶段。在设计项目编译后即可进入门级仿真器进行模拟测试。

常用的功能仿真工具有 Mentor Graphics 公司的 ModelSim 和 QuestaSim、Synopsys 公司的 VCS（Verilog Compiled Simulator），以及 Cadence 公司的 NC-Verilog Simulator 等，下面以 ModelSim 为例介绍仿真器的基本功能。

ModelSim 是工业界通常应用的仿真器之一，也是唯一的一种单核、支持多语言混合仿真的仿真引擎，其支持 Verilog、VHDL、SystemVerilog、System C、C、C++（可选）等语言，具有 Verilog、VHDL 及 System C 语言的全调试能力，内部集成了 C/C++、PLI（Programming Language Interface）/FLI（Foreign Language Interface）和 System C 的集成 C 调试器，支持众多 ASIC 和 FPGA 厂家库，可以用于 FPGA、ASIC 设计的 RTL 和门一级电路的仿真。

通过功能仿真，用户可以验证整个系统的逻辑功能是否正确，可以通过查看仿真波形来对系统的逻辑功能进行分析，并可以以此为依据，对设计进行必要的修改和完善。

4. 设计处理

设计处理是可编程逻辑器件设计的核心环节，在设计处理过程中，编译软件将对设计输入进行逻辑化简、综合优化和适配，最后产生编程文件。

（1）语法检查和设计规则检查。设计输入完成后，首先进行语法检查，列出错误报告供设计人员修改；然后进行设计规则检查，检查总体设计是否超出器件资源或规定的限制，并通过报告列出，指明违反规则的情况以便设计人员纠正。

（2）逻辑优化和逻辑综合。逻辑优化的目的是化简所有的逻辑方程或用户自建的宏，使设计所占用的资源最少。逻辑综合的目的是将多个模块化文件合并成门一级或者更底层的网络表文件，并使层次设计平面化，这项工作由综合器完成。综合器的功能就是将硬件描述语言的描述与给定的硬件结构用某种网络表文件的方式对应起来，形成相应的映射关系，在综合器工作前必须给定目标硬件结构参数。如果把综合理解为映射过程，那么显然这种映射不是唯一的，并且综合的优化也不是单纯的或一个方向的。为达到速度、面积、性能的要求，往往需要对综合加以约束，这称为综合约束。

（3）适配和分割。该阶段确立优化以后的逻辑能否与器件中的宏单元和 I/O 单元适配，然后将设计分割为多个便于识别的逻辑小块，并映射到器件相应的宏单元中。如果整个设计较大，不能装入一片器件时，可以将整个设计分割划分（分割）成多块，并装入同一系列的多片器件中。分割可以完全自动完成，也可以部分或全部由用户控制完成，其目的是使器件数目最少，器件之间的通信引脚数目最少。

（4）布局和布线。布局和布线工作是在上述工作完成后由软件自动完成的，它以最优的方式对逻辑器件布局布线，并准确地实现器件逻辑或者联合设计时器件间的互连。

5．时序仿真

时序仿真也称为后仿真或延时仿真，是接近真实器件运行特性的仿真。由于不同器件内部的延时不一样，不同的布局和布线会给延时造成不同的影响，因此在设计处理后，对系统和各模块进行时序仿真，分析其时序关系，估计设计性能，这对检查和消除竞争冒险是非常有必要的。时序仿真产生的仿真网络表文件中包含了精确的硬件延时信息。

6．器件编程、下载和测试

时序仿真完成后，软件就可以产生供器件编程使用的数据文件。对 CPLD 来说，就是产生熔丝图文件，即 JED（满足 JEDEC 标准）文件，熔丝图文件内含器件内部互连逻辑。对 FPGA 来说，就是产生位流数据文件，然后通过编程器或编程电缆把位流数据文件下载到 FPGA 器件的外部存储器中，待工作时再调入 FPGA 中运行。

通常，将对 CPLD 的下载称为编程（Program），而对 FPGA 中的 SRAM 进行直接下载的方式称为配置（Configure），但对于反熔丝结构和 Flash 结构的 FPGA 的下载，以及对 FPGA 的专用配置 ROM 的下载仍然可以称为编程。

最后，对含有编程数据的 FPGA 或 CPLD 硬件系统进行全面的测试，验证设计逻辑在目标系统上的实际工作状况。

7.4.2　FPGA/CPLD 开发工具软件简介

在进行 FPGA 和 CPLD 开发设计时，通常可以采用 Quartus II、ISE 等开发工具软件，但针对不同的厂商生产的可编程逻辑芯片，需要选择不同的开发工具软件。例如，如果是 Altera 公司的可编程逻辑芯片，通常采用 Quartus 开发工具软件；如果是 Xilinx 公司的可编程逻辑芯片，通常采用 ISE 开发工具软件。

1．Quartus II 开发工具软件简介

（1）Quartus II 概述。Quartus II 是著名可编程器件供应商 Altera 公司推出一款综合性 PLD/FPGA 开发软件。Quartus II 在 21 世纪初推出，是 Altera 前一代 FPGA/CPLD 集成开发

环境 MAX+plus Ⅱ 的更新换代产品，其界面友好，使用便捷。Quartus Ⅱ 内置强大的综合器和仿真器，支持原理图、VHDL、Verilog HDL 及 AHDL 等多种设计文件的输入，可轻松完成从设计输入到硬件配置的整个 PLD 设计流程。Quartus Ⅱ 具有运行速度快、界面统一、功能集中、易学易用等特点，完美支持 Windows XP、Linux 及 UNIX 等操作系统，其强大的设计能力和直观易用的接口，受到越来越多的数字系统设计者的欢迎。

Quartus Ⅱ 提供了完整的多平台设计环境，能满足各种特定设计的需要，也是单芯片可编程系统（SOPC）设计的综合性环境和 SOPC 开发的基本设计工具，并为 Altera DSP 开发包进行系统模型设计提供了集成综合环境。

Quartus Ⅱ 设计工具完全支持 VHDL、Verilog 的设计流程，其内部嵌有 VHDL、Verilog 逻辑综合器。Quartus Ⅱ 也可以利用第三方的综合工具，如 Leonardo Spectrum、Synplify Pro、FPGA Complier Ⅱ，并能直接调用这些工具。同样，Quartus Ⅱ 具备仿真功能，同时也支持第三方的仿真工具，如 ModelSim。此外，Quartus Ⅱ 与 MATLAB 和 DSP Builder 结合，可以进行基于 FPGA 的 DSP 系统开发，是 DSP 硬件系统实现的关键 EDA 工具。

（2）内部结构。Quartus Ⅱ 包括模块化的编译器。编译器的功能模块包括分析/综合器（Analysis &Synthesis）、适配器（Filter）、装配器（Assembler）、时序分析器（Timing Analyzer）、设计辅助模块（Design Assistant）、EDA 网络表文件生成器（EDA Netlist Writer）和编辑数据接口（Complier Database Interface）等，可以通过选择 Start Complication 来运行所有的编译器模块，也可以通过选择 Start 单独运行各个模块，还可以通过选择 Complier Tool（Tools 菜单），在 Complier Tool 窗口中运行该模块来启动编辑器模块。在 Complier Tool 窗口中，可以打开该模块的设置文件或报告文件，或打开其他相关窗口。

此外，Quartus Ⅱ 还包含许多十分有用的 LPM（Library of Parameterized Modules）模块，它们是复杂或高级系统构建的重要组成部分，在 SOPC 设计中被大量使用，也可在 Quartus Ⅱ 普通设计文件一起使用。Altera 提供的 LPM 函数均基于 Altera 器件的结构做了优化设计。在许多实用情况中，必须使用宏功能模块才可以使用一些 Altera 特定器件的硬件功能。例如，各类芯片的存储器、DSP 模块、LVDS 驱动器、PLL、SERDES 和 DDIO 电路模块等。

（3）主要设计流程。Quartus Ⅱ 自动设计的各主要处理环节和设计流程如图 7-4 所示，图中上排是 Quartus Ⅱ 编译设计主控界面，它显示了 Quartus Ⅱ 自动设计的各主要处理环节和设计流程，包括设计输入编辑、分析与综合、适配器、编程文件汇编（装配）、时序参数提取及编程器几个步骤；图中下排的流程框图，是与上面的 Quartus Ⅱ 设计流程相对照的标准的 EDA 开发流程。

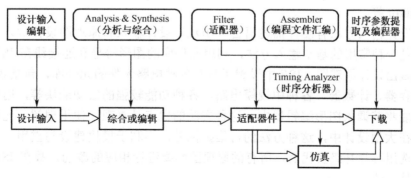

图 7-4　Quartus Ⅱ 自动设计的各主要环节和设计流程

Quartus II 编译器支持的硬件描述语言有 VHDL（支持 VHDL 87 及 VHDL 97 标准）、Verilog HDL 及 AHDL（Altera HDL）。AHDL 是 Altera 公司自己设计、制定的硬件描述语言，是一种以结构描述方式为主的硬件描述语言，只有企业标准。Quartus II 允许来自第三方的 EDIF 文件输入并提供了很多 EDA 软件的接口。Quartus II 支持层次化设计，可以在一个新的编辑输入环境中对使用不同输入设计方式完成的模块（元件）进行调用，从而解决原理图与 HDL 混合输入设计问题。在设计输入之后，Quartus II 的编译器将给出设计输入的错误报告。Quartus II 拥有良好的设计输入定位器，可用于确定文本或图形设计中的错误。对于使用 HDL 的设计，可以使用 Quartus II 带有的 RTL Viewer 观察综合后的 RTL 图，在进行编译后，可对设计进行时序仿真。

仿真前，需要利用波形编辑器编辑一个波形激励文件，用于仿真验证时的激励。在编译和仿真经检测无误后，便可以将下载信息通过 Quartus II 提供的编程器下载到目标器件中。

2. ISE 开发工具软件简介

Xilinx 是全球领先的可编程逻辑完整解决方案的供应商之一，研发、制造并销售应用范围广泛的高级集成电路、软件设计工具，以及定义系统一级功能的 IP（Intellectual Property）核，长期以来一直推动着可编程器件应用技术的发展。

（1）ISE 开发工具软件特点。ISE 的全称为 Integrated Software Environment，即集成软件环境。ISE 软件是 Xilinx 公司推出的 FPGA/CPLD 集成开发环境，具有界面友好、操作简单的特点，再加上 Xilinx 的可编程逻辑芯片占有很大的市场，使其成为非常通用的开发工具软件。ISE 作为高效的 EDA 设计工具集合，与第三方软件扬长补短使软件功能越来越强大，为用户提供了更加丰富的 Xilinx 平台。

ISE 开发工具软件可以完成可编程器件开发的全部流程，包括设计输入、仿真、综合、布局布线、生成 bit 文件、配置及在线调试等，功能非常强大。ISE 将先进的技术与灵活性、易使用性的图形界面结合在一起，可实现最佳的硬件设计。

（2）ISE 的功能实现。ISE 是 Xilinx 公司提供的集成化开发工具软件，主要工作流程包括设计输入、综合、仿真、硬件编程与实现和下载，涵盖了 FPGA 开发的全过程。从功能上讲，其工作流程无须借助任何第三方 EDA 软件。

① 设计输入。设计输入（Design Entry）是指以 HDL 代码、原理图、波形图及状态机的形式输入设计源文件。ISE 软件提供的设计输入工具包括用于 HDL 代码输入和报告查看的 ISE 文本编辑器（Text Editor），用于原理图编辑的工具 ECS（Engineering Capture System），用于 P CORE 的 CORE Generator，用于状态机设计的 StateCAD，以及用于约束文件编辑的 Constraint Editor 等。

常用的设计输入方法有硬件描述语言（HDL）设计输入和原理图设计输入方法。原理图设计输入是一种常用的基本输入方法，利用元件库的图形符号和连接线在 ISE 软件的图形编辑器中做出设计原理图。ISE 中设置了具有各种电路元件的元件库，包括各种门电路、触发器、锁存器、计数器、各种中规模电路、各种功能较强的宏功能块等，用户只要单击这些器件就能将其调入图形编辑器中。这种方法的优点是直观、便于理解、元件库中资源丰富。但是在大型设计中，这种方法的可维护性差，不利于模块建设与重用。更主要的缺点是：当所选用芯片升级换代后，所有的原理图都要进行相应的改动，故在 ISE 软件中一般不采用此种方法。

为了克服原理图输入方法的缺点，目前在大型工程设计中，ISE 软件中常用的设计方法是 HDL 设计输入法，其中影响最为广泛的 HDL 语言是 VHDL 和 Verilog HDL，它们的共同优点是利于由顶向下设计，利于模块的划分与复用，可移植性好，通用性强，设计不因芯片的工艺和结构的变化而变化，更利于向 ASIC 的移植，故在 ISE 软件中推荐使用 HDL 设计输入法。

波形输入及状态机输入方法是两种常用的辅助设计输入方法，使用波形输入法时，只要绘制出激励波形的输出波形，ISE 软件就能自动根据响应关系进行设计。而使用状态机输入时，只需设计者画出状态转移图，ISE 软件就能生成相应的 HDL 代码或者原理图，使用十分方便。其中，ISE 工具包中的 State CAD 就能完成状态机输入的功能。但需要注意，这种设计方法只能在某些特殊情况下缓解设计者的工作量，并不适合所有的设计。

② 综合。综合（Synthesize）是 FPGA 设计流程中的重要环节，其结果的优劣将直接影响设计的最终性能。综合是将行为和功能层次表达的电子系统转化为低层次模块的组合，一般来说，综合是针对 VHDL 来说的，即将 VHDL 描述的模型、算法、行为和功能描述转换为 FPGA/CPLD 基本结构相对应的网络表文件，即构成对应的映射关系。

在 Xilinx ISE 中，综合工具主要有 Synplicity 公司的 Synplify/Synplify Pro，Synopsys 公司的 FPGA Compiler II/Express，Exemplar Logic 公司的 Leonardo Spectrum，以及 Xilinx 公司的 XST 等，它们能将 HDL 语言、原理图等设计输入翻译成由与/或/非门、RAM、寄存器等基本逻辑单元组成的逻辑连接（网络表），并根据目标与要求优化所形成的逻辑连接，输出 edf 和 edn 等文件，供 CPLD/FPGA 厂家的布局布线器进行实现。

③ 仿真。仿真（Simulation）是指通过仿真工具对设计的整体模块或局部模块进行仿真来检验设计的功能和性能，ISE 本身自带了图形化波形编辑功能的仿真工具 HDL Bencher，同时又提供了使用 Model Technology 公司的 ModelSim 进行仿真的接口。

仿真包含综合后仿真和功能仿真（Simulation）等，其中功能仿真就是对设计电路的逻辑功能进行模拟测试，看其是否满足设计要求，通常是通过波形图直观地显示输入信号与输出信号之间的关系。综合后仿真在针对目标器件进行适配之后进行，接近真实器件的特性，能精确给出输入与输出之间的信号延时数据。

ISE 可结合第三方软件进行仿真，常用的工具有 Model Technology 公司的仿真工具 ModelSim 和测试激励生成器 HDL Bencher，Synopsys 公司的 VCS 等。通过仿真能及时发现设计中的错误，加快设计进度，提高设计的可靠性。每个仿真步骤如果出现问题，就需要根据错误的定位返回到相应的步骤更改或者重新设计。

④ 硬件编程与实现。硬件编程（Programming）是指生成编辑比特流文件，实现（Implementation）是根据所选芯片的型号将综合输出的逻辑网络表适配到具体器件上。Xilinx ISE 开发环境的实现过程分为翻译（Translate）、映射（Map）、布局布线（Place Route）3 个步骤。需要注意，进行实现步骤之前必须进行约束条件的编辑，否则可能会出错。另外，还具备时序分析、引脚的指定及增量设计等高级功能。

ISE 集成的实现工具主要有约束编辑器（Constraints Editor）、引脚与区域约束编辑器（PACE）、时序分析器（Timing Analyzer）、FPGA 底层编辑器（FGPA Editor）、芯片观察窗（Chip Viewer）和布局规划器（Floorplanner）等。

⑤ 下载。下载（Download）是编程（Program）设计开发的最后步骤，就是将已经仿真实现的程序下载到开发板上进行在线调试，或者将生成的配置文件写入芯片中进行测试。下载功能包括 BitGen，用于将布局布线后的设计文件转换为比特流（Bitstream）文件。在 ISE

中对应的工具是 iMPACT，用于进行设备配置和通信，控制将程序烧写到 FPGA 芯片中去。

使用 ISE 进行可编程器件设计的开发设计工具如表 7-2 所示。

表 7-2 ISE 进行可编程器件设计的开发设计工具表

设 计 输 入	综 合	仿 真	实 现	下 载
HDL 文本编辑器 ECS 原理图编辑器 State CAD 状态机编辑器 CORE Generator Constraint Editor	XST FPGA Express Synplify LeonardoSpectrum	HDL Bencher ModelSim	Translate Map Place and Route Xpower	iMPACT PROM File Formatter

（3）ISE 软件环境的使用。Xilinx ISE 是一款专业的电子设计套件，为设计流程的每一步都提供了直观的生产力增强工具，包括设计输入、仿真、综合、布局布线、生成 bit 文件、配置及在线调试等，功能非常强大。除了功能完整、使用方便，它的设计性能也非常好，其设计性能比其他解决方案平均快 30%，它集成的时序收敛流程整合了增强性物理综合优化，提供最佳的时钟布局、更好的封装和时序收敛映射，从而获得更高的设计性能，可以实现最佳的硬件设计，是 FPGA 和 CPLD 必备的设计工具。

7.5 微控制器与 FPGA 并行通信接口设计

微控制器（如单片机）与 FPGA 在功能上有很强的互补性。微控制器具有性价比高、功能灵活、易于人机对话、良好的数据处理能力。FPGA 的性能卓越，具有使用灵活、易升级、开发便捷、高可靠、规范及高速等性能，使其在系统设计中具有很强的优势。这两类器件相结合的电路结构在许多高性能仪器仪表和电子产品中广泛应用，因而它们之间的通信成为系统的关键部分。通信通常分为串行和并行两种，串行接口方式占用的端口较少，但同时也降低了信息的传送速率；并行接口方式占用的 I/O 端口资源较多，采用并行双向的三态通信方式，既可以满足高速数字系统设计要求，又可以使微处理器端口复用，大大减轻了系统设计的难度，具有较强的实用性。

7.5.1 单片机与 FPGA 并行单向通信

单片机与 FPGA 并行单向通信接口设计比较简单，常用的方法有两种：I/O 方式和存储器方式。

1. I/O 口方式

单片机把 FPGA 看成外部 I/O 接口器件，单片机向 FPGA 发送控制信息，FPGA 接收信息并进行相应的处理，或者 FPGA 向单片机发送控制信息，单片机接收信息并进行相应的处理，它们之间通信条件与实现的功能取决于设计的约定。

例如，使用 FPGA 与单片机结合实现 8 位数字测频计的接口传送信息与交互约定，图 7-5 所示为接口约定。输出计数使能信号为 CNT_EN，FPGA 在 CNT_EN 上升沿时开始计数，高电平为计数过程，下降沿计数结束，此时向单片机发出中断请求信号，单片机响应中断并进入中断服务程序，依次发送选择信号，分别将 FPGA 的 32 位测频数据分 4 次、每次 8 位，由单片机的 P0 口读到 4 个寄存器中，单片机完成从 FPGA 读取数据后，退出中断并等待下一次中断请求。FPGA 发送数据与单片机读取数据的过程如图 7-6 所示，此处 FPGA 与单片机接口可实现简单的多路数据选择方式。同理，单片机向 FPGA 单向发送数据的过程，同样需要确定接口传送信息与传送方式，单片机可直接向 FPGA 端口赋值，FPGA 接收数据，识别控制信息和数据信息，进行相应的处理。

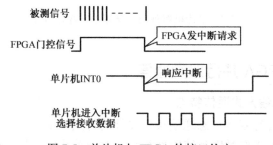

图 7-5　单片机与 FPGA 的接口约定

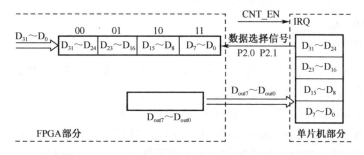

图 7-6　FPGA 发送数据与单片机读取数据的过程

　　FPGA 与单片机的硬件连接时，需要注意它们之间的电平匹配，一般要在 FPGA 与单片机接口之间串接一个 200 Ω 的匹配电阻。

2. 存储器方式

　　单片机发送给 FPGA 的信息可以分为命令字和数据字两类。命令字告知 FPGA 应该做什么，例如设置频率控制字、向 DDS 波形存储器填充波形数据等；数据字则向 FPGA 发送命令字的参数值，例如频率控制字的值、波形采样点的值等。因此，接口模块应能判断出单片机发来的信息是命令字还是数据字。一个简单的方法是：规定单片机向 FPGA 发送的信息时，命令字和数据字必须是成对出现的，即发送一字节的命令字之后，紧跟一字节的数据字，这样 FPGA 的接口程序可以方便地分辨出命令字和数据字。

　　存储器方式是把 FPGA 看成外部存储器，单片机向 FPGA 发送信息也就转换成向外部存储器写数据。单片机对外部存储器的写操作时序如图 7-7 所示。由图 7-7 所示的时序图可以看出，单片机写外部存储器的过程是先发送地址，再发送数据，地址信息由 ALE 的下降沿锁存，数据信息由 $\overline{\text{WR}}$ 的下降沿锁存。因此，可把要传递的命令字作为外存储器的地址，数据字作为数据，执行单片机写外存储器指令，完成信息的传递。

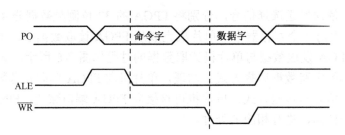

图 7-7　单片机对外部存储器的写操作时序

7.5.2　单片机与 FPGA 并行双向通信

1.　并行双向三态总线方式通信特点

单片机与 FPGA 的并行双向三态通信接口设计的特点如下。

（1）速度快。其通信工作时序是纯硬件行为，对于单片机，只需要一条单字节指令就能完成所需的读/写时序，以 51 单片机为例，如：

```
MOV  @DPTR，A；
MOV  A，@DPTR；
```

（2）节省 FPGA 芯片的 I/O 口线。仅通过 19 根 I/O 口线，就能在 FPGA 与单片机之间进行各种类型的数据与控制信息交换。

（3）相对于非总线方式，单片机编程简捷、控制可靠。

（4）在 FPGA 中通过逻辑切换，单片机易与 SRAM 或 ROM 连接。这种方式有许多实用之处，例如，利用类似于微处理器系统的 DMA 的工作方式，首先由 FPGA 与接口的高速 A/D 转换器等器件进行高速数据采样，并将数据暂存于 SRAM 中，采样结束后再通过切换，使单片机与 SRAM 以总线方式进行数据通信，以便发挥单片机强大的数据处理能力。

2.　单片机与 FPGA 之间并行双向三态接口的工作原理

单片机与 CPLD/FPGA 之间采用并行总线方式通信的逻辑设计，要详细了解单片机的总线读写时序，根据时序图来设计逻辑结构，其时序电平变化速度与单片机工作时钟频率有关。以 51 系列单片机与 FPGA 通信为例，图 7-8 为单片机与 FPGA 并行双向三态总线通信原理框图。ALE 为地址锁存使能信号，可利用其下降沿将低 8 位地址锁存于 FPGA 中的地址锁存器中。

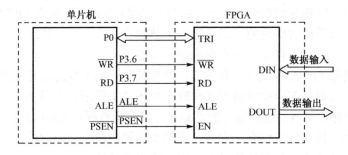

图 7-8　单片机与 FPGA 之间并行双向三态总线通信原理框图

3.　单片机与 FPGA 之间并行双向三态接口时序

（1）FPGA 发送数据。FPGA 向单片机发送数据，即单片机从 FPGA 中读出数据，其时序与单片机读取外部 RAM 的时序相同。单片机则通过指令"MOVXA，@DPTR"使 RD 信号为低电平，由 P0 口将锁存器中的数据读入累加器 A。单片机读外部 RAM 时序如图 7-9 所示。

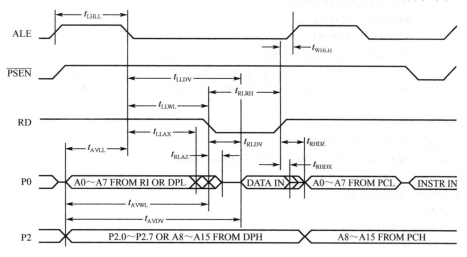

图 7-9　单片机读外部 RAM 时序

（2）FPGA 接收数据。FPGA 接收数据，即单片机向 FPGA 发送数据时，其时序与单片机写外部 RAM 的时序相同。但若欲将累加器 A 的数据写进 FPGA，则需通过指令"MOVX DPTR，A"和写允许信号 $\overline{WR}$。这时，DPTR 中的高 8 位和低 8 位数据作为高、低 8 位地址分别向 P2 和 P0 口输出，然后由 $\overline{WR}$ 的低电平并结合译码，将累加器 A 的数据写入相关的锁存器，完成写操作。单片机写外部 RAM 时序如图 7-10 所示。

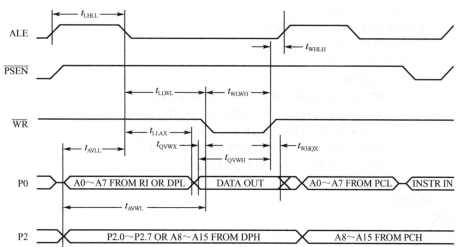

图 7-10　单片机写外部 RAM 时序

4. 单片机与 FPGA 并行双向三态接口的 VHDL 描述

具体编程如下。

```
LIBRARY IEEE;
USE IEEE.STD_LOGIC_1164.ALL;
USE IEEE.STD_LOGIC_UNSIGNED.ALL;
```

```
ENTITY SEND IS
    PORT(    ALE:INOUT STD_LOGIC;
             WR: INOUT STD_LOGIC;
             RD:INOUT STD_LOGIC;
             EN:IN STD_LOGIC;
             P0:INOUT STD_LOGIC_VECTOR(7 DOWNTO 0);
             DIN:  IN STD_LOGIC_VECTOR(31 DOWNTO 0);        --数据输入
             DOUT:OUT STD_LOGIC_VECTOR(31 DOWNTO 0);        --数据输出
        );
END SEND;
ARCHITECTURE RT1 OF SEND IS
SIGNAL ADDRESS:STD_LOGIC_VECTOR(7 DOWNTO 0);
BEGIN
ADDRESS:PROCESS(ALE)
    BEGIN
        IF ALE'EVENT AND ALE='0' THEN
            IF EN='1' THEN
                ADDRESS<=P0;
            END IF;
        END IF;
    END PROCESS;
READ:PROCESS(RD,ALE,ADDRESS)
    BEGIN
    IF EN='1' THEN
        IF ALE='1' THEN
            P0<="ZZZZZZZZ";
        ELSIFALE='0' ANDRD='1' THEN
            P0<="ZZZZZZZZ";
        ELSIF RD='0' THEN
            CASE ADDRESS IS
                WHEN "00011111"=>P0<=DIN(7 DOWNTO 0);
                WHEN "00111111"=>P0<=DIN(15 DOWNTO 8);
                WHEN "01111111"=>P0<=DIN(23 DOWNTO 16);
                WHEN "11111111"=>P0<=DIN(31 DOWNTO 24);
                WHEN OTHERS =>P0<="ZZZZZZZZ";
            END CASE;
        END IF;
    ELSE
        P0<="ZZZZZZZZ";
    END IF;
    END PROCESS;
WRITE:PROCESS(WR,ADDRESS,EN,P0)
    BEGIN
            IF WR'EVENT AND WR='1' THEN
                IF EN='1' THEN
                    CASE ADDRESS IS
                        WHEN "00011111"=>DOUT(7 DOWNTO 0)<=P0;
                        WHEN "00101111"=>DOUT(15 DOWNTO 8)<=P0;
```

```
                    WHEN "01001111"=>DOUT(23 DOWNTO 16)<=P0;
                    WHEN "10001111"=>DOUT(31 DOWNTO 24)<=P0;
                    WHEN OTHERS =>P0<="ZZZZZZZZ";--其他地址送为高阻
                END CASE;
            ELSE
                P0<="ZZZZZZZZ";
                ALE<='Z';
                RD<='Z';
                WR<='Z';
            END IF;
        END IF;
    END PROCESS;
END RT1;
```

习题与思考题

（1）简述 EDA 的功能。

（2）与传统电子设计方法相比，EDA 技术有什么不同？

（3）简述 EDA 的开发工具及其在整个流程中的作用。

（4）什么是硬件描述语言？简述其主要作用。

（5）简述 Verilog HDL 和 VHDL 的区别。

（6）FPGA 与 CPLD 常用的开发工具有哪些？

（7）叙述 FPGA/CPLD 的开发设计流程。

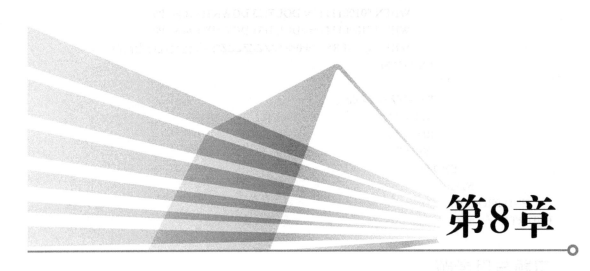

第8章

基于 Altium Designer 的电路原理图与
印制电路板设计

8.1　Altium Designer 10 开发软件简介

　　电路设计自动化（Electronic Design Automation，EDA）是将电路设计中的各种工作交由计算机来协助完成，如电路原理图（Schematic，SCH）的绘制、印制电路板（Printed Circuit Board，PCB）文件的制作、执行电路仿真（Simulation）等设计工作。随着电子科技的蓬勃发展，新型元器件层出不穷，电子线路变得越来越复杂。电路的设计工作已经无法单纯依靠手工来完成，电子线路计算机辅助设计已经成为必然趋势。越来越多的设计人员使用快捷、高效的 CAD 设计软件来进行辅助电路原理图、印制电路板图的设计，并打印各种报表。

　　Altium Designer 是原 Protel 软件开发商 Altium 公司推出的一体化的电子产品开发系统，主要运行在 Windows 操作系统中，通过把原理图设计、电路仿真、PCB 绘制编辑、拓扑逻辑自动布线、信号完整性分析和设计输出等技术的完美融合，为设计者提供了全新的解决方案，使设计者可以轻松进行设计。熟练使用这一软件必将大大提高电路设计的质量和效率。

　　Altium Designer 除了全面继承包括 Protel 99SE、Protel DXP 在内的一系列版本的功能和优点外，还增加了许多改进和高端功能，拓宽了板级设计的传统界面，全面集成了 FPGA 设计功能和 SOPC 设计实现功能，从而允许工程设计人员将系统设计中的 FPGA 与 PCB 设计和嵌入式设计集成在一起。由于 Altium Designer 版本的基础功能模块几乎相同，所以这里以 Altium Designer10 版本进行相应的介绍。

Altium Designer 10 是一个功能强大、内容丰富的电路设计自动化软件，其安装与启动也比较简单。Altium Designer10 相比以前的 Protel 版本，功能有巨大的提升，但对计算机系统的配置亦有了更高的要求。顺利安装并正常运行 Altium Designer 10，计算机必须至少具备以下配置：

- 操作系统：Windows XP 以上版。
- CPU：Pentium4，3 GHz 以上。
- 内存：1 GB RAM 以上。
- 硬盘空间：40 GB 以上。
- 显示配置：1280×1024 分辨率，32 位彩色显示，64 MB 以上显存。

Altium Designer 10 的安装非常简单，整个过程只需要按照提示选择相关的选项即可完成。具体步骤为：将 Altium Designer 10 安装光盘置于光盘驱动器中，在默认情况下，系统会自动读取光盘内容并开始安装程序。倘若系统禁止光盘驱动器自动运行功能，则可自行打开安装程序文件夹，双击"Setup.exe"文件，屏幕即会出现安装界面。详细过程可查阅相关资料。

8.2　电路设计基本知识

一般而言，设计电路板最基本的过程可以分为两大步骤：电路原理图设计和印制电路板设计。本章将按此顺序进行阐述。

8.2.1　电路原理图设计要求与元器件库简介

1. 电路原理图设计要求

电路原理图用于表达电子硬件体系的结构组成和工作原理，是印制电路板（PCB）设计的基础，也是电子／电气工程技术人员进行技术交流的最基本形式。进行电路原理图绘制时，应满足如下要求。

- 需要体现所表达电子硬件体系的结构组成和工作原理，这是绘制电路原理图的基本要求。
- 要根据表达的功能形成模块，要有一定的流向性，如从一侧到另一侧、从上到下或自下而上，这样可以增加可读性，便于电路原理分析、电路设计检查和技术交流。
- 要规范化，要使用工程界众所周知的元器件符号和标注方法，电路表达要集中而不宜分散。

2. 元器件库基本知识

在讲述 Altium Designer 10 之前先来认识一下元器件库中的元器件及其封装格式，这里的封装与元器件的外形及工作原理相对应。Altium Designer 10 提供了原理图元器件库和 PCB 封装库，并且为设计新的元器件封装提供了封装向导程序，简化了封装设计过程。原理图元器件库中的元器件用来描述各引脚的作用，而 PCB 封装的引脚既与原理图相对应，同时又是元器件的物理封装，即引脚实际位置、大小、距离等的情况。

不同的元器件库（尤其是个人生成的）定义的元器件名称可能不完全一致。下面列举

Misccllaneous Devices.lntLib 和 Miscellaneous Connectors.lnLib 库中常用的元器件名称和封装，如表 8-1 所示。

表 8-1　常用的元器件名称和封装

元器件名称	描　　述	元器件外形	封 装 名 称	封 装 外 形
Res1 Res2 Res3	Resistor	R? ⟲ 1K Res1	AXIAL-0.3 AXIAL-0.4 AXIAL-0.5	
Cap Cap2	Capacitor	C? 100pF Cap	CAPR2.54-5.1*3 CAPR5.08-7.8*3 RAD-0.3	
Inductor Induction adj Inductor iron	Inductor Adjustor inductor Magnetic-core inductor	L?　　10mH Inductor	AXIAL-0.9 INDC1005-0603 INDC1005-0805 INDC1005-1206	
Diode 1N4001	Default Diode	D?　　Diode	DIO 10.46-5.3*2.8 DSO-C2/X3.3	
LED1 LED2	Typical Red GaAs LED	LED0　　DS?	LED0 LED2	
Photo Sen	Photosensitive Diode	D?　　Photo Sen	Pin2	
NPN 2N3906 2N3904	NPN Bipolar Transistor	Q? NPN　　Q? 2N3906	BCY-W3 SFM-T3/A4.7V	
Header2 Header 15*2	Heaher，2 pin Heaher，15 pin	P?　Header 2 1 2	HDR1X2 HDR2*15	

续表

元器件名称	描　述	元器件外形	封装名称	封装外形
Bridge1 Bridge2	Full Wave Diode Bridge		E-Bip-P4/D10 E-Bip-P4/X2.1	
Dpy Blue-CA	14.2mmGeneral Purpose		LEDDIP-10、C5.08RHD	

8.2.2　印制电路板设计的基础知识

1．相关基础知识

下面介绍一些有关印制电路板设计的基础知识。

（1）印制电路板的板层。印制电路板（PCB）的板层有单面板、双面板和多层板。从外表看起来多层板和双面板没有区别，但多层板中有一些导电层和电源层存在。多层板的制作和双面板的制作类似，首先将每层的铜箔腐蚀成线路，然后将多层单板黏压在一起，其上下两层和中间层之间用过孔（Via）进行电气连接。在设计双面线路板时，在"SETUP"选项中将中间的若干层及电源层全部关闭，其他层可以全部打开。如果设计单面板，还要将顶层关闭。

在 PCB 设计时还有一些其他层，它们在工业制板时有着特定的功能。例如，Top overlay/Bottom overlay 层也称为丝印层，即在做好的板上标注元器件的外形、尺寸及名称与序号；Keep-out layer 层表示电路板布线的边缘，用以限制铜箔布线的范围。

（2）元器件封装。元器件封装是指实际元器件焊接到电路板时所具有的外观和焊点位置。同种元器件也可以有不同的封装，如 RES2 代表电阻，它的封装形式有 AXAIL0.3、AXAIL0.4、AXAIL0.6 等尺寸种类，所以在选用、焊接元器件时，不仅要知道元器件的名称，还要知道封装形式。

元器件的封装可以在设计电路图时指定，也可以在引进网络表时指定。设计电路图时，可以在元器件属性对话框中的 Footprint 设置项内指定，也可以在引进网络表时指定元器件的封装。

Altium Designer 10 库中元器件的封装很多，开发者也可以自己定义所需的元器件封装库，在 Altium Designer 10 中，增加封装库非常简便快捷。这里要注意，封装不能只看外形相似，一定要让焊盘的名字和原理图中该元器件的引脚名相同，否则就会在调入网络表时丢失引脚。网络表是电路原理图设计（SCH）与印制电路板设计（PCB）之间的一座桥梁，它是电路板自动转换的灵魂。网络表可以从电路原理图中获得，也可从印制电路板中提取出来。

（3）类。在 PCB 设计中，类就是指具有相同意义的单元组成的集合，用户可以自己定义类的意义及其组成。PCB 中引入类主要有两个作用。

①便于布线。在电路板布线过程中，有些网络需要做特殊处理，如为了避免电路板上的组件对重要的数据线产生干扰,在布线时往往需要加大这些数据线和其他组件间的安全间距。

可以将这些数据线归整为一个类，在设置自动布线安全间距规则时可以将这个类添加到规则中，并且适当加大安全间距。在自动布线时，这个类中的所有数据线的安全间距都将被加大。在电路板布线过程中，电源和接地线往往需要加粗，以确保连接的可靠性，可以将电源和接地线归为一类。在设置自动布线导线宽度（Width Constraint）规则时，可以将这个类添加到规则中，并且适当加大导线宽度。这样在自动布线时，这个类中的电源和接地线都会变宽。

② 便于管理电路板组件。对于一个大型的电路板，它上面有很多元器件封装，还有成千上万条网络，因此很杂乱，利用类可以很方便地管理电路板。例如，将电路板中的所有输入网络归类，在寻找某个输入网络时，只需在这个输入网络类里查找即可。也可以将电路板中的某些特殊用途的电阻归类，在寻找某个特殊用途的电阻时，只需在这个电阻类里查找即可。

（4）过孔。为连通各个铜箔层之间的线路，应在各个铜箔层需要连通的导线处钻一个公共孔，这就是过孔。在工艺上，过孔的孔壁圆柱面应使用化学沉积的方法镀一层金属，用以连通中间各层需要连通的铜箔。而将过孔的上下两面做成普通的焊盘形状，可直接与上下两面的线路相通。狭义的过孔是指在布线的过程中，一条导线要跨层布线时，在两层电路板中间起到连接作用的通孔。板上的过孔直径一般比焊盘小，孔中同样镀锡。设计线路时，过孔的处理有以下原则。

① 尽量少用过孔，一旦选用了过孔，则务必处理好它与周边各实体的间隙，特别是容易忽视中间各层与过孔不相连的线与过孔的间隙。

② 需要的载流量越大，所需的过孔尺寸就要越大，如电源层、地线层就比其他层所用的过孔直径大一些。

（5）丝印层。丝印层（Overlay）是指为方便电路的安装和维修而在 PCB 的表面印制的标志图案和文字代号等，如元件标号和标称值、元件外廓形状和厂家标志、生产日期等。丝印层上的字符布置原则是不出歧义、见缝插针、美观大方。

（6）表面焊装器件的特殊性。表面焊装器件（Surface Mount Devices，SMD）的体积小巧，在单面分布元器件引脚时，选用这类元器件要定义好元器件所在面，避免"丢失引脚"。另外，这类元器件的有关文字标注只能在元器件所在面放置。

（7）网状填充区和填充区。网状填充区（External Plane）把大面积的铜箔处理成网状，填充区仅完整保留铜箔。网状填充区在电路特性上有较强的抑制高频干扰的作用，适用于需做大面积填充的地方，特别是把某些区域当成屏蔽区、分割区或大电流的电源线时尤为合适。注意，填充区多用于一般的线端部或转折区等需要小面积填充的地方。

（8）焊盘。焊盘（Pad）用于固定元器件，其形状有圆形、方形、八角形、圆方形等，大小与所对应元器件的形状、大小、布置形式、振动和受热情况、受力方向等因素密切相关。例如，发热且受力较大、电流较大的焊盘常做成泪滴状；直插器件的焊盘常定义在多义层（Multi-Layer）上；SMD 器件的焊盘常定义在器件所在表面层上。自行编辑焊盘时，除了考虑以上因素，还要遵循以下原则：

● 形状上长短不一致时，需要注意连线宽度与焊盘特定边长的大小差异不能过大；
● 需要在元器件引脚之间走线时，可以选用长短不对称的焊盘；
● 各元器件焊盘孔的大小要按元器件引脚的粗细分别编辑确定，原则是孔的尺寸直径要比引脚直径大 0.2～0.4 mm。

（9）膜。膜（Mask）不仅是 PCB 制作工艺过程中必不可少的，更是元器件焊装的必要条件。按所处的位置及其作用，膜可以分为助焊膜（Solder Mask）和阻焊膜（Paste Mask）

两类。顾名思义，助焊膜是涂于焊盘上、提高可焊性能的一层膜，也就是在绿色板子上比焊盘略大的浅色圆斑。阻焊膜则正好相反，为了使制成的板子适应波峰焊等焊接形式，要求板子上非焊盘处的铜箔不能黏锡，因此在焊盘以外的各部位都要涂覆一层涂料，用于阻止这些部位黏锡。

（10）飞线。飞线（Connect）可提供元器件引脚间电气网络连线的分布状况，用以指导元器件的布局与布线。布局时可以以此为根据来调整元器件的位置，使飞线网络交叉最少，从而获得最大的布通率；布线时也可以此为根据来布通各个电气网络。在布线完成后，飞线自动消除。

（11）常用的集成电路封装形式。有以下类型：

- DIP（Dual In-line Package）：双列直插封装。
- SIP（Single Inline Package）：单列直插封装。
- PLCC（Plastic Leaded Chip Carrier）：有引线塑料芯片载体。
- BGA（Ball Grid Array）：球栅阵列，属于面阵列封装的一种。
- QFP（Quad Flat Package）：方形扁平封装。
- SOP（Small Out-Line Package）：小外形封装。
- SOJ（Small Out-Line J-Leaded Package）：J形引线小外形封装。
- COB（Chip on Board）：板上芯片封装。

2. 印制电路板的功能

印制电路板具有如下功能：

- 提供集成电路等各种元器件固定、装配的机械支撑；
- 实现集成电路等各种元器件之间的布线和电气连接（信号传输）或电气绝缘，提供所要求的电气特性，如特性阻抗等；
- 为自动装配提供阻焊图形，为元器件插装、检查、维修提供识别字符和图形。

按照基材类型，PCB可以划分为三种：刚性PCB、柔性PCB和刚柔结合PCB；按照所含电气连接铜箔层的多少，可以划分为单面PCB、双面PCB、多层PCB等。

PCB是按层次结构组成的，其主要是各个铜箔信号的连接层，包含三种类型：其一是位于PCB表面顶层（Top Layer，通常作为放置元器件的层，也称为正面）；其二是底层（Bottom Layer，也称为焊接层，也可放置元器件）；其三是中间层，包括内部电源或地线层（Internal Plane）和中间信号连接层（Middle Layer）。其中，电源层、地线和中间层又可以分为若干层次。PCB有多少铜箔层，就是多少层板。单面PCB仅有底部焊接层，双面PCB具有顶部元器件层和底部焊接层，更多层次的PCB则具有更多的电源层、地线层和中间层。各个层次之间采用覆铜板材料，它是PCB的基础，起绝缘和支撑作用，并决定PCB的性能、质量、等级、加工性、成本等。制成覆铜板的材料，通常由树脂材料组成。元器件层或焊接层上还有焊盘，焊盘周围还有助焊膜，其他地方涂有阻止焊接与绝缘的阻焊膜。在焊盘之外，还具有标识元器件的丝印层。另外，为方便设计PCB，还规定有若干个虚拟层，如机械层（Mechanical Layer），用以在上面标注PCB的结构尺寸和加工要求。

元器件在PCB上的安装技术主要有通孔插装技术（Through Hole Technology，THT）和表面安装技术（Surface Mount Technology，SMT）两种形式。单列、双列直插器件等通常采用THT形式，贴片器件通常采用SMT形式。

8.3 电路原理图设计

本节主要介绍硬件电路原理图的设计流程、设计注意事项和应用实例。

8.3.1 电路原理图的设计流程

电路原理图设计的一般步骤如下所述。

（1）建立新项目，设置电路原理图设计环境。电路原理图设计环境包括图纸、捕捉栅格、电气栅格、指示光标的大小、图纸的方位、标题框的填写、栅格的形状、自定义的图纸风格等。图纸的大小通常设置成 A4，便于打印、阅读、携带，对复杂的电路可以按电路功能分为若干模块分别画在几张图纸上。为方便制图，常常将光标设置成大十字形状。设置好电路原理图设计环境之后，可以保存为默认设置，以供以后在新项目设计时使用。

（2）加载已有的元器件库，自制或修改所需的元器件。电路原理图设计软件工具中提供了很多常用的元器件库，如 TTL 器件类、CMOS 器件类、微控制器类、存储器类、电源端口类等。在设计开始时，要加载设计需要的元器件库。对于元器件库中没有的元器件，可使用元器件库编辑器自行绘制。对于库中已有的元器件，如果觉得它不足以用来反映电路原理或结构规划不合理，则可以在其所在的库编辑器中进行修改，也可以单独拿出来，命名为新的元器件后再进行修改。

（3）放置元器件、布局、连线、编辑、调整。按照设计的电路功能选取元器件并放置、布局，进行引脚电气连线，然后进行修改调整。各个电路模块设计完成后，再进行整体布局和调整，直到电气连接、元器件布局合理为止。各种电路原理图设计软件工具中都提供了很多工具、指令，可用于布局和电气连线，将工作平面上的元器件用具有电气意义的导线、符号连接起来后，就构成了一个完整的电路原理图。对电路原理图做进一步的调整和修改是为了保证电路原理图的正确、易读和美观。

（4）进行全局编辑及标注，手工修改局部标注。Altium Designer 10 提供了强大的全局编辑功能，可以对工程中或所有打开的文件进行整体操作，主要是元器件标号的全局操作及元器件属性和字符的全局编辑。在具体标注中，主要包括元器件的编号、标称值注释、对应封装标注。相同类型的元器件要使用相同的字母开头，以数字编号相区分。标称值注释要使用公认的单位。对元器件的封装进行定义和设定时，要确保元器件所对应的封装在 PCB 常用库中是存在的。对于 PCB 常用库中没有的封装，还要在 PCB 元器件编辑器中自制，以便生成正确的网络表。

进行标注时，可以先运行电路原理图设计软件工具的全局自动标注功能，按软件默认的设置进行全体元器件的统一自动标注，再对具体的元器件进行局部调整。

（5）设置并运行电气规则检查，错误纠正。电路原理图设计完毕后，还需要对原理图进行检查，Altium Designer 10 用编译功能代替原先版本中的电气规则检查（Electronic Rule Check，ERC）。同时，Altium Designer 10 还提供在线电气规则检查功能，即在绘制电路原理图的过程中提示设计者可能出现的错误，如元器件与网络编号是否重复、元器件是否重复、元器件引脚是否浮动、总线符号是否有误、多张图纸编号是否重复等，然后根据电气规则检查结果报告，逐条纠正，直到没有错误与警告为止。

（6）生成指定格式的元器件清单和网络表。为了方便对电路原理图进行设计和查看，Altium Designer 提供了强大的报表生成功能，能方便地生成网络表、元器件清单，以及工程结构等报表，设计者通过这些报表可以清晰地了解整个工程的详细信息。

操作时要指定所需的文档格式，运行电路原理图软件工具的元器件清单与电气网络表生成功能可以得到元器件清单表和电气网络表。元器件清单表可用于器件选购、产品安装和维护。电气网络表包含各个元器件的名称编号、元器件封装和标称参数注释，连接各个元器件引脚的所有电气网络列表等。电气网络表用于后面的 PCB 板图设计，也是 PCB 板图设计的基本依据。电气网络表产生后，要打开该文档，仔细查看元器件是否缺少封装定义、是否有网络没有连上相应的元器件引脚、是否漏掉一些电源引脚、是否构成不必要的非连接引脚网络等。对于查看中发现的遗漏或不合适之处，可以回到电路原理图编辑器中或者可以直接在网络文档中修改或添加。

（7）文件保存或打印输出。电路原理图设计完成后，往往需要以通用的 PDF 文档格式进行保存，或者通过打印机打印出完整的电路原理图。

8.3.2　电路原理图设计注意事项

设计电路原理图时应该注意以下一些事项。

（1）注意绘制电路原理图的可读性。电路原理图要尽量按电路的原理绘制，尽可能做到模块化、规范化、形象化，必要时要在图中进行详细的文字注释或说明，还要注意不能因此使电路原理图变得更复杂。电路原理图的绘制还要做到简洁、清晰、明了，电路原理图的可读性越强，越不容易出错，技术交流越容易。

（2）规范化使用元器件引脚之间的电气连接线。PCB 板图与电路原理图经常会出现不相符的情况。电路原理图显示的是连接状态，而 PCB 中的元器件或引脚并没有连接。出现这种情况是因为电路原理图的画图不符合规范，导致电气连接线未连接上。常见不规范的连线情形有连线超过元器件的端点及连线的两部分有重叠、交叉连接无连接点等问题。其解决方法是在画电路原理图连线时，应尽量做到在元器件的端点处连线、元器件连线尽量一线连通，以及减少直接将端点对接等。

（3）为了方便 PCB 电路模拟仿真测试或硬件体系的初期调试，要有意识地在电路的相应电气网络中加入一些测试点，如不同类型的电源端、重要的输入 / 输出端、时钟信号发生端等，这种做法对于多层板设计非常重要。

（4）反复进行电气规则检查操作，彻底消除错误与警告，如元器件编号重名、网络编号重名、典型元器件的引脚浮动等。对于一些警告提示，虽然大部分不会直接影响后期的 PCB 设计，但还是应设法消除。这种做法对于电路设计的规范化、准确性，以及提高电路设计能力都有帮助。

8.3.3　电路原理图应用设计举例

本节从基于 Altium Designer 10 电路原理图设计的最基本应用入手，同时在电路原理图设计中还包括电路原理图建库的设计。

1. 建立新的原理图文件

首先要建立一个 PCB 工程项目，即在主界面下选择"文件（File）→创建（New）→项目（Project）→PCB 项目（PCB Project）"建立新工程，如图 8-1 所示。

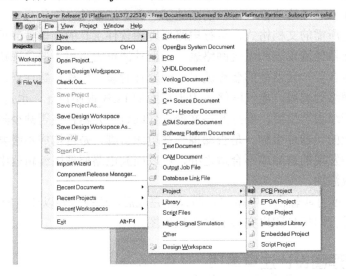

图 8-1　建立新工程

选择"文件（File）→创建（New）→原理图（Schematic）"创建新原理图，如图 8-2 所示。

图 8-2　创建新原理图

选择需要的元器件拖放到工作区域。元器件可以从右侧的元器件库中选取，如果库中没有相应的元器件，可以自己修改库文件重建新元器件，有关这方面的内容在后面将专门介绍。

2. 原理图绘制中常用快捷工具栏

（1）电气特性工具栏。电气特性工具栏如图 8-3 所示，从左至右排列工具的作用，说明如下。

图 8-3　电气特性工具栏

- 布线工具（Place Wire）：放置相关各引脚之间的连线。
- 总线工具（Place Bus）：当线路密集时可采用总线格式，尤其是对于并行总线。
- 放置信号线束（Place Signal Harness）：放置一束信号线，可以包含很多其他线。
- 放置总线入口（Place Bus Entry）：总线和各引脚的端线连接。
- 放置网络标号（Place Net Label）：相同的网络标号表示引线是相连的。
- GND 端口（GND Power Port）：接地标识符，网络符号。
- VCC 电源端口（VCC Power Port）：电源标识符，网络符号。
- 放置器件（Place Part）：用于放置所用的元器件。
- 放置图标符（Place Sheet Symbol）：在设计层次电路图时用于放置方块电路。
- 放置图纸入口（Sheet Symbol Entry）：在设计层次电路图时用于放置方块电路接口。
- 放置器件图表符（Place Device Sheet Symbol）：可以将图纸抽象成一个模块。
- 放置线束连接器（Place Harness Connector）：放置线束的连接元器件。
- 放置线束入口（Place Harness Entry）：放置线束的连接点。
- 放置端口（Place Port）：用于放置总线输出接口。
- 电器纠错禁止（Place no ERC）：用于已知连接错误（未完成连线）检测时阻止生成出错报告。

（2）绘图工具栏。绘图工具栏如图 8-4 所示，从左至右各工具作用说明如下。

图 8-4　绘图工具栏

- 实用工具（Utility Tools）：列出了常用的一些绘线、圆等快捷工具。
- 排列工具（Alignment Tools）：对工作区域的元器件进行各种对齐操作。
- 电源工具（Power Sources）：用于放置接地、电源等。
- 数字器件工具栏（Digital Devices）：常用数字电路元器件。
- 仿真信号源（Simulation Sources）：各种仿真信号源。
- 栅格（Grids）：调整工作栅格距离。

当所有的元器件都放置好后，调整元器件布局，确定元器件之间的网络关系，通过具有网络规则的方法连接相同的网络，这一步称为原理图布线。一般相同的网络可以通过连接导线或网络标号连接起来，当然也可以直接根据需要连线。所有线连接完后需要修改元器件名称，Altium Designer 10 会自动生成网络表。

3. 原理图布线原则

原理图布线遵循的一般原则如下。

- 原理图布线一般遵循信号的流向为从左至右。
- 接口位置一般置于工作区域的边缘，并添加接口说明。
- 相同类别的功能模块尽量保持一致性及可读性。
- 元器件或接口的定义尽量采用与实际功能相关的描述符。
- 注意整体布局的统一及版面的整洁和协调性。
- 同一原理图中的接口元器件尽量选取不同引脚或型号（避免错插）。
- 在定义相同的接口引脚功能时尽量一致，尤其电源正、负极的定义。

4. 元器件属性的修改

如果要对其中的元器件属性进行修改，则选中该元器件，双击即可修改属性，如图 8-5 所示。

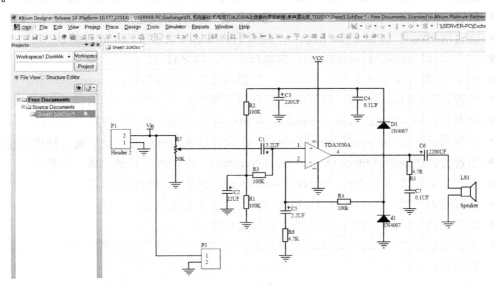

图 8-5　修改元器件属性

选定元器件后，单击鼠标右键也会出现属性（Properties）选项，元器件属性菜单如图 8-6 所示。在属性界面中可以修改元器件的注释、标称等特性，为导出 PCB 文件做准备。

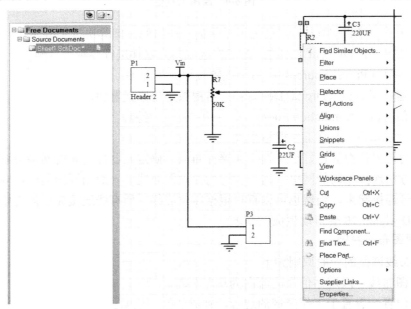

图 8-6　元器件属性菜单

属性界面的右侧上方为元器件的基本参数项，包含元器件的修改时间、版本等内容。其中 Value 为元器件参数值，如电阻阻值、电容容量、电感感抗等。这个值可以按照电路的功能修改。如果元器件的定义还没有完全表述，可以在这个框中添加新的内容。

图 8-7 为元器件属性界面，属性界面右下方是元器件的封装形式，有多个选项，可以根据元器件的实际形状、大小等尺寸参数确定封装形式。

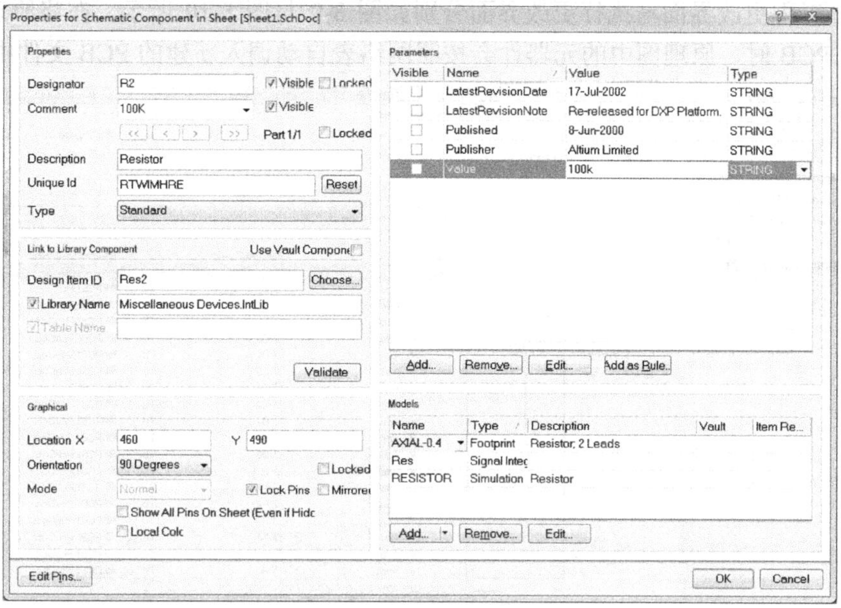

图 8-7　元器件属性界面

如果库中没有用户所需要的封装，则可以自己重新在库文件中添加元器件的封装，也可以新建一种封装。该方面的内容将在后面PCB制版中进行介绍。

5. 元器件名称的自动修改功能（Annotate）

在 Altium Designer 中，相同注释的元器件被认为是同一个元器件，导出 PCB 文件之后会出错。逐个修改元器件的注释会十分烦琐，元器件注释是可以自动生成的。用注释（Annotate）功能可以自动实现该功能，图 8-8 所示为元器件注释设置界面，选择"工具→注解"打开元器件注释设置界面，单击"更新更改列表→接收变化→执行变化"即可。

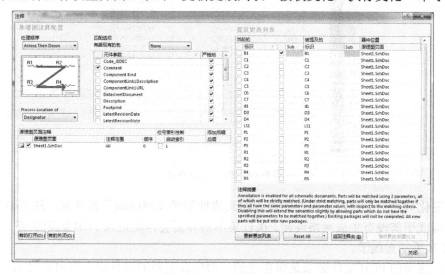

图 8-8　元器件注释设置界面

完成元器件名称的修改后，把原理图和 PCB 图建立在同一个 PCB 项目工程下，在原理图编辑状态下选择"设计（Design）→Update PCB Document *.PCBDoc→执行更改（Execute Changes）"，工程更改界面与执行更改界面分别如图 8-9 与图 8-10 所示。在将原理图元器件的连接导入 PCB 时，原理图中的元器件会按照网络表自动调入新建的 PCB 文件中。

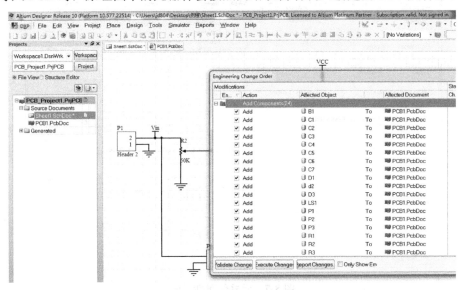

图 8-9 工程更改界面

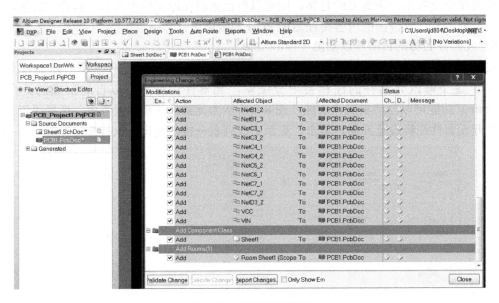

图 8-10 执行更改界面

工程变化列表中会显示从原理图调入的元器件数量及网络编号数量等，注意查看是否有元器件遗漏或引脚没有生成网络连接。执行菜单后界面会自动进入 PCB 编辑状态，这时就可以开始 PCB 手动布线了。

注意：这里的 PCB 文件必须是保存过的，否则在更新的过程中会有出错提示。

6. 元器件搜索功能

Altium Designer 10 在安装完后会自动提供两个元器件库：Miscellaneous Devices.IntLib 和 Miscellaneous Connectors.IntLib，这两个库都能够提供常用的元器件及接口元器件，绘制时直接在对应的库文件中调用即可。当元器件不在这两个库中时可在元器件库中搜索，元器件库搜索界面如图 8-11 所示。

选择"库（Libraries）→搜索（Search）"命令会弹出如图 8-11 所示的对话框。

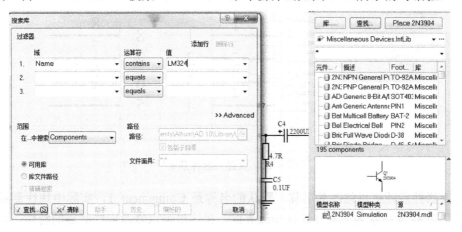

图 8-11　元器件库搜索界面

图 8-11 中搜索的元器件是 LM324，运算符一般选择"contains"，范围选择路径中的元器件库，定位好路径后，Altium Designer 10 会自动搜索该元器件，搜到元器件后直接调用就可以了。如果没有搜索到元器件，那么就需要新建一个元器件库和元器件。

7. 新建原理图的元器件库

选择"文件（File）→创建（New）→库（Library）→原理图库（Schematic Library）"，如图 8-12 所示，可以新建一个元器件库。

图 8-12　新建元器件库菜单

按照规范和引脚需求画好元器件，设计元器件外形，这里一定要注意在绘制元器件的引脚时一定与元器件对应,元器件引脚放置的时候有白点的一侧朝外。放置元器件菜单如图8-13所示。

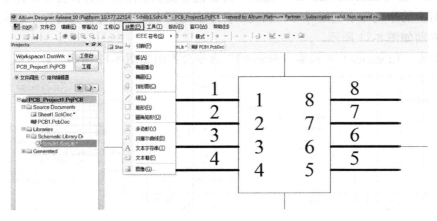

图8-13　放置元器件菜单

画好元器件后就可以修改其名称，默认的名称是 Component_1，实际中往往需要修改元器件属性。图8-14所示为元器件属性修改界面，在这里可以修改一些必需的特性，如默认名称、描述等，另外，还要选择新元器件的封装，属性修改可参照库中已有的元器件。修改完属性后，单击"OK"按钮就可以将元器件库安装到 Altium Designer 10 中，新的元器件就可以在当前工程中直接调用。

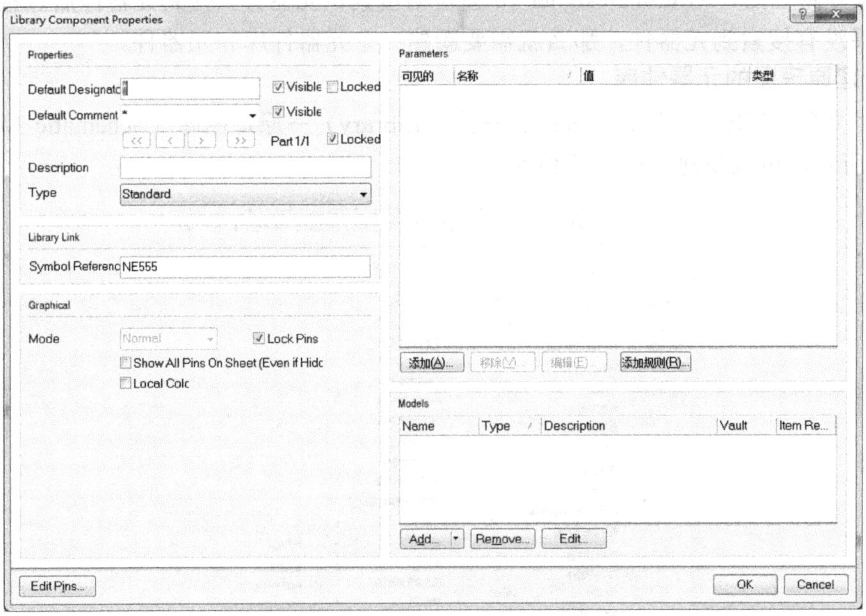

图8-14　元器件属性修改界面

也可用已经打开的原理图文件生成原理图库文件，选择"设计（Design）→生成原理图库（Make Schematic Library）"命令就可以自动生成元器件库文件，如8-15所示。保存新生成的元器件库文件后就可以直接在其他工程中调用。

图 8-15　使用"生成原理图库"菜单生成元器件库文件

电路原理图重点表现的是电路的结构组成和工作原理。电路原理图绘制举例，如图 8-16 所示，该图给出了 ARM7 微处理器 LPC2132 的调试接口、复位电路和晶体振荡电路。LPC2132 按功能可分为两个部分，分别绘制其电路，用模块表示。电路的结构和组成一目了然，既表达清晰又可节省图纸空间。

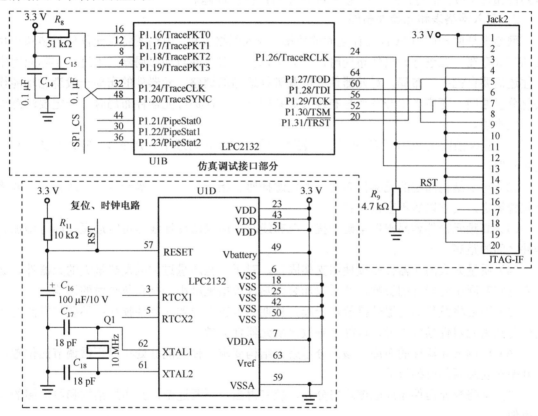

图 8-16　电路原理图绘制举例

8.4　印制电路板的设计

8.4.1　印制电路板设计的工作流程

印制电路板的设计是一个非常繁杂的过程，从最原始的网络表到最后设计出电路板，需要设计者反复修改。印制电路板（PCB）的设计大致可以分为以下几个步骤：规划电路印制板、载入网络表和元器件布局、制定设计规则、布线、DRC 校验与 PCB 文件输出。

1. 规划印制电路板

在进行设计之前要对 PCB 进行初步的规划，如采用几层板、确定 PCB 物理尺寸等。在一般设计中，如果是单层和两层的 PCB，建议开发者自己布线；如果是多层板，建议开发者通过专门的制板公司布线，它们的工程师使用这些软件的技术非常娴熟，布线经验丰富，不仅可以极大地缩短开发周期，还可以大大降低制板风险。

PCB 的物理尺寸需要根据功能和使用元器件的数量、功耗等进行预估，PCB 的面积不仅要满足放置元器件的需要，还要留出足够的空间摆放元器件、布线，并能满足散热和工装等需求。原则上讲，PCB 的物理尺寸越小越好，但太小会导致散热不良，并容易产生相互干扰。PCB 的形状一般由产品外形决定，通用的测试板可设计为矩形，长宽比为 3：2 或 4：3。当电路板超过 150 mm 时，还需要考虑 PCB 本身的强度问题。

2. 载入网络表和元器件布局

网络表是原理图与 PCB 设计之间的桥梁，载入网络表后，电路图将以元器件封装和预拉线的形式存在。在进行元器件布局时，一般可以使用自带的自动布局器，不过在实际应用中往往还需要自己手工布局，对元器件的位置进行适当的调整。元器件的布局一般遵循功能模块化分区原则，还应当由开发者与布线人员共同核定。在进行元器件布局时，一定要注意如下一些事项。

（1）应该预留出 PCB 的各种固定安装孔，固定安装孔附近不允许布线，应该在禁止布线层中标明。

（2）对于结构固定的元器件布局，如电源插座、指示灯、开关等元器件，放置好后要将其位置锁定，使它以后不会被误移。

（3）高频元器件容易出现电磁干扰，在布线时，应设法使连线尽可能最短，同时增加元器件之间的距离。

（4）质量太大的元器件必须使用支架固定，对于一些质量过大或发热量大的元器件，必须考虑它对周围元器件的影响，并采取加装散热片等措施减小干扰和热辐射的影响。

（5）不要将发热的元器件排放在一起，长期热效应会导致元器件损坏；不要将发热的元器件与热敏元器件摆放过近，这样会导致热敏元器件失效。

（6）可调节元器件的布局应该充分考虑其结构要求，使之能够处在可正常调节的位置，尤其是在安装后的机外调节。

（7）电路板元器件布局应该均匀分布，疏密得当，不要过密，其布局结构和原理图的摆放类似。

（8）数字电路和模拟电路应分开布局，独立接地；高压电路要与其他电路分开，并至少预留 10 mm 的距离。

3. 制定设计规则

设计规则包括布线宽度、导孔孔径、安全间距等，在自动或手工布线过程中，系统会对布线过程进行在线检查，这就需要根据实际需要不断修改规则。

4. 布线

布线包括自动布线和手工布线，通常由设计者先对关键或重要的线路进行手工布线，然后启动系统的自动布线功能布线，最后对布线的结果进行修改。

自动布线规则的主要设置项有布线间距、走线宽度、过孔类型／大小、SMD引脚扇出、网络拓扑、布线优先级、布线层走线方向设定等。布线间距、走线宽度、过孔类型／大小与SMD引脚扇出设置通常采用英制mil为单位，mil是一个对极小物理量量化的单位，1000 mil = 2.54 cm。

一般信号线的布线间距、走线宽度、过孔的类型/大小、SMD引脚扇出应设置为：布线间距与走线宽度为6～12 mil；直通过孔直径为20 mil；外盘直径为30 mil，SMD引脚扇出长度为100 mil。

如果开发者要自己布线，请遵循下列原则。

（1）高频信号线一定要短，不可以有锐角（或 90°直角），尽量用圆弧线，两根线之间的距离不宜平行、过近，否则会导致寄生电容过大。

（2）如果是双面板，一面的线布成横线，另一面的线布成竖线，尽量不要布成斜线。

（3）如果自动布线无法完成所有线，则建议开发者首先手工将比较复杂的线布好，将布好的线锁定后，再使用自动布线功能。

（4）加工的最小线宽与厂家的工艺有关，一般线宽设计为0.3 mm，间隔也为0.3 mm（8～10 mil）。电源线或者大电流线应该有足够宽度，一般需要60～80 mil。焊盘一般应为64 mil，如果是单面板，为防止铜盘脱落，焊盘尽量做得大一些，线也尽量粗一些。

（5）敷铜和屏蔽。铜膜线的地线应该在电路板的周边，同时将电路上可以利用的空间全部使用铜箔作为地线，增强屏蔽能力，防止寄生电容。多层板因内层作为电源层和地线层，会有一定的屏蔽效果。大面积敷铜应改用网格状，防止浸焊时板子内部产生气泡和因热应力作用而弯曲。

（6）连接地线。电路图上的地线表示电路中的零电位，并作为电路中其他各点的公共参考点。但在实际电路中，由于地线阻抗的存在，必然会带来共阻抗干扰。因此，在布线时，不能将具有地线符号的点随意连接在一起，这可能引起有害的共线耦合，从而影响电路的正常工作。设计中尽量考虑电路中的各功能模块自成独立回路，互不干扰，互不影响。

5. DRC 校验与 PCB 文件输出

PCB设计完成后，还要对PCB进行DRC（Design Result Check）校验，以确保没有违反设计规则的错误发生。在实际中，要根据 DRC 校验后给出检查报告表，对不正确的地方逐条进行修正和调整，直到没有错误和警告为止，最后按照 PCB 厂家要求的格式输出相应的PCB文件。

8.4.2　印制电路板的设计实例

1. 印制电路板设计的操作过程

使用PCB软件设计工具进行印制电路板设计的一般步骤如下。

（1）建立 PCB 新文档。PCB 设计环境的设置主要包括元器件布局规则设置、全局布线规则的设置，以及个性化显示形式的设置。

① 元器件布局规则主要用于指导自动布局，主要设置项有元器件之间的间距和元器件的放置方位等，一般元器件的最小间距可设置为1～3 mm。

② 全局布线规则的设置包括自动布线规则、加工制造规则、高频信号布线规则、元器件布局规则、信号的完整性设计规则等，通常只设置自动布线规则和元器件布局规则，其他选

项采用默认设置即可。布线优先级的设置通常为电源线、地线最高，主要的信号线次之，一般类型的信号线最低。

③ 个性化显示形式的设置包括前景／背景与各种 PCB 层的显示样式／颜色、显示／捕捉栅格类型与大小、移动光标的形状与大小等，可以根据个人的喜好进行具体设定。设定后的个性化显示形式可以保存为默认形式，在进行其他项目设计时可以直接使用。

④ 建立新 PCB 文件：选择"文件（File）→创建（New）→PCB"菜单能够创建一个新的 PCB 文件，新建 PCB 菜单栏如图 8-17 所示。注意，此时的 PCB 文件仍然在当前的工程文件夹下，应当修改名称后保存。

图 8-17 新建 PCB 菜单栏

（2）规划 PCB 总体结构，装载元器件网络表。PCB 的结构规划包括 PCB 外框规划、固定孔预留、插接件／主要元器件位置规划、PCB 布线层设置等。PCB 外框通常画在禁止布线层，需要根据产品尺寸确定。

PCB 板层的设置在其板层管理器中进行，可以设置的选项有单/双面板选择、电源层设置、中间信号层设置、各层之间的板基材料及其厚度的指定、表面绝缘层设定等，还可以指定每层上铜箔走线的主体方向，通常采用分层垂直交错走线方式，以增强走线的电磁兼容性。在各个电源层或信号层上，还可以根据需要设置分割区，以满足特定信号布线或散热等特殊要求。

打开由电路原理图设计得到的电气网络表，检查／修改其中的错误，并使网络表更适合 PCB 设计的需求。把网络表载入 PCB 板图，仔细检查载入过程中的各类错误，逐一修改直到无误为止（此过程可不断重复）。

建立新 PCB 文件后，元器件的布局过程为选择"设计（Design）→Update PCB Document *.PcbDoc→执行更改（Execute Changes）"菜单把原理图导入新建的 PCB 文件中，然后选择"工具（Tools）→放置元件（Component Placement）→Arrange Within Room"菜单对元器件进行简易排列。放置元器件菜单如图 8-18 所示，查看元器件数量及封装与原理图中实际的元器件是否一致。

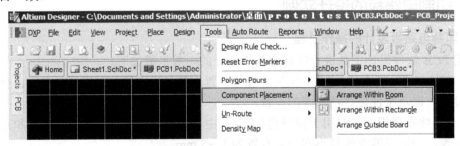

图 8-18 放置元器件菜单

（3）元器件布局，标注设计与位置摆放。元器件布局是 PCB 设计的关键要素，直接决定了是否重新布线、产品功能的完整性、能否完全布通等。自动排列后的元器件并不能真正达到实际要求，所以元器件必须经过手动布局才能进行下一步的布线。手动布局的合理性将直接影响最终的布线结果。元器件的布局应遵循以下原则。

① 遵照"先大后小，先难后易"的布置原则，即重要的单元电路、核心元器件应当优先布局。接口元器件尽量放置到 PCB 的边缘，元器件之间要尽量靠近，功率元器件尽量放置到边缘，并且注意与周围元器件应保留一定的距离。

② 布局中应参考原理框图，根据单板的主信号流向规律安排主要的元器件。没有特殊位置要求的元器件尽量按照原理图中的信号流向方式放置，如图 8-19 所示。PCB 正面电路板如图 8-20 所示。

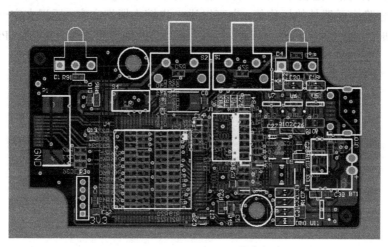

图 8-19　PCB 中元器件按照信号流向放置

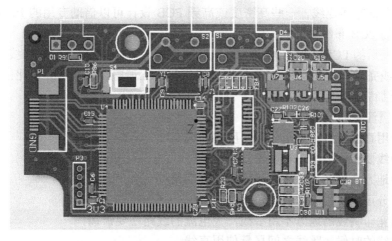

图 8-20　PCB 正面电路板

③ 布局栅格一般设置为 50～100 mil，在小型表面贴装元器件布局时栅格设置应不少于 25 mil。

④ 发热元器件要均匀分布，以利于单板和整机的散热，除温度检测元器件以外的温度敏感元器件应远离发热量大的元器件。

⑤ BGA 与相邻元器件的距离大于 5 mm，其他贴片元器件相互间的距离应大于 0.7 mm，贴装元器件焊盘的外侧与相邻插装元器件的外侧距离大于 2 mm，有压接插件的 PCB 在压接的接插件周围 5 mm 内不能再安装插装元器件，在焊接面周围 5 mm 内也不能有贴装元器件。

⑥ 进行元器件布局时，应适当考虑使用同一种电源的元器件尽量放在一起，以便将来的电源分隔。例如，集成芯片（IC）去耦电容的布局要尽量靠近 IC 的电源引脚。

⑦ 布局时，要注意"五个分开"，即信号的输入和输出要分开、电源和信号要分开、数字部分和模拟部分要分开、高频部分和低频部分要分开、强电部分和弱电部分要分开。

布局完成后应在空隙大的部位、丝印层或顶 / 底层放置需要的文字标注，如商标、设计版本、出厂日期等，然后摆放标识元器件的各种编号和标称值，如果丝印层上空白位置有限，可以全部或部分隐去元器件的标称值，也可以进一步缩小标识文字。标识文字一般水平放置，需要垂直放置时，要注意字头要一律朝左，以最大限度地方便装配与维护。PCB 实物图如图 8-21 所示。

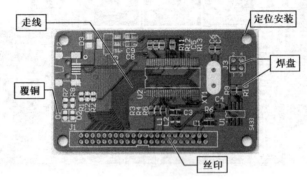

图 8-21　PCB 实物图

（4）铜箔布线及其策略。利用 PCB 软件设计工具自身携带的自动布线功能，可以在很短的时间内实现全部布通连线。一些高密度或高频 PCB 设计可以借助专用的 PCB 布线器来实现快速高性能的 PCB 布线设计。

载入网络表后的 PCB 上是一堆飞线密密麻麻连接、零乱地摆放在禁止布线图框外的元器件。全自动布线完成后，还要对 PCB 板图布线进行手工调整，改变一些僵化的 PCB 布线，使 PCB 设计更加完善。

PCB 布线需注意如下事项：

● 尽量使用直线布线，少用任意角度的曲线布线；
● 不用的线要删除干净，不要留线头；
● 拐弯的地方使用钝角，不要使用锐角或直角；
● 高频部分可以使用圆弧线转角；
● 能使用宽印制线的地方不用窄线，大电流的线路还要镀锡；
● 使用跳线的时候，跳线之间尽量使用直线；
● 元器件之间的距离尽量近，布线要短；
● 高频时，如果走线有许多拐弯，则应该使用跳线调整。

PCB 布线中常用的一些快捷功能键有 PT（布线）、Ctrl+鼠标单击（高亮显示同一网络）、Shift+空格（改变布线的线型）、Ctrl+M（测量两点间的距离）。

　　Altium Designer 10 具有很强大的自动布线功能，但自动布线只是按照内部设置好的规则来进行的，所以实际布线中通常采用自动与手工结合的方式。对于简单的电路，手动布线更具有优势。图 8-22 是 Altium Designer 10 的自动布线菜单，选择"自动布线（Auto Route）→全部（ALL）→全部布线（Route All）"菜单即可实现此功能。

图 8-22　自动布线菜单

　　在制板时，为了减小信号的干扰，通常采取覆铜接地的办法，该方法也称为包地，这种方法可减小信号干扰、减小腐蚀面积、加速腐蚀过程。

　　PCB 设计的覆铜工作是执行"放置（Place）→多边形覆铜（Polygon Plane）"命令，打开多边形覆铜（Polygon Plane）对话框，如图 8-23 所示，可以设置覆铜的板层、网络连接、铜网与焊盘的围绕方式，以及铜网的方向，单击"确定"按钮进入覆铜放置工作方式，选择覆铜的范围，单击鼠标右键完成覆铜放置。

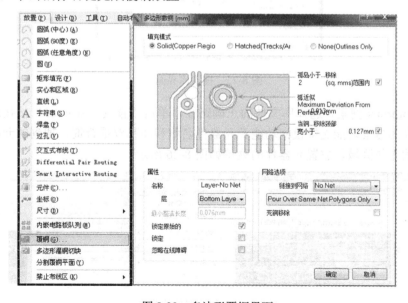

图 8-23　多边形覆铜界面

在导线与焊点或导孔的连接处有一段过渡，过渡处成泪滴状，称为泪滴焊盘。泪滴的作用是在钻孔时避免应力作用在导线和焊盘接触点上，从而使接触处断裂。

选择"工具（Tools）→泪滴（Teardrops）"菜单打开泪滴选项（Teardrops Options）对话框，如图 8-24 所示，在通用（General）中选择需要放置的焊盘或过孔，在行为（Action）中选择是增加还是消去泪滴焊盘，在泪滴类型（Teardrops Style）中选择泪滴形状，执行后就会形成（或消去）泪滴焊盘。

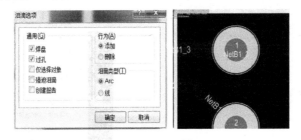

图 8-24　滴泪选项对话框

（5）封装库的查找及自制元器件的工程。在 PCB 设计过程中，同样存在在当前库文件中找不到元器件封装的情况，这时可以采用库文件搜索功能查找元件封装。封装库的查找和原理图的查找基本一样，选择"Library 库（Library）→搜索（Search）"菜单可弹出如图 8-25 所示的搜索库界面。

图 8-25　搜索库界面

选择 Footprints 搜索，选择库文件的正确路径，单击"查找（Search）"按钮就可以进行搜索。元器件的搜索功能支持模糊功能及元器件名称和注释双重查询，搜到的元器件可直接拖动到当前的工作区域。放置元器件的菜单如图 8-26 所示。

图 8-26　放置元器件的菜单

对于元器件库中没有具体封装的元器件，可用 PCB 元器件库编辑器自制。自制 PCB 元器件封装包括设计元器件的外形、固定孔位和焊盘。若其他 PCB 板图中有可用的相关元器件，也可直接从中提取。若元器件库中元器件的形状、焊盘与实际不符，也可在其所在的库编辑器中直接进行修改，并重新命名为新的元器件。

PCB 设计可以采用快捷工具栏进行设计，如图 8-27 所示，各按钮的功能如下。

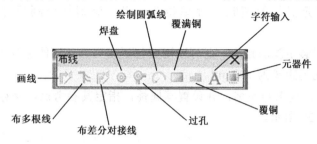

图 8-27　快捷工具栏

- 画线（Place Line）：画各引脚之间的电气连线。
- 布多根线：同时布多根线。
- 布差分对接线：根据差分对功能布差分线。
- 焊盘（Place Pad）：画附加的焊盘（元器件本身的封装已带）。
- 过孔（Place Via）：画各层之间的连接孔。
- 绘制圆弧线（Place Arc by Edge）：绘制圆弧形连接线。
- 覆满铜（Place Fill）：整片面积覆铜。
- 覆铜（Place Polygon Plane）：多种形状覆铜。
- 字符输入（Place String）：输入英文说明字符。
- 元器件（Place Component）：放置元器件。

当采用搜索法还找不到合适的封装时，就需要重新建一个元器件的封装，选择"文件（File）→新建（New）→库（Library）→PCB 元件库（PCB Library）"菜单，新建封装库文件菜单，如图 8-28 所示。

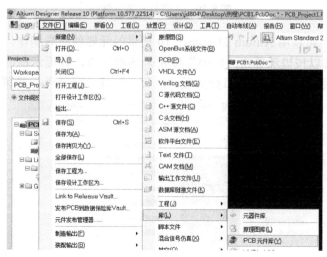

图 8-28　新建封装库文件菜单

保存库文件后可以直接按照元器件的要求绘制封装，封装的画法和原理图元器件的画法基本相同，但是，封装的制作更加强调尺寸，因此需要注意以下几点。

- 封装的边框或图案用丝网层绘制，添加焊盘时需注意引脚号与实际元器件统一；
- Altium Designer 10 中使用的单位有英制尺寸和公制尺寸两种形式，在绘图状态下，按 Q 键切换；
- PCB 中所有元器件的英制尺寸单位为 mil，英制与公制尺寸的换算为 10 mil= 0.254 mm；
- 如果不清楚封装引脚的距离，则可以用面包板或集成元器件进行粗略测量，面包板上每两个孔之间的距离为 100 mil。

画好元器件之后，要重新命名，并设置其属性，指定其参考点，保存后就可以使用。元器件封装示例如图 8-29 所示。

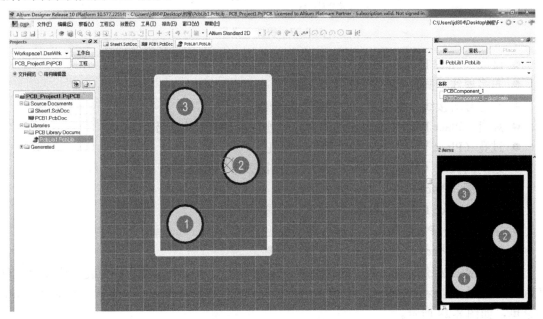

图 8-29　元器件封装示例

新元器件封装也可以用 Altium Designer 10 提供的元器件向导制作，选择"Tools→New Component"菜单可以按提示单击"Next"按钮来逐步完成，各提示框的意义依次为形状、焊盘大小、焊盘间距、边线宽度、引脚数量、名称、完成。元器件向导菜单如 8-30 所示。

图 8-30　元器件向导菜单

如果用元器件向导画 DIP 类 PCB 封装，则进入如图 8-30 所示的元器件向导后，选择其中的 DIP 项，再选择单位（有 mm 和 mil 两种单位可选），然后单击"下一步"按钮，如图 8-31 所示。这里可以设置焊盘的孔径和外径，设置完成后单击"下一步"按钮，如图 8-32 所示。

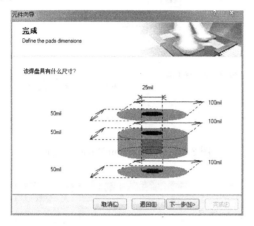

图 8-31　焊盘孔径设置界面

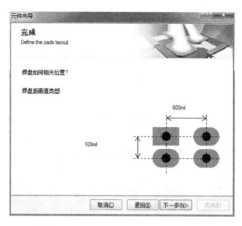

图 8-32　焊盘间距设置界面

在如图 8-32 所示的界面可以设置焊盘间距，即横向间距和纵向间距，根据数据手册进行设置，设置完成后单击"下一步"按钮，如图 8-33 所示，这里可以设置外框宽度，可以根据需要自己选择，也可以严格按照数据手册来进行，完成后单击"下一步"按钮，进入选择焊盘个数界面，如图 8-34 所示。

图 8-33　外框宽度设置界面

图 8-34　焊盘个数设置界面

选择焊盘个数后单击"下一步"按钮，可在如图 8-35 所示的界面中修改 PCB 封装的名称，如将 LM324 的 DIP 封装改为 SOP 封装，完成后单击"下一步"按钮可进入 Component Wizard 界面，如图 8-36 所示。

画好 SOP 类的贴片封装，选择（SOP）项，设置单位后单击"下一步"按钮，进入如图 8-37 所示的界面，设置焊盘的长度和宽度，设置完成后单击"下一步"按钮，进入如图 8-38 所示的界面。

图 8-35 元器件向导界面

图 8-36 Component Wizard 界面

图 8-37 焊盘尺寸设置界面

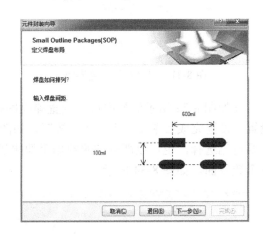

图 8-38 焊盘间距设置界面

设置贴片焊盘的横向间距和纵向间距，设置完成后单击"下一步"按钮，进入如图 8-39 所示的界面，设置外框尺寸，原理同上，完成后单击"下一步"按钮，进入如图 8-40 所示的界面。

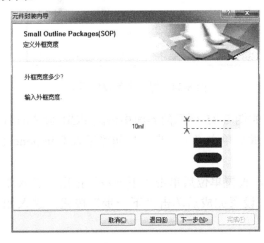

图 8-39 外框尺寸设置界面

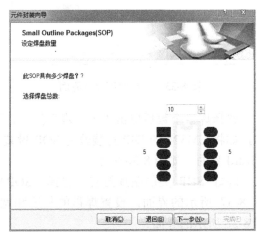

图 8-40 焊盘总数设置界面

设置焊盘总数，完成后单击"下一步"按钮，进入如图8-41所示的界面。

图8-41　封装名称设置界面

设置封装的名称后单击"下一步"按钮，即可完成 SOP 类 PCB 封装的绘制。

PCB 封装库也可以用当前打开的 PCB 文件生成，选择"设计（Design）→生成 PCB 库（Make PCB Library）"菜单可以直接按当前 PCB 文件中的元器件自动生成 PCB 库文件，如图8-42所示，保存后就可以直接调用。

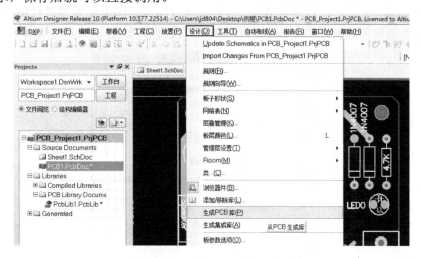

图8-42　自动生成 PCB 库菜单

（6）设置运行设计规则检查，纠正错误。PCB 的设计规则检查（DRC）包括线间距检查、走线宽度检查、连接短路检查、SMD 布线特性检查、开孔孔径检查、高速布线特性检查等。其中，线间距检查与连接短路检查是各种类型的 PCB 设计后必做的检查。

在软件工具的相关管理窗口中选择设置所需的检查项，运行 DRC，软件工具会在电路中标出错误，并生成报告文档，指明错误与警告的位置及原因。要设法更正这些错误，并反复进行 DRC 检查，直到没有错误与警告为止。

（7）标注加工要求。加工要求包括 PCB 外形尺寸要求、特殊部位结构要求、板材要求等，通常应在指定的机械层以图示或文字加以说明。

布线结束之后应检查是否有漏线的地方，Altium Designer 10 具有一套很强大的布线检查系统，选择"工具→设计规则检查"菜单，如图 8-43 所示，打开设计规则检查对话框，执行设计规则检查（Design Rule Check）后会出现布线统计结果。

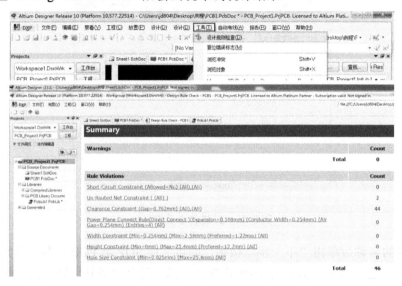

图 8-43　设计规则检查菜单

（8）打印和输出。设计好 PCB 板图之后，要将其打印到转印纸上以便进行制板。选择"File→Page Setup"菜单可以打开 Composite Properties 对话框，如图 8-44 所示。

图 8-44　Composite Properties 界面

在图 8-44 中，将缩放模式改为"Scaled print"，缩放改为"1.00"，颜色设置改成"单色"，单击"打印设置"按钮，打开 PCB 输出属性（PCB Printout Properties）对话框，如图 8-45 所示。

将不需要打印的层删除，单击右键选择"Delete"选项即可。如需腐蚀定位孔，则可在输出操作中选择"Holes"，此时输出文件中焊盘孔不保留，便于钻孔时定位。也可执行预览（Print Preview），预览后再打印。

2. PCB 设计实例

在 Altium Designer 10 设计中，常用的快捷键如下。

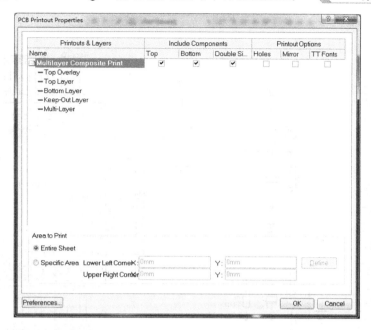

图 8-45　PCB 输出属性设置界面

- 图纸的放大与缩小：放大<Page Up>，缩小<Page Down>。
- 鼠标实现图纸的放大与缩小：放大<Ctrl+鼠标滚轮向上滚>，缩小<Ctrl+鼠标滚轮向下滚>。
- 鼠标的用途：鼠标左键可以确认、放置；鼠标右键可以取消、还原。
- 旋转元器件：拖放元器件过程中按空格键。
- 翻转元器件：水平翻转，拖放元器件过程中按"X"键；垂直翻转，拖放元器件过程中按"Y"键。
- 复制元器件：Ctrl+C。
- 粘贴元器件：Ctrl+V。
- 撤销操作：Ctrl+Z。
- Ctrl+鼠标单击：高亮显示同一网络。
- Shift+空格：改变布线的线型。
- Ctrl+M：测量两点间的距离。
- PT：布线。

下面以 MSP430 F149 最小系统板为例介绍 PCB 的设计实例，对该线路板的要求为：

- 使用 MSP430F149 作为核心处理器；
- 外部供电电压为 5 V，5.5 mm 插头，芯正壳负；
- 使用间距为 2.54 mm 的排针引出处理器的全部 GPIO；
- 设计一个 RS-232 串口；
- 包含处理器所需要使用的手动复位按键、8 MHz 的 XT2、32768 Hz 的 LFXT1、标准的 14 针 JTAG 接口、电源 LED 指示灯。

在实际操作中，根据设计要求，首先从原理图开始，依次完成以下工作。

（1）处理器核心电路。根据设计要求，处理器 MSP430F149 周边应该包括晶体振荡器、JTAG 接口和复位电路三部分，同时还需要将所有的 GPIO 连接至排针，具体电路原理图如

图 8-46 所示。

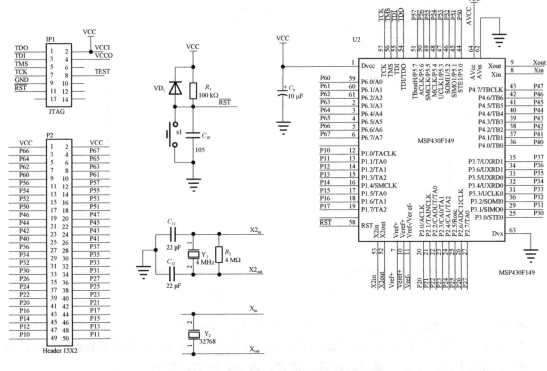

图 8-46 MSP430F149 处理器电路原理图

由于 MSP430F149 共有 48 个 I/O 引脚，如果使用连线的方式引出所有的 GPIO，会导致电路图相当混乱，所以使用网络标号的方式进行电气连接。需要注意的是，在使用 Altium Designer 的内置库时，应当注意选择适当的封装形式，否则在生成 PCB 时，会发生不符合设计要求的情况，甚至是错误，需要为每一个元器件指定封装形式。例如，22 pF 的电容 C_{11} 和 C_{12} 的封装如图 8-47 所示，指定的封装格式为 CC2012-0805。其他元器件的封装需要根据所使用的元器件选择，如 MSP430F149 的封装为 S_PQFP_G64 等。

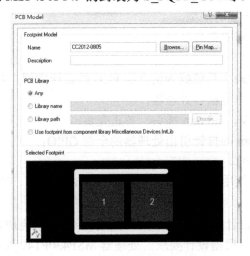

图 8-47 电容封装的选择

（2）电源电路部分。根据设计要求，外部只能提供 5 V 的直流电源，而整个系统受到 MSP430F149 处理器的 3.3 V 工作电压的要求，外围电路（主要是 RS-232 电平转换）应尽可能使用 3.3 V 电压工作，因此需要对输入的 5 V 电源进行处理，考虑到 MSP430F149 和外围电路的功耗极低，LDO（低压差线性稳压器）选用廉价的 LM1117-3.3 即可。电源电路部分原理图如图 8-48 所示。

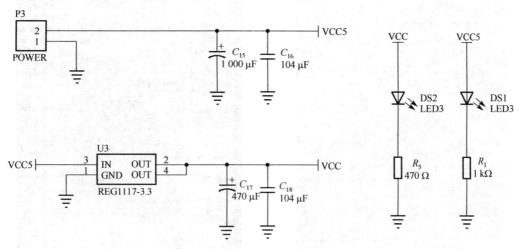

图 8-48　电源电路部分原理图

（3）RS-232 串行通信电路。RS-232 电平转换使用 3.3 V 供电的 MAX3232，按照数据手册，使用标准电路即可，这里不再列出 MAX3232 部分的电路。

（4）PCB 文件生成与布局。原理图全部完成后，需要向当前工程添加一个空白的 PCB 文档（如文件名为 PCB1.PcbDoc），通过菜单"Design→Update PCB Document PCB1.PcbDoc"将元器件导入 PCB 文件中，并根据需要完成以下工作。

① 设计电路板的边框。

② 元器件的摆放。电路中需要用户使用的接口或设备主要包括电源接口、复位按键、JTAG 接口、RS-232 接口、引出 GPIO 的排插针等，为方便使用，应安排在电路板的外围。

③ 电气连接（Top Layer 和 Bottom Layer）。通过自动布线或者手工布线完成电气连接的工作。需要注意的是，部分的电气连接应该根据需要调整宽度。例如，本设计的电源部分调整的 PCB 如图 8-49 所示。

④ 调整丝印层（Top over Layer 和 Bottom over Layer）文字的大小、位置等，并适当添加标识。例如，在引出 GPIO 的排针插件两侧标识出对应的 GPIO、标识各个接口的名称，完成后的 PCB 如 8-50 所示。

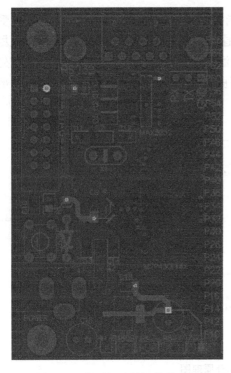

图 8-49　电源部分的调整的 PCB

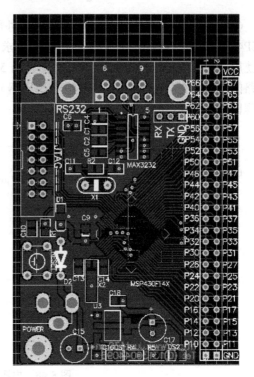

图 8-50　完成后的 PCB

习题与思考题

（1）简述电路设计软件工具 Altium Designer 10.0 的功能和特点。

（2）电路原理图的设计流程主要包括哪些步骤？

（3）设计电路原理图时，应注意哪些问题？

（4）简述 PCB 的作用。

（5）介绍一下印制电路板的设计流程。

（6）简述印制电路板的设计技巧与注意事项。

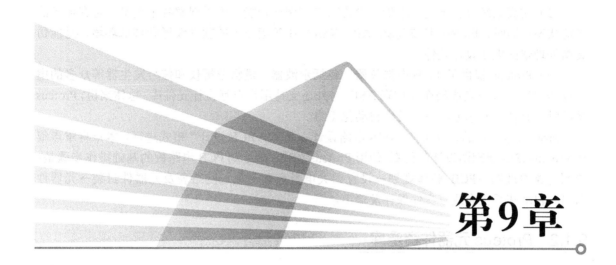

第9章

Proteus 电路设计与仿真技术应用

Proteus 软件是由英国 Labcenter Electronics 公司研发的 EDA（电子设计自动化）工具软件，集电路设计、制版、仿真等多种功能于一体，不仅能对数字电路、模拟电路等进行设计、分析和仿真，还能对各种常见的嵌入式微处理器，如 51 单片机、AVR 单片机、DSP、ARM进行设计和仿真，是近年来备受电子设计爱好者青睐的一款新型电子线路设计与仿真软件。

9.1 Proteus 软件概述

9.1.1 Proteus 软件特点

Proteus 软件是一个基于 ProSPICE 混合模型仿真器、完整的嵌入式系统软/硬件设计仿真平台。其内部主要分为 ISIS 和 ARES 两大应用功能软件。ISIS 是一个原理图输入软件，用于电路原理图设计与仿真；ARES 是高级 PCB 布线编辑软件，可以完成印制电路板的元器件布局、手动、自动布线等设计。

Proteus 软件运行在 Windows 操作系统上，特点如下。

（1）Proteus 仿真软件系统是集原理图设计、仿真和 PCB 设计于一体的电子设计自动化软件，实现了从概念到产品设计的开发平台。

（2）Proteus 软件除了具有模拟电路仿真、数字电路仿真功能，还提供了 ARM7、MCS-51系列、AVR 系列、PIC 系列的嵌入式微处理器模型。用户可在 Proteus 中直接编辑、编译、调试代码，并直观地看到仿真结果；同时，模型库中包含了 LED/LCD 显示、键盘、按钮、开关、常用电机等通用外围设备。

（3）仿真系统具有全速、单步、设置断点等调试功能，可以观察各个变量、寄存器等的当前状态；同时，Proteus 还支持如 IAR、Keil C51 等第三方的软件编译和调试环境，是能仿真微处理器的电子设计软件。

（4）Proteus 提供了 14 种虚拟仪器，包括示波器、逻辑分析仪和信号发生器等众多的虚拟仪器、信号源，以及高级图表仿真 ASF；另外还支持用户自行设计元件库。总体来讲，Proteus 是易学、易懂、易掌握的电子设计自动化工具。

Proteus 电子产品设计可按"ISIS 电路设计→仿真→PCB 设计"模式进行，本章将重点叙述 Proteus ISIS 原理图设计和仿真。使用 Proteus ARES 来绘制 PCB 电路板的基础操作步骤是：绘制电路原理图→PCB 整体规划→设置相关电量参数→载入网络表及元器件封装→元器件布局→自动和手工布线→文件保存及输出。

9.1.2 Proteus 元器件资源库

Proteus 软件提供了大量元器件的原理图符号和 PCB 封装，在绘制原理图之前必须知道每个元器件对应的库，在自动布线之前必须知道对应元器件的封装。下面是常用的元器件库。

1. Proteus ISIS 元器件库

Proteus ISIS 的元器件库是使用 Proteus ISIS 进行电路设计和仿真的基础，在元器件库中以 DLL（动态链接库）文件形式提供大量的包括引脚、封装、工作方式在内的元器件以供用户调用。Proteus ISIS 元器件库的组织方式是主目录分类（Category）、子目录分类（Sub-category）、元器件三级结构，其中主目录分类表明该元器件的主要分类属性，如模拟器件、处理器等；子目录分类则用于在主目录分类中按照生产厂家、具体用途等再一次对元器件进行细分，还可以根据元器件的生产商（Manufacturer）对元器件分类选择，以及根据相应的条件（Results）分类选择，如目录、子目录、关键字等。在 Proteus ISIS 资源中，常用的元器件库如下。

- DEVICE.LIB：电阻、电容、二极管、三极管等常用元器件库。
- ACTIVE.LIB：虚拟仪器、有源元器件库。
- DIODE.LIB：二极管和整流桥等元器件库。
- DISPLAY.LIB：LED 和 LCD 显示器件库。
- BIPOLAR.LIB：三极管库。
- FET.LIB：场效应管库。
- ASIMMDLS.LIB：常用的模拟器件库。
- DSIMMDLS.LIB：数字器件库。
- VALVES.LIB：电子管库。
- 74STD.LIB：74 系列标准 TTL 元器件库。
- 74AS.LIB：74 系列标准 AS 元器件库。
- 74LS.LIB：74 系列 LSTTL 元器件库。
- 74ALS.LIB：74 系列 ALSTTL 元器件库。
- 74S.LIB：74 系列肖特基 TTL 元器件库。
- 74F.LIB：74 系列快速 TTL 元器件库。

- 74HC.LIB：74 系列和 4000 系列高速 CMOS 元器件库。
- ANALOG.LIB：调节器、运算放大器（运放）和数据采样 IC 库。
- CAPACITORS.LIB：电容库。
- CMOS.LIB：4000 系列 CMOS 元器件库。
- ECL.LIB：ECL10000 系列元器件库。
- I2C MEM.LIB：I2C 存储器库。
- MEMORY.LIB：存储器库。
- MICRO.LIB：常用微处理器库。
- OPAMP.LJR：运算放大器库。
- RESISTORS.LIB：电阻库。

2．Proteus ARES PCB 封装库

Proteus ARES PCB 封装库中包括如下部分。

- PACKAGE.LIB：二极管、三极管、IC、LED 等常用元器件封装库。
- SMTDISC.LIB：常用元器件的表面贴装封装库。
- SMTCHIP.LIB：LCC、PLCC、CLCC 等元器件封装库。
- SMTBGA.LIB：常用接插件封装库。

Proteus 软件是一个很好的教学资源，可以用于模拟电路与数字电路的教学与实验、各种类型微控制器系统的综合实验、毕业设计和创新创业项目设计、产品开发等。

9.2　Proteus ISIS 软件功能简介

Proteus ISIS 电路设计和仿真软件不仅提供了基础的电路设计功能，还可以用于对模拟电路、数字电路和嵌入式处理器应用系统的仿真，提供了交互式仿真和基于图表的仿真两种不同的仿真模式。交互式仿真是实时直观反映电路设计结果的仿真方式，基于图表的仿真可以用于精确分析电路的频率特性、噪声特性等，如记录输出在 5 s 内的波形。Proteus ISIS 还可以对基于嵌入式微处理器的应用系统进行包括电路图设计、软件编写和编译、跟踪调试、系统仿真等操作。

本节主要介绍 Proteus ISIS 的安装、启动，工作界面及 Proteus ISIS 菜单栏功能，以及 Proteus ISIS 交互式仿真工具和仿真操作步骤。

9.2.1　Proteus ISIS 的安装与启动

1．Proteus ISIS 软件的安装

Proteus ISIS 软件的安装步骤如下。

（1）双击 Setup.exe 即可启动 Proteus 软件的安装，选择"Modify"，然后单击"Next"按钮，如图 9-1 所示。

（2）在此步骤中，Proteus 软件的安装文件会给出相关的软件信息，直接单击"Next"按钮即可，如图 9-2 所示。

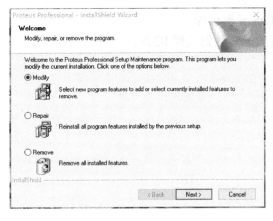

图 9-1　Proteus 的安装步骤（一）

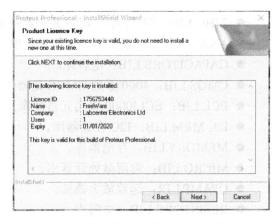

图 9-2　Proteus 安装步骤（二）

（3）选择 Proteus 软件支持的库模型，勾选所需要安装的库模型，通常全部选中即可，然后单击"Next"按钮，如图 9-3 所示。

（4）Proteus 软件进入自动安装步骤，安装完成后单击"Finish"按钮即可，此时可以在开始菜单中看到"ISIS 7 Professional"的菜单，单击该菜单就可以看到相应的快捷启动方式，如图 9-4 所示。

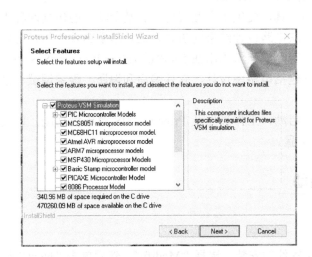

图 9-3　Proteus 的安装步骤（三）

图 9-4　Proteus 的菜单夹

2. 启动 Proteus ISIS 软件系统

在计算机中安装好 Proteus 后，双击桌面上的 ISIS Professional 图标 ISIS 或者选择菜单"开始→程序→Proteus7 Professional→ISIS Professional"，启动 ISIS 进入开发环境，如图 9-5 所示。

图 9-5　启动 Proteus ISIS

Proteus ISIS 的最基本使用方法包括 Proteus ISIS 菜单栏、右键菜单、快捷工具栏等，熟练进行这些操作是使用 Proteus ISIS 进行电路设计和仿真的基础。

9.2.2　Proteus ISIS 工作界面与菜单功能

Proteus ISIS 的工作界面是一种标准的 Windows 界面，如图 9-6 所示，包括标题栏、主菜单栏、标准工具栏、绘图工具栏、对象预览窗口、对象选择按钮、对象选择器窗口、预览对象方位控制按钮、仿真进程控制按钮、状态栏和图形编辑窗口。窗口中的图形编辑窗口是电路设计与仿真平台，也是 Proteus PCB 设计的基础。

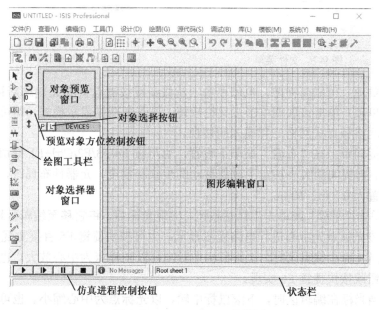

图 9-6　Proteus ISIS 工作界面

1. 主菜单栏

Proteus ISIS 的主菜单栏提供了包括文件（File）、查看（View）、编辑（Edit）、工具（Tools）、设计（Design）、绘图（Graph）、源代码（Source）、调试（Debug）、库（Library）、模板（Module）、

系统（System）和帮助（Help）等功能，单击任一项功能后都可弹出其子菜单项。

（1）文件（File）菜单。Proteus ISIS 文件菜单包括常用的文件功能，如新建设计、打开设计、保存设计等，文件菜单如图 9-7 所示，主要用于对文件（项目）的新建、导入、保存、打印等操作，具体又分为设计文件操作、选择区域操作、打印操作、最近打开的项目和退出五个类。其中，文件导入的作用是将已存在的图形文件（以*.SEC 为后缀）导入当前所要编辑的图形编辑窗口中；文件导出的作用是将图形编辑窗口中设计完成的线路图（或局部线路图）导出为图形文件。文件菜单的其他功能为常见的文件操作。

（2）查看（View）菜单。查看菜单子项主要用于设置软件的相关显示内容，包括图形刷新、坐标选择、放大缩小和是否显示快捷键菜单栏等。单击菜单栏中的"查看"（View）可弹出下拉菜单，如图 9-8 所示。

图 9-7　文件菜单

图 9-8　查看菜单

- 重画菜单项：可刷新视图，也可单击工具按钮或按键盘上的 R 键刷新视图。
- 网格菜单项：单击该项或单击工具栏按钮，可改变网格显示模式，即可在直线格式网格、无网格和点式网格三种模式间切换。
- 网格捕捉间距：在"查看"菜单下设置，也可按 F4/F3/F2/Ctrl+F1 键切换到相应的捕捉间距。捕捉间距大小决定了对象移动的步长和精度，元器件布局时，网格捕捉间距一般设置为 0.5 in、10 in。
- 平移：单击"平移"或单击工具栏按钮，出现光标后，将它移至编辑区期望处并单击，则会以该光标点为中心进行电路视图显示；也可按快捷键 F5 直接实现。
- 放大：当光标在编辑区时，上滚鼠标中轮，则以光标点为中心放大。也可单击工具栏上的按钮或按快捷键 F6 实现。
- 缩小：当光标在编辑区时，下滚鼠标中轮，以光标点为中心缩小。也可单击工具栏上的按钮或按快捷键 F7 实现。
- 缩放到整图：要缩放至全局，可单击工具栏上的按钮或按快捷键 F8 实现。
- 缩放至区域：可单击此按钮，或在按下 Shift 键后，同时按下鼠标左键，选中局部框，然后松开鼠标左键，则框中区域放大到整个屏幕显示。

- 工具条：单击"工具条"选项，再单击对应项后，出现"√"的对应项会在工具栏上显示，否则不显示。其中，File Toolbar 为文件工具栏按钮，View Toolbar 为视图工具栏按钮，Edit Toolbar 为编辑工具栏按钮，Design Toolbar 为设计工具栏按钮。

（3）编辑（Edit）菜单。编辑菜单包括撤销/恢复操作、查找与编辑、剪切、复制、粘贴元器件，以及设置多个对象的叠层关系等。编辑菜单子项通常用于对 Proteus ISIS 图纸的全部或者部分区域进行操作，包括取消刚完成的操作或者重复刚刚取消的操作、剪切、复制等，其编辑功能有撤销或重做、查找并编辑器件、剪切或拷贝、置于下/上层和清理等操作。其中，置于下/上层是把选择的对象移至下层或上层；清理是将当前未用的元器件从已取到元器件的缓存区中移除。

（4）工具（Tools）菜单。工具菜单包括实时标注、实时捕捉及自动布线等。工具菜单子项提供了对 Proteus ISIS 电路图的某些自动操作，如自动添加元器件标号、自动标注元器件、自动生成图纸的材料清单、自动生成网络表等操作。具体功能如下。

- 实时标注：选中时，放置元器件后将会自动对元器件标号进行标注，如放置电阻时，自动根据图纸中已有的电阻标号，按顺序标注为 R1、R2、R3……未选择自动标注时，则全部标注为 "R?"。
- 自动连线：选中"自动连线"后，在绘制连线时会自动闭合两个元器件间的连线。
- 全局标注：在整个设计中对未编号的元器件自动编号。
- 材料清单：按指定格式输出图纸的元器件清单。
- 网络表编译：生成当前电路对应的网络表文件。该文件是绘制 PCB 图的参考依据。

（5）设计（Design）菜单。设计菜单包括编辑设计属性、编辑图纸属性、进行设计注释等。设计菜单子项主要包括 Proteus ISIS 对当前工程文件或图纸的属性进行操作和切换的相关命令。设计菜单所包括的功能如下。

- 编辑设计属性：如添加设计项目名称、文件号、版本号、设计者，查看设计时间或修改时间等。
- 编辑设计注释：将弹出一个文本编辑窗，可在此输入关于设计说明等相关信息。
- 设定电源范围：可在此修改 V_{CC}/V_{DD} 和 V_{EE} 的值或增加新电源、地，在默认情况下，V_{CC}/V_{DD} 为+5 V，V_{EE} 为-5 V。
- 设计浏览器：可看到所设计线路图的相关元器件信息。

（6）绘图（Graph）菜单。绘图菜单包括编辑图形、添加 Trace、仿真图形和分析一致性等。绘图菜单子项主要提供用于仿真操作的相关命令，包括编辑仿真图形、添加仿真曲线与仿真图形、查看日志、导出数据、清除数据和一致性分析等功能。

（7）源代码（Source）菜单。源代码菜单包括添加/删除源文件、定义代码生成工具、调用外部文本编辑器等。源代码菜单主要是对嵌入式微处理器的源程序及编译进行设置，将编写的程序添加到 Proteus 自带的编译器中，对其进行编译，生成 hex 文件。源代码菜单具有如下功能选择项。

- 添加/删除源文件：在图形编辑窗口设计的原理图中有微处理器芯片时，单击添加/删除源文件菜单项，则出现添加/删除源文件菜单项窗口，其中，目标处理器是指当前选择的处理器，可为其添加源程序。
- 设置代码生成工具：代码生成工具用于生成代码，可选用 ASEM51 工具。源代码文件名是给微处理器确定带后缀（*.ASM）的源程序名称。

- 设定代码生成工具：代码生成工具可根据需要来设置，而编译规则可由系统自动定义。
- 全部编译：对添加到 Proteus 编译器中的程序进行编译，生成 hex 文件。

（8）调试（Debug）菜单。调试菜单子项主要用于在 Proteus ISIS 中进行仿真调试操作，包括启动调试、执行仿真、单步运行、断点设置和重新排布弹出窗口等功能。

（9）库（Library）菜单。库菜单子项用于对 Proteus ISIS 自带的元器件，以及用户自己引入的元器件进行管理，主要包括选择元器件及符号、制作元器件及符号、设置封装工具、分解元器件、编译库、自动放置库、校验封装和调用库管理器等操作。其中，选择元器件及符号菜单项与 ISIS 界面上的对象选择按钮 "P" 的作用相同，即在此选择的元器件被放置到元器件缓冲区。通常在绘制线路图前，先在此选择线路图中所需的元器件，然后退出此菜单，在放置元器件模式下放置元器件。

（10）模板（Module）菜单。模板菜单子项主要用于设置 Proteus ISIS 的相关风格，包括图形格式、文本格式、设计颜色，以及连接点和图形等。在"模板"菜单下可以选择对应的选项进行相关参数的设置与修改。

- 跳转到主图：直接转向主图纸（当有多张图纸时），在主图纸中设置的相关参数将影响整个设计的所有图纸。
- 设置设计默认值：设置设计的默认参数，选择该选项后，会弹出模板参数设置对话框窗口，在此窗口中可以设置图纸中的各种默认颜色、字体，仿真过程中各种参量的颜色，以及是否隐藏对象等。通常不勾选"显示隐藏文本？"项，这样在图纸上就不显示元器件上的"<Text>"字样。
- 设置图形颜色：设置仿真图表中各种颜色。
- 设置图形风格：设置仿真图表中各种对象的线型、线宽、颜色等。
- 设置文本风格：设置设计中的文本的字体、大小等参数。
- 设置图形文本：设置要放置的文本属性。
- 设置连接点：设置节点样式，可以选择的样式有方形、圆形和方片形（菱形）。
- 从其他设计导入风格：将已有设计中的样式（包括颜色、字体等）应用于本设计。

（11）系统（System）菜单。系统菜单子项主要用于对 Proteus ISIS 的相关参数进行设置，包括系统环境、路径、图纸尺寸、标注字体、快捷键，以及仿真参数和模式等。系统菜单的主要内容如下。

- 系统信息：系统显示 Proteus 软件的版本号、软件授权给何方，以及计算机系统的主要信息等。
- 检查更新：检查是否有更新信息。
- 文本视图：查看文本。
- 设置元器件清单：配置在元器件清单中显示的内容。
- 设置显示选项：设置图形模式、自动平衡动画等。
- 设置环境：编辑环境设置功能有自动保存时间间隔（默认为 15 min）、可撤销的操作的次数（默认为 20 次）、工具栏提示延时时间（默认为 1 s）等。
- 设置路径：设置打开设计的目录，如可设为上一次打开的目录或系统的样本目录。
- 设置属性定义：一般不用设置。
- 设置图纸大小：有 A0～A4 及自定义尺寸，单位默认为英寸（in）。系统默认的图纸大小为 A4，长和宽分别为 10 in、7 in。若要改变图纸大小，则可选择"设置图纸大小"

菜单项，然后在弹出的设置图纸对话框中设置，每种尺寸都有两个编辑域，左边为 X 宽度，右边为 Y 高度。可选择 A0～A4 图纸中的一种，该操作只对当前页面有效。

● 设置文本编辑选项：可设置文本编辑器中文本对象的字体、字形、大小、效果、颜色等属性。

● 设置动画选项：选择此菜单选项后会弹出设置动画选项窗口，在"仿真速度"中可对这些参数进行设置，在"动画"选项中可选择是否显示电压/电流探针的电压/电流值、是否以颜色的方式显示引脚的逻辑状态、是否以颜色的方式显示导线中的电压、是否在导线上显示电流的方向等；在"电压/电流范围"选项中可设定最大电压和最小电流。

● 设置仿真选项：设置仿真参数，通常使用默认值即可。

● 恢复默认设置：将"系统"菜单中所有的设置恢复到系统的默认状态。

（12）帮助（Help）菜单。帮助菜单子项主要用于给用户提供关于 Proteus ISIS 的相关操作信息，包括版权信息、Proteus ISIS 学习教程和示例等。

2. 工具栏

工具栏包括菜单栏下面的标准工具栏和绘图工具栏等。

（1）标准工具栏：包括文件工具栏按钮、视图工具栏按钮、编辑工具按钮、设计工具栏按钮、元器件方向选择按钮和仿真工具按钮。

（2）绘图工具栏：包括方式选择按钮和配件模型按钮。

（3）图形绘制栏：在 2D 图形绘制工具中，只含有图形绘制按钮。

（4）状态栏：用来显示工作状态和系统运行状态。

（5）预览窗口：可显示两个内容，一个是在元器件列表中选择一个元器件时，会显示该元器件的预览图；另一个是当鼠标指针落在原理图编辑窗口时（即放置元器件到原理图编辑窗口后或在原理图编辑窗口中单击鼠标后），它会显示整张原理图的缩略图，并会显示一个绿色的方框，绿色方框里面的内容就是当前原理图窗口中显示的内容，因此，可用鼠标在它上面单击来改变绿色方框的位置，从而改变原理图的可视范围。

（6）对象选择器窗口。通过对象选择按钮可从元器件库中选择对象，并置入对象选择器窗口，供绘图时使用。显示对象的类型包括元器件、终端、引脚、图形符号、标注、图形、激励源和虚拟仪器等。

（7）原理图编辑窗口。原理图编辑窗口用来绘制原理图，在编辑区中可进行电路设计、仿真、自建元器件模型等。Proteus ISIS 窗口右下角的蓝色方框口蓝色方框内为可编辑区，电路设计要在此区域内完成。

（8）Proteus 仿真。Proteus 有交互式仿真和基于图表的仿真两种。在交互式仿真下，可以实时直观地反映电路设计的仿真结果。Proteus 中的整个电路分析是在 ISIS 原理图设计模块下延续下来的，原理图中可以包含探针、电路激励信号、虚拟仪器、曲线图表等仿真工具，可以显示仿真结果。

9.2.3　Proteus ISIS 交互式仿真软件基础

Proteus ISIS 的仿真是指利用其提供的相应元器件库，以及对应的数据模型，通过计算和分析来表示当前设计的电路工作状态的一种手段，可分为交互式仿真和基于图表仿真两种。交互式仿真又称为实时仿真，是指利用 Proteus ISIS 提供的虚拟仪器，如信号源、示波器等实时监控电路状态变化的仿真模式。

1. Proteus ISIS 交互式仿真工具

Proteus ISIS 的电路仿真工具包括探针（Probe）、信号源（Generator）、仿真图表（Graph）和虚拟仪器（Virtual Instruments），下面将分别介绍。

（1）探针。Proteus 软件提供了电流探针和电压探针，探针直接布置在线路上，用于采集、测量电压和电流信号。值得注意的是，电流探针的方向一定要与电路的导线平行。

电压探针（Voltage Probes）既可在模拟仿真中使用，也可在数字仿真中使用，电压探针在模拟电路中用于记录真实的电压值，而在数字电路中用于记录逻辑电平及其强度。电流探针（Current Probes）仅在模拟电路仿真中使用，可显示电流方向和电流瞬时值。探针可用于基于图表的仿真，也可用于交互式仿真。

（2）信号源。Proteus ISIS 软件提供了 14 种信号源，而且可以对每种信号源参数进行设置，可在电路中产生相应的激励信号以驱动电路工作。信号源的功能如下。

- DC：直流电压信号（激励）源。
- SINE：正弦波信号源。
- PULSE：脉冲信号源。
- EXP：指数脉冲信号源。
- SFFM：单频率调频波信号源。
- PWLIN：任意分段线性脉冲信号源。
- FILE：File 信号源，数据来源于 ASCII 文件。
- AUDIO：音频信号源，数据来源于 Wav 文件。
- DSTATE：稳态逻辑电平信号源。
- DEDGE：单边沿信号源。
- DPULSE：单周期数字脉冲信号源。
- DCLOCK：数字时钟信号源。
- DPATTEM：模式信号源。
- SCRIPTABLE：可编程驱动信号源。

（3）虚拟仪器。虚拟仪器是实际电路仪器在 Proteus ISIS 软件中的虚拟化版本，可以放置在电路中用于观察电路的运行状况，包括虚拟示波器（Oscilloscope）、虚拟终端（Virtual Terminal）、逻辑分析仪器（Logic Analysis）、计数/定时器（Counter Timer）、交/直流电压表和电流表（AC/DC Voltmeters/Ammeters）等，在电路设计时，这些分析工具可用来测试电路的工作状态。

仿真图表按钮
信号激励源按钮
电压探针按钮
电流探针按钮
虚拟仪器按钮

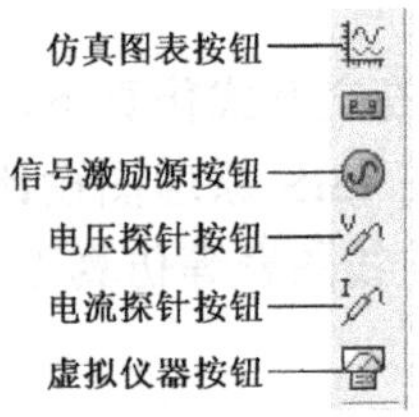

图 9-9　Proteus ISIS 的交互式仿真工具按钮

（4）仿真图表。仿真图表用于记录电路的相应状态，包括数字信号图表、模拟信号图表、混合信号图表等多种样式，可以分别对电路的不同属性进行仿真。

Proteus ISIS 交互式仿真与 Proteus ISIS 的原理图设计模式类似，通过单击 Proteus ISIS 工具栏上对应的按钮可以进入相应的仿真工具模式，这些按钮如图 9-9 所示。

2. Proteus ISIS 的交互式仿真步骤

Proteus ISIS 的交互式仿真包括电路图设计、仿真工具设置、运行和观察电路状态等步骤，其详细流程如下。

（1）绘制需要仿真的电路原理图。

（2）设置电路的相应参数。

（3）对电路进行电气规则检查，以找出其中的错误。

（4）在需要测试的节点上放置对应的虚拟仪器。

（5）运行仿真，通过相应的工具或者虚拟仪器观测电路的运行状态，并且修改电路中各输入变量或者设置参量以观测电路的输出变化。

3．Proteus ISIS 基于图表的仿真步骤

在 Proteus ISIS 中进行基于图表仿真的具体操作步骤如下。

（1）在待仿真电路中添加仿真观测点，可以是信号源，也可以是输出引脚，最常用的是电压探针和电流探针。

（2）根据仿真波形的类别在原理图中绘制仿真表框。

（3）在图表框中使用 Add Trace（添加仿真曲线）功能添加相应的观测点。

（4）设置仿真图表的属性。

（5）单击图表仿真按钮，生成对应的波形。

（6）保存及打印输出仿真图形。

9.3　基于 Proteus ISIS 的电路设计基础

原理图设计是 Proteus ISIS 的最基本操作，完成 Proteus ISIS 的原理图设计是进行电路仿真和 PCB 图设计的先决条件，Proteus ISIS 的原理图设计包括设置图纸、选择元器件、绘制电路和相关图形、生成报表等。在原理图设计中，Proteus ISIS 提供了元器件操作模式、节点操作模式、文本编辑模式、总线操作模式、连线标签模式、终端模式、元器件引脚模式等电路设计模式，可以通过工具箱的对应按钮切换这些模式，正确理解并合理切换这些模式是 Proteus ISIS 进行原理图设计的基础，本节主要介绍基于 Proteus 的电路设计流程及具体操作。

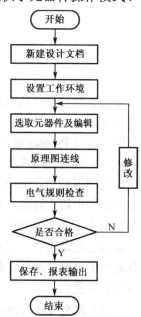

1．设计流程

Proteus ISIS 的电路设计流程如图 9-10 所示，主要包括新建设计文档、设置工作环境、选取元器件及编辑和原理图连线等八个步骤。

2．新建设计文档

在新建设计文档之前，需要先自行定义文档的路径和名称，然后启动 Proteus ISIS 软件系统。选择"文件（File）→新建设计（New Design）"菜单，可以弹出创建新设计（Create New Design）对话框。在对话框中，单击"确定（O）"按钮，会以默认模板建立一个新的空白文件，也可自行选择合适的模板。单击 ISIS 工作界面按钮，进入保存 ISIS 设计文件窗口，选择自行定义存放文件的路径，输入文件名后单击"保存"按钮，即可保存为新的设计文件，并自动加上后缀 DSN。在进入具体原理图设计之前，先要构思好原理图，然后在 Proteus ISIS 的图形编辑环境中新建一张空白的电路图纸。

图 9-10　Proteus ISIS 的
电路设计流程

3．设置工作环境

用户可以根据实际电路的复杂程度设置图纸的大小、线宽、填充类型和字符等，也可以忽略此项操作（系统会选择默认的图形外观）。在原理图设计的过程中，图纸等参数可以不断调整，从而为原理图设计提供了便利。

4．选取元器件及编辑

从当前项目元器件库中选取需要添加的元器件，将其布置到图纸的合适位置，并对元器件的名称、标注进行设定，再根据元器件之间的可能联系进行走线，对元器件在工作平面上的位置进行调整和修改，使得原理图美观、易懂。

具体操作是单击工具按钮元器件模式，然后在对象选择窗口中单击"P"按钮就可进入元器件选取窗口，如图 9-11 所示，在图中"关键字"文本框中输入所需元器件的型号等关键内容后，软件就会自动在元器件库中进行搜索，并在"结果"窗中显示与关键词相匹配的元器件名称及其相关参数描述信息。选中"结果"窗中某个元器件后会在右侧的元器件预览框及 PCB 封装预览框中同步显示该元器件的电路符号及 PCB 封装符号。

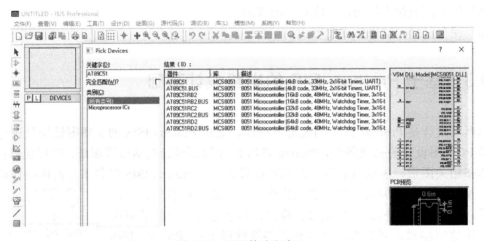

图 9-11　元器件选取窗口

当找到与设计要求相符的元器件时，在"结果"窗中左键双击该元器件，则元器件就会放入原 Proteus 软件主界面的对象选择窗口中。当选择完所有元器件后，关闭元器件选取窗口即可返回 Proteus 软件主界面。

（1）放置元器件及删除元器件。首先在对象选择窗口单击所放置好的元器件，然后将鼠标移到图形编辑窗口中并单击鼠标左键，此时鼠标会变成元件的红色虚影。当移动鼠标时，红色虚影也随之移动，到达需要放置的地方时，再次单击鼠标左键，则元器件便会放到图形编辑窗中。若需要删除多余的元器件时，则只须将鼠标移动到删除的元器件符号处，然后双击鼠标右键即可。一般在放置元器件时，应先选择普通元器件，再放置终端，即终端选择工具箱中的电源、地等，然后从信号源工具箱中选择信号源，最后在虚拟仪器工具箱中选取虚拟仪器放置。

（2）调整对象的旋转设置。根据电路设计的要求，元器件的方向往往需要进行旋转设置。在图形编辑窗口中选择需要旋转的元器件，右键单击元器件，就可以选择旋转的设置，如逆时针旋转、顺时针旋转、180°旋转、按 X 轴镜像旋转、按 Y 轴镜像旋转等。

（3）拖动元器件。用鼠标指向选中的元器件左击后放开，再次左击并且按住键拖曳就可以拖动对象了。

（4）编辑元器件属性。放置元器件后，软件会自动为每一个元器件设定一个默认的属性参数，如元器件编号、容量、阻值等，但很多属性参数都需要根据设计要求进行编辑。编辑的对象类型有元器件、终端、标签、脚本、总线、引脚、图形等。

① 编辑元器件属性方法。将光标移到要编辑的元器件或终端上，出现包围元器件的虚线轮廓，同时光标变成手掌形，双击左键（或先右击选中元器件，再单击编辑属性）时会出现该元器件属性编辑框，在此框中可进行编辑。

② 编辑终端属性方法。若要编辑电源终端属性，应先将光标移到要编辑的元器件上，出现包围元器件的虚线轮廓时，双击则会弹出属性编辑框。该编辑框中标号（String）右边的组合框内默认为空（默认电源为+5 V，不显示电源值）。若要设置为+12 V 或-5 V，则在框内输入+12 V 或-5 V 即可。在该编辑框中，还可设置字符串的方位、大小、颜色、字体、字型等属性。

（5）复制对象。选中需要复制的对象，单击"Copy"图标，将复制的轮廓拖到需要的位置后单击左键，再单击右键结束。电路模块（多个对象组成）复制的方法是单击左键选择模块复制范围，然后单击"Copy"图标和复制操作即可完成。

（6）拖动元器件标签。许多类型的元器件附着有一个或多个属性标签。例如，每个元器件都会有参考、值、文本等标签，可以很容易地移动这些标签，使电路图看起来更美观。拖动标签的步骤为：选中元器件→用鼠标指向标签并按住鼠标左键→拖动标签到需要的位置，如果想要定位更精确，可以在拖动时改变捕捉的精度（使用 F4、F3、F2 键）→释放鼠标。

5. 原理图连线

根据电路的需求，利用 Proteus ISIS 编辑环境所提供的各种工具、命令进行布线，将工作平面上的元器件用导线连接起来，即可构成一幅完整的电路原理图。

在具体连线时，首先将鼠标指针对准需要连线的元器件引脚，此时元器件引脚出现红色框，单击一次元器件引脚；然后将鼠标指针移动到与之连接的另一元器件的引脚（引脚出现红色框）上再次单击，这样就完成了一条连线。若要删除连线，也可双击鼠标右键来实现。对具有相同特性的画线，可采用重复布线的方法。先画一条，然后在元器件引脚上双击即可重复布线。假如要连接一个 8 位 ROM 的数据线到单片机 P0 口，只要画出某一条从 ROM 数据线到单片机 P0 口线，其余的单击 ROM 元件的引脚即可。

在完成原理图布线后就可生成一个网络表文件，网络表文件是印制电路板与电路原理图之间的纽带。

6. 电气规则检查（ERC）

完成原理图布线后，利用 Proteus ISIS 编辑环境所提供的电气规则可对设计进行检查，并根据系统提示的错误检查报告修改原理图。这些错误可能是由于某个输出引脚连接到其他的输出引脚造成信号冲突、输入没有驱动源、元器件编号重复导致不同元器件无法区分等引起的。

具体操作是：选择"工具→电气规则检查"菜单项或单击工具栏图标，可生成电气检测报表。若电路原理图设计没有错误，则 ERC 检测结果将显示"已生成表格"及"ERC 没有发现错误"。单击左下角的"Clipboard"按钮，可将检测结果复制到剪贴板中，或单击"Save As"按钮保存为.ERC 文件。

7. 保存原理图

完成上述操作后，基本的电路原理图就已完成。Proteus ISIS 提供了多种报表输出格式，同时可以对设计好的原理图和报表进行保存和输出打印。另外，通常将电路原理图导出为图片的形式，还可以查看设计好的原理图报表。

9.4　Proteus ISIS 电路设计应用实例

本节将通过两个实例来介绍 Proteus ISIS 的原理图设计及仿真应用：一个是运算放大器电路设计应用实例，另一个是基于微控制器的流水彩灯的应用实例。

9.4.1　运算放大器电路设计应用实例

在 Proteus ISIS 中绘制基于 TL082 集成运算放大器的应用电路，详细操作步骤如下。

（1）新建一张图纸，如图 9-12 所示，在"模板（Template）"菜单的"Set Design Defaults"对话框中将"Paper Colour"设置为白色，并且取消勾选"Show Hidden Pins"选项。

图 9-12　设置图纸的基本操作

（2）在"查看（View）"菜单中，选择"Snap"为 10 in 以便于操作，并且关闭"Grid"的坐标点选择。

（3）进入 Proteus ISIS 的元器件操作模式，打开 Proteus ISIS 自带的资源库选择对话框，将 TL082 放大器和 RES 电阻加入当前项目的库中，如图 9-13 所示。

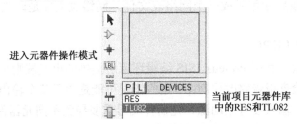

图 9-13　加入待使用的器件

（4）在图纸中放置一个 TL082 放大器，如图 9-14 所示，其属性设置如图 9-15 所示，采用默认值即可。

（5）在 TL082 上连接两个 POWER 类型的终端，分别设置为+12 V 和−12 V，并且连接到 TL082 的引脚 8 和引脚 4，如图 9-16 所示。终端的属性设置对话框分别如图 9-17 和图 9-18

所示，一个是"+12 V"，另一个是"-12 V"。

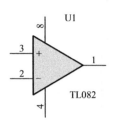

图 9-14　放置的 TL082 放大器

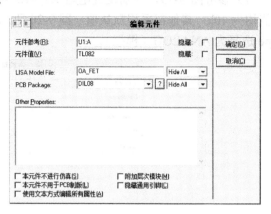

图 9-15　TL082 的属性设置

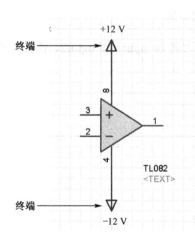

图 9-16　带有电源的放大器

图 9-17　引脚 8 上的电源终端属性设置

（6）给放大器电路添加外部的电阻 R1～R3 并且进行连线，完成的电路如图 9-19 所示。

图 9-18　引脚 4 上的电源终端属性设置

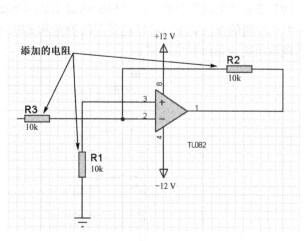

图 9-19　添加外部电阻元器件后的电路

（7）参考图 9-19，分别设置电阻 R1～R3 的标签，元器件编号分别为 R1、R2、R3，其阻值均为 10k，其他都采用默认值。图 9-20 所示为电阻 R3 的属性设置对话框，其中，Model Type 选择为 ANALOG（模拟）。

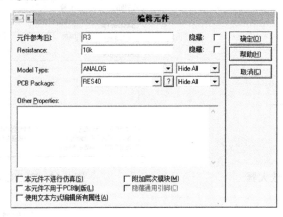

图 9-20　电阻 R3 的属性设置

（8）给电路添加对应的两个输入终端 INPUT 并且命名为 input1 和 input2，添加一个输出终端并命名为 output，添加完成之后的电路如图 9-21 所示。

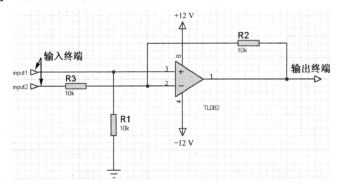

图 9-21　添加输入/输出终端后的电路

（9）选择"Tool"菜单下的"Electrical Rule Check"命令，对当前电路进行电气规则检查，生成对应的报表如下，可以看到网络检查和 ERC 检查都没有错误，电路设计完成后，如果出现错误则应修改对应的错误。

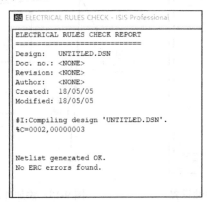

该电路交互式仿真的详细步骤如下。

（1）绘制完整的电路原理图后，单击工具栏中的"虚拟仪器（Virtual Instruments）"按钮，此时在当前元器件库中会列出由 Proteus ISIS 提供的虚拟仪器列表，如图 9-22 所示，此时选择"虚拟示波器（OSCILLOSCOPE）"。

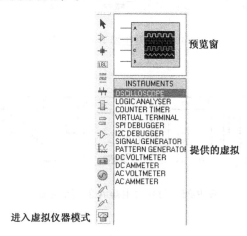

图 9-22   虚拟仪器列表

（2）在虚拟仪器列表中选择两个信号发生器（SINGNAL GENERATOR），命名为 SIGNAL A 和 SIGNAL B，并且连接到放大器的两个输入端上。

（3）单击工具栏中的"虚拟仪器"按钮，在虚拟仪器列表中选择一个虚拟示波器并连接到放大器的输入端上，如图 9-23 所示。

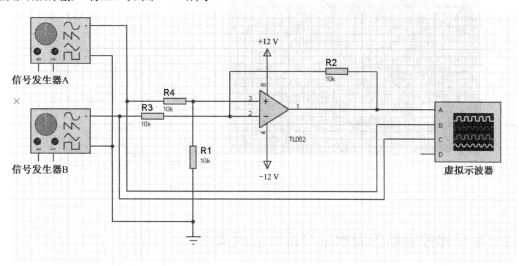

图 9-23   添加信号发生器和示波器的电路

（4）运行仿真，信号发生器会弹出如图 9-24 和图 9-25 所示的调节面板。

（5）按照如图 9-24 和图 9-25 所示的调节面板设置好示波器的相关挡位和参数。

（6）当运行后，虚拟示波器会弹出对应的可视化操作面板，如图 9-26 所示，设置右端的调节面板，可以在左端看到波形输出。有关面板设置和使用方法与真实的示波器类似，请查看相关资料。

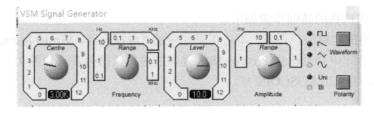

图 9-24　信号发生器 B 的调节面板

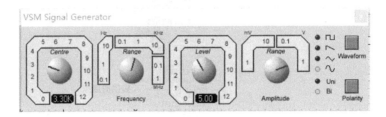

图 9-25　信号发生器 A 的调节面板

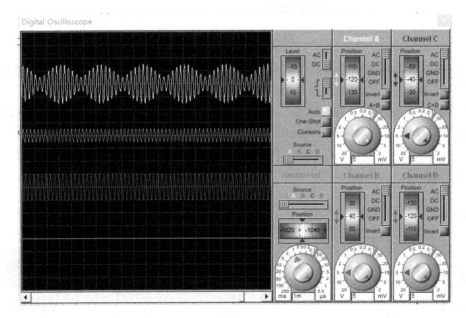

图 9-26　虚拟示波器的可视化操作面板

9.4.2　基于微控制器的流水彩灯设计应用实例

根据设计任务要求，将 8 只发光二极管及相关限流电阻连接到微控制器（单片机）的 P1.0～P1.7 口，采用编程实现：发光二极管从 P1.7～P1.0 逐个点亮，然后又从 P1.0～P1.7 逐个熄灭，要求 8 只发光二极管同时闪动 6 次，最后不断循环闪动。下面以基于微控制器（单片机）的流水彩灯电路为例，介绍电路原理图的设计方法及仿真操作步骤。

1．电路原理图的设计

普通发光二极管的电流一般为 1～5 mA，可以采用单片机端口直接驱动，具体电路设计的步骤如下。

（1）建立设计文档：为设计文档建立一个存放地点，并为设计文档取一个名称，如在 PC 的 F 盘上建立一个文件夹并命名为"01 流水灯"。

（2）打开 Proteus ISIS 软件，选择"开始→程序→Proteus ＊ Professional→ISIS ＊ Professional"菜单，进入 Proteus ISIS 操作界面，其中，＊表示所应用的 Proteus 版本号。

（3）新建设计文档，选择"文件→新建设计"菜单，为新设计选择一个模板，通常选择默认方式。

（4）保存文档：单击工具栏"保存"按钮后，将出现"保存 ISIS 设计文件"对话框，如图 9-27 所示。在"保存在"一栏中选择已建立好的文件夹（如 01 流水灯），并在"文件名"中输入 01（自编文件编号），当单击"保存"按钮后，ISIS 界面进入新建设计文件，如"ISIS 01-ISIS Professional"，保存好文件后就可以进行编辑了。若想查看保存的文件，则可单击"打开文件"按钮，即可打开 F 盘的"01 流水灯"文件夹，01.DSN 文件已经被保存在其中。

图 9-27　保存文档路径

（5）设置工作环境：用户可在"模板"菜单中定义图形的线宽、填充类型、字符等。若使用系统默认设置，则可跳过此步骤。

（6）选取元器件、放置元器件、布线等电路原理图设计。

选取元器件：按设计要求，在对象选择窗口中单击"P"按钮，弹出"选取元器件（Pick Devices）"对话框，在"关键字"中输入要选择的元器件名，然后在右边框中选中要选的元器件，则该元器件会出现在对象选择窗口中。本设计所需的元器件有 AT89C51 微控制器、RES 电阻、CAP 瓷片电容、CAP-ELEC 电解电容、CRYSTAL 晶振、BUTTON 按键开关、LED-YELLOW 黄色指示灯等。

放置元器件：在对象选择窗口中选中"AT89C51"，然后将鼠标指针移到右边原理图编辑区的适当位置后，双击鼠标左键即可，可用同样的方法将对象选择窗口中的其他元器件放到原理图编辑区。

放置电源及接地符号：在元器件选择器里单击"POWER"或"GROUND"，将鼠标指针移到原理图编辑区并双击即可放置电源符号或接地符号。电源默认为+5 V 电源，若需要使用其他的电源，则需要对元器件参数进行重新设置。

对象的编辑：对选用的元器件、终端等进行统一调整，并放在适当的位置。当鼠标选中某个元器件后，右键单击该元器件，在弹出的对话框中选择"编辑属性"即可对元器件的参数进行设置，否则系统会自动定义相关参数。

原理图连线：注意，原理图的连线分为单根导线、总线和总线分支线三种形式。

放置网络标号：单击工具栏中的"连线标号模式"按钮，右键单击要标记的导线，在弹出的对话框中输入网络标号及选择放置位置，然后单击"OK"按钮即可。

电路原理图导出：首先选择"文件→输出图形→输出位图"菜单，在弹出的对话框中设置图形及参数，如图 9-28 所示。若不修改参数，则导出图形默认色彩为黑白色，即背景为白色，元器件、连线等则为黑色。设置好参数后，应在"输出文件?"栏中打"√"，即设置图形文件的保存路径及名称，然后单击"确定"按钮。这样，生成的电路原理图以"01.BMP"文件名自动存放在当前设计项目的文件夹中。

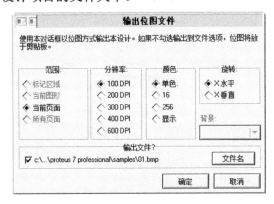

图 9-28　输出位图文件对话框

在"01 流水灯"文件夹中打开"01.BMP"文件，可以看到如图 9-29 所示的电路原理图。

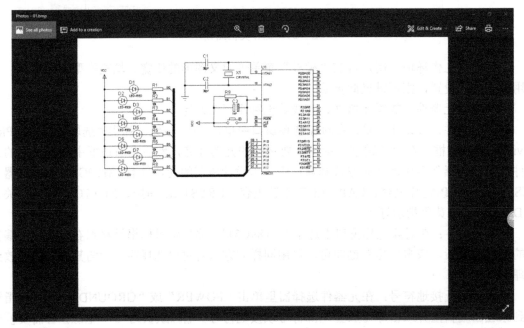

图 9-29　电路原理图

2. 软件设计

首先根据设计任务的要求，分析软件程序使用的结构类型，如主程序、延时子程序、中断程序等；然后分析其执行的内部流程，形成流程图；最后编写源程序。

在程序编写时，必须向单片机 P1 口传送一组数据，经过一段延时后再传送另外一组数据，并判断是否传送完毕，再执行下一程序状态，如此循环。由于单片机程序设计具有灵活性，因此程序设计有三种方案。

- 方案1：采用传送指令对 P1 口直接赋值。
- 方案2：采用移位指令实现发光二极管 LED 循环点亮。
- 方案3：采用查表方法实现发光二极管循环点亮。

本设计使用汇编语言编程，采用方案3实现，程序流程图如图9-30所示，编程如下。

```
        ORG   0000H
        LJMP  MAIN
        ORG   0100H
MIAN:   MOV   R6，#16
        MOV   R5，#6
        MOV   DPTR，#TABL
        MOV   R0，#0
LOOP1:  MOV   A, R0
        MOVC  A, @A+DPTR
        MOV   P1, A
        INC   R0
        LCALL  DELAY
        DJNZ  R6, LOOP1
LOOP2:  MOV   P1, #FFH
        LCAJJ  DELAY
        MOV   P1, #00H
        LCALL  DELAY
        DJNZ  R5, LOOP2
        SJMP  MAIN
DELAY:  MOV   R2, #5
DEL3:   MOV   R3, #30
DEL2:   MOV   R4, #125
DEL1:   NOP
        NOP
        DJNZ  R4, DEL1
        DJNZ  R3, DEL2
        DJNZ  R2, DEL3
        RET
TABL:   DB 7FH, 3FH, 1FH, 0FH, 07H, 03H, 01H, 00H
        DB 01H, 03H, 07H, 0FH, 1FH, 3FH, 7FH,0FFH
        END
```

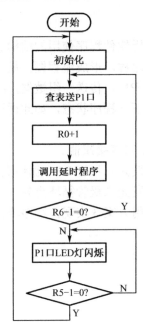

图 9-30　程序流程图

3. 加载源程序及编译

将编写的程序添加到 Proteus 软件自带的编译器中，对其进行编译，生成后缀为 HEX 文件。操作过程为：

（1）单击"源代码→添加/删除源文件→新建"，在"文件名（N）"栏输入"01.ASM"，然后依次单击"打开"→"是"→"确定"按钮即可。

若在"源代码"菜单中已有"*.ASM。"文件，则选择"添加/删除源文件"菜单，依次单击"移除"→"确定"按钮，从项目中移除源文件，接着选择"新建"菜单，在弹出的对话框中的"文件名"栏输入"XX.ASM"，最后依次单击"打开"→"是"→"确定"按钮即可。

如果想让单片机有选择性地运行两个以上程序，则可直接添加操作。此时由 Proteus 系统编译而生成了多个 HEX 文件，通过鼠标右键单击编辑图形窗口中的单片机芯片，在弹出的选项中选择"编辑属性"，进入"编辑元件"对话框，打开"项目文件"（Program File）后选择其中生成的一个 HEX 文件，最后单击"确定"按钮即可。

（2）单击"源代码"菜单，选择"01.ASM"菜单项，出现"源代码编辑"（Source Editor）窗口，在此窗口输入源程序或将源程序复制到窗口中，然后单击"保存"按钮并关闭此窗口。

（3）单击"源代码"菜单，选择"全部编译"菜单项，对所有源文件进行编译、链接并生成目标代码，同时弹出 BUILD LOC（建立日记）窗口。该窗口给出的是关于源代码的编译信息，若设计的源代码没有语法错误（说明编译通过），Proteus ISIS 系统会生成目标代码，关闭此窗口，此时整个编译过程结束。

4. 源代码仿真与电路仿真

在完成硬件电路和程序设计后，即可进行源代码仿真与调试。以"01 流水灯"为例，源代码仿真与调试过程如下。

在编辑图形窗口，单击"调试→恢复弹出窗口→是"，单击"运行"按钮则启动全速运行，单击"暂停"按钮可弹出源代码调试窗口，在源代码调试窗口中：

- 蓝色条代表当前命令行，在此处按 F9 键可设置断点；若按下 F10 键，程序将单步执行；
- 红色箭头表示微处理器的程序计数器的当前位置；
- 红色圆圈标注的行表示系统在该行设置了断点。

源代码调试窗口右上角提供如下几种调试按钮。

- 全速运行：启动程序全速运行。
- 单步跳过命令行：执行子程序调用指令时，将整个子程序一次执行完。
- 跟踪运行：遇到子程序调用指令时，将跟踪进入子程序内部运行。
- 单步跳出命令行：将整个子程序运行完成后返回主程序。
- 运行到光标处：从当前指令运行到光标所在的位置。
- 设置断点：在光标所在位置设置一个断点。

调试时，可利用仿真进程控制按钮来控制系统的运行。最终生成的电路仿真图如图 9-31 所示。

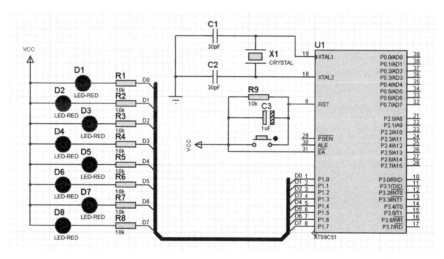

图 9-31　最终生成的电路仿真图

5. 单片机内部资源仿真与调试

为了分析系统运行状况，可以查看 CPU 寄存器、特殊功能寄存器（SFR）、数据存储单元等的同步状态变化，也可在电路仿真系统暂停后单击"调试"菜单栏，在调试菜单项中选择：

（1）单击"3.8051 CPU Registers"选项，在单片机 CPU 寄存器窗口可显示当前各个寄存器的值。

（2）单击"4.8051 CPU SFR Memory"选项，在单片机 SFR 窗口可显示当前特殊功能寄存器（SFR）的内容。

（3）单击"5.8051 CPU Internal（IDATA）Memory"选项，在单片机片内（数据）存储器窗口，可显示当前芯片内部存储器的内容。

上述各个窗口的内容会随着调试的过程自动发生变化，单击"单步执行"按钮运行时，各个窗口中各段的数据就会根据程序运行的状态而变化。

仿真完毕后，可得出系统运行效果是否达到设计功能要求的结论。若发现不符合要求的状态，则应先从程序指令方面去思考是否需要进行修改，最后考虑修改硬件设计。

在 Proteus ISIS 平台中对硬件和软件进行设计，并通过仿真与调试，将所有问题都解决后，系统的整体仿真设计就全部完成了。仿真设计会给实物设计带来较为完整的功能实现设计引导，当然最终还需要将设计应用到硬件实物上，通过实际功能测试才能达到最终预期目标。

习题与思考题

（1）简述 Proteus 软件系统特点。

（2）简述基于 Proteus ISIS 电路设计流程。

（3）简述基于 Proteus ISIS 源代码仿真与电路仿真流程。

第10章

电子系统设计应用实例

10.1　电子系统设计概述

1.　电子系统基本构成

我们通常将能够完成一个特定功能且完整的电子装置称为电子系统。例如，大到航天飞机的测控系统，小到电子计时器，它们都属于电子系统。虽然电子系统的大小不一，功能各异，其结构也千差万别，但从完成该系统结构功能的角度来看，其基本组成大致可以分为：传感与识别信息产生部分、系统前向信号调理部分、数据信息处理与决策部分，以及系统输出控制与执行部分。

（1）传感与识别信息产生部分：该部分相当于人的感觉器官，它可以把系统本身和外界环境的各种参数、状态与信息检测出来，并传送到系统前向信号调理部分。

（2）系统前向信号调理部分：信号调理就是将待测信号通过放大、滤波等操作转换成采集设备能够识别的标准信号。例如，传感器输出的是相当小的电压、电流或电阻的变化，因此在转换为数字信号之前必须进行调理，使其适合模/数（A/D）转换器的输入。A/D 转换器对模拟信号进行数字化，并把数字信号送到嵌入式微处理器或其他数字器件，以便系统的数据处理。

（3）数据信息处理与决策部分：数据信息处理包括对数据的采集、存储、检索、加工、变换和传输，决策是能参与支持人的决策过程的信息功能。数据信息处理与决策部分可以为决策者提供各种可靠方案，检验决策者的要求和设想，从而达到支持决策的目的。

数据信息处理与决策部分的核心是嵌入式微处理器，这部分相当于人的大脑。来自传感和识别信息产生部分的信息经系统前向信号调理部分处理后送入嵌入式微处理器，嵌入式微处理器进行综合整理、分类处理和决策后，再对执行机构发出指令。因此，嵌入式微处理器是现代电子系统的核心和关键部件。

（4）系统输出控制与执行部分：该部分相当于人的手足，嵌入式微处理器发出的指令通过执行机构实现各种所需的功能。

2. 电子系统的设计原则和步骤

任何一项系统的设计都要遵循一定的原则和规范，进行电子系统设计一般要求遵循以下原则。

（1）兼顾技术的先进性和成熟性。当今电子技术的发展日新月异，系统设计应适应技术的发展潮流，可以使系统保持较长时间的先进性和实用性；同时也要兼顾技术上的成熟性，以便缩短开发时间和上市时间。

（2）安全性、可靠性和容错性。安全性在电子系统设计中是首先考虑的，采用技术成熟的元器件和部件可以在一定的程度上保证系统的可靠性、稳定性和安全性。系统应具有较强的容错性，例如，不会因操作人员失误而使整个系统无法工作，或因某个模块出现故障而使整个系统瘫痪等。

（3）实用性和经济性。在满足基本功能和性能的前提下，系统应具有良好的性价比。

（4）开放性和扩展性。系统应当能够支持不同厂商的产品，支持多种协议，并且符合相关国际标准及协议，以便在系统升级改造和扩展时，不仅可以保护原有资源，还可以降低系统维护、升级的复杂性并提高效率。

（5）易维护性。元器件和部件应尽可能采用通用、成熟的产品，使系统易于维护。

3. 系统的设计步骤

现代电子系统的设计过程如图 10-1 所示。

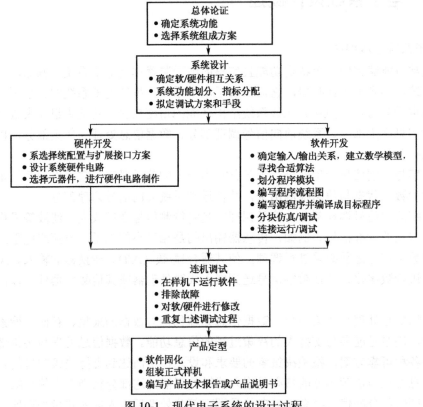

图 10-1　现代电子系统的设计过程

主要步骤如下。

（1）方案选择与总体论证。通过调查研究，明确设计任务和要求，确定系统功能指标，了解设计关键，完成系统功能示意框图。简言之，就是必须明确做什么，做到什么程度。

从完成的功能、性能和技术指标的程度、经济性、先进性，以及进度等方面进行比较，选择一个较好的方案。首先进行系统功能划分，根据系统所实现的功能画出各单元功能的系统原理框图，然后进行可行性论证，最后确定总体方案。

（2）系统设计、单元电路设计、参数选择和元器件选择。

（3）软件、硬件开发组装和连机调试。

（4）产品定型，编写产品技术报告或产品说明书。

10.2 多路温度监控报警系统设计应用实例

温度是一种最基本的环境参数，和人们的生产、生活息息相关。例如，在工业生产过程中需要实时测量温度，在农业生产中也离不开温度的测量，因此研究温度的测量方法和装置具有重要的意义。测量温度的关键是温度传感器，温度传感器的发展经历了三个发展阶段：传统的分立式温度传感器、模拟集成温度传感器和智能集成温度传感器。

目前，国际上新型温度传感器正从模拟式向数字式，从集成化向智能化、网络化的方向飞速发展。在一些更复杂的系统中还涉及高精度或高速的测量、大规模巡检、数据存储回放、数据通信，以及设置时间等。温度传感器的研究既看重基础，又有扩展深度，并且具有很强的实用性和趣味性。

1. 系统设计任务需求

多路温度监控报警系统基本功能如下。

● 多路温度测量并用十进制显示，显示误差小于±0.5℃。

● 多路温度测量并选择通道或巡检显示。

● 可在键盘设置温度上、下限，具有超限报警功能。

● 显示温度对应的当前时间（时间显示用 4 位 LED 数码管，可用键盘进行时钟调节）。

多路温度监控报警系统设计的扩展功能如下。

● 数据存储与选择回放。

● 可通过键盘设定环境温度，并控制加热器将环境温度调整到设定值。

● 采用 RS-232/RS-485 方式与 PC 进行通信。

2. 系统组成

通过任务的需求分析要实现的功能与指标，将系统划分为各功能模块，确定采用的处理器，以及各模块之间的相互联系，并建立系统的模型框图。

典型的单片机系统是由多个功能模块构成的，通常包括传感器（或前向通道）、人机交互、数据存储、时钟电路、数据处理、数据通信等。可依照任务要求对外围各功能模块进行选择，确定本实例的组成框图。多路温度监控报警系统组成框图如图 10-2 所示。

还需进一步确定系统各功能之间的联系，采用哪家产品，并做进一步的比较与选择，设计硬件电路并绘制出系统的电路原理图。

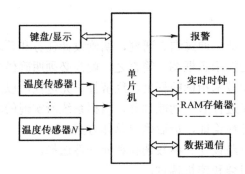

图 10-2 多路温度监控报警系统组成框图

3. 系统设计方案选择分析

（1）选择合适的单片机。51 系列单片机的开发经验已经有几十年的积累，外围元器件齐全，各类资料非常完备，开发环境比较成熟。在实践中，采用高性能、低成本的 51 系列单片机，可以使读者在尽可能短的时间内掌握单片机系统的学习方法和开发思路，提高学习效率，在掌握共性的同时注意其特性即可触类旁通。当然，也可根据现有的开发条件选择其他系列的嵌入式微处理器。

（2）传感器的选用。传感器的选择是设计计算机测控系统的关键，决定了一个系统的复杂度和精确度。在满足精度的情况下，尽可能使系统构架简洁。对温度上限和下限没有特殊要求的场合，可以选择集成温度传感器。目前常见的集成传感器有 1-wire 温度传感器 DS18B20，SPI 温度传感器 TMDATA22，I2C 温度传感器 TMDATA00/101，以及串行 STH10 和 DTH11 温湿度传感器等。

DS18B20 是美国 Dallas 公司推出的一种智能温度传感器，与传统的热敏电阻相比，它能够直接读出被测温度，通过简单的编程可实现 9～12 位的数字值读数方式，可选择 0.5℃、0.25℃、0.125℃、0.0625℃不同的温度测量分辨率，测温范围是−55～+125℃，而且采用单总线数字信号输出，可以直接与单片机的端口相连，大大提高了系统的稳定性。DS18B20 传感器提供了一种方便可行的选择，也可选择其他方案。

（3）存储器和实时时钟。显示某一时刻的温度需要存储温度数据，可采用 SPI 总线或 I2C 总线的高集成度的存储芯片和日历时钟芯片，接口方便，可大大简化电路设计。例如，SPI 总线的 X5045 存储芯片，三线的 DS1302、DS12887 实时时钟芯片，I2C 总线的 AT24C02 和 PCF8563 实时时钟芯片等。

DS12887 是常用的一种并行实时时钟芯片，集存储器、实时时钟于一体，在没有外部电源的情况下可工作 10 年（自带晶体振荡器及电池）。可计算到 2100 年前的秒、分、小时、星期、日期、月、年七种日历信息并带闰年补偿；用二进制码或 BCD 码来代表日历和闹钟信息；有 12 和 24 小时两种制式，12 小时制式有 AM 和 PM 提示；可以应用于 Motorola 和 Intel 两种总线；数据/地址总线复用；内建 128 B 的 RAM，其中 14 B 时钟控制寄存器，114 B 通用 RAM；总线兼容中断（IRQ）；三种可编程中断，其中时间性中断可产生每秒一次到每天一次的中断，周期性中断的周期为 122～500 ms，时钟更新后结束中断；并行总线操作非常简单，降低了软/硬件设计的难度。

（4）人机交互。键盘与显示电路是单片机系统中最常见的人机交互方式。系统的任务，如监测当前温度、设置上/下限报警值、存储温度值、更新时钟变化、与上位机通信，以及控制外部环境温度等都需要用到键盘和显示器。本系统选择专用键盘显示芯片 HD7279，单片机通过 SPI 总线接口与其通信。当有键按下时，HD7279 向单片机发出中断，通过中断服务子程序读取键值并进行相应的处理。HD7279 可接收并显示数据，而且可以自动保持 LED 的显示内容，不需要单片机连续的间隔扫描，大大降低了单片机的工作量，可以更好地分配资源和进行任务调度。同时，为获得更好的显示效果，本系统选择 LCD1602 或 LCD12864 等液晶屏作为显示器。

（5）系统与外部 PC 的数据通信。系统内部的单片机与外部 PC 的通信可以采用并行总线和串行总线通信方式，在实时性要求不高的系统中，建议采用串行总线方式，这样可节省 I/O 口线的资源并降低成本。与 PC 通信的串行总线方式有 RS-232、RS-485 或 USB 等。

单片机与 PC 通信接口已经有很多成熟的设计方案可以参考，在单片机和 PC 通信调试的过程中，可以暂时不编写 PC 端程序，直接应用串口通信软件进行测试，如使用串行调试助手通信成功后，证明下位机程序完全正常，这时再编写 PC 端的程序。

另外，还可以采用无线数据收发等通信技术，如采用无线模块收发技术或 ZigBee 无线网络通信技术等。

4. 软件设计流程

对于单片机系统的开发，除了进行硬件电路设计外，更重要的是系统的软件开发。单片机之所以能广泛应用于各种不同需求的场合，就是因为它允许开发者根据需求编写相应的软件，软件的优劣对系统的成本和稳定性都有至关重要的影响。

在单片机程序设计中，强调程序的模块化设计，这会让整个程序变得清晰易懂，而且容易调试和修改。软件设计流程如图 10-3 所示，首先设计整体流程，再编写各个功能模块，分别对每个模块进行调试并修改，再将功能模块组合并填入整体流程，不断调试修改，完成软件的整体设计。另外，需要注意的是，仿真调试成功并不代表程序下载到芯片以后就一定没有故障，因为晶体振荡器、复位电路和电路的匹配情况都会影响单片机的正常运行。

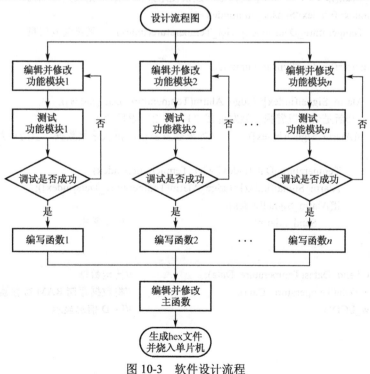

图 10-3 软件设计流程

5. 主要编程代码（主函数）

```
//主函数
#include    "UART.h"                                   //串口相关头文件
#include    "LCD.h"                                    //液晶显示相关头文件
#include    "System.h"                                 //系统初始化相关头文件
#define     Sensor_num 16                              //设定传感器个数


void Key_Scan();
unsigned int Get_Temperature(unsigned int index);
unsigned int Judge_Alarm(unsigned int Temperature);
void Send_Alarm();
void Uart_Send_Datas(unsigned int *Data);             //传送数据
void Save_Data(unsigned int *Data1, unsigned int *Data2);   //将数据存储 RAM 寄存器
void Draw_LCD(unsigned int *Data);                    //LCD 信息显示
int main()
{
    unsigned int index=0;
    unsigned int Temperature_Data[Sensor_num]={0};
    unsigned int Alarm_Signal[Sensor_num]={0};

    DisableInterrupts;            //初始化之前先关闭所有中断
    System_Init();                //系统初始化，完成时钟、I/O 口配置、中断和串口等初始化
    EnableInterrupts;             //完成初始化后打开所有中断
    while(1)
    {
        Key_Scan();               //按键扫描，建议使用外部中断来完成按键扫描任务
        for(index=0;index<Sensor_num;index++)
            Temperature_Data[index]=Get_Temperature(index);   //采集温度信息

        for(index=0;index<Sensor_num;index++)
        {
            Alarm_Signal[index]=Judge_Alarm(Temperature_Data[index]);
            //判断是否触发警报，触发返回"1"，否则返回"0"
            if(Alarm_Signal[index])          //如果触发警报，再次采集数据，以防误判
            {
                Temperature_Data[index]=Get_Temperature(index);
                Alarm_Signal[index]=Judge_Alarm(Temperature_Data[index]);
                if(Alarm_Signal[index])
                    Send_Alarm();            //产生警报
            }
        }
        Uart_Send_Datas(Temperature_Data);   //传送数据
        Save_Data(Temperature_Data);         //将数据存储 RAM 寄存器
        Draw_LCD();                          //LCD 信息显示
    }
}
```

6. 主要编程代码（底层驱动）

（1）数字温度传感器部分的编程。DS18B20 是常用的数字温度传感器，具有体积小、硬件开销低、抗干扰能力强、精度高的特点。DS18B20 内部寄存器如图 10-4 所示，DS18B20 通信指令如表 10-1 所示。

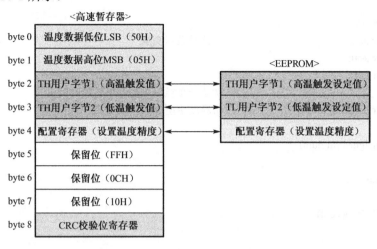

图 10-4　DS18B20 内部寄存器结构

表 10-1　DS18B20 通信指令

指令类型	指　令	功　　能	详　细　描　述
ROM 指令	F0H	搜索 ROM 指令	当系统初始化时，总线控制器通过此指令多次循环搜索 ROM 编码，以确认所有从机
	33H	读取 ROM 指令	当总线上只有一个 DS18B20 时才会使用此命令，允许总线控制器直接读取从机的序列码
	55H	匹配 ROM 指令	匹配 ROM 指令，使总线控制器在多点总线上定位一个待定的 DS18B20
	CCH	忽略 ROM 指令	忽略 ROM 指令，此指令允许总线控制器不必提供 64 位 ROM 编码就使用功能指令
	ECH	报警搜索指令	当总线上存在满足报警条件的从机时，该从机将响应此指令
功能指令	44H	温度转换指令	此指令用来控制 DS18B20 启动一次温度转换，生成的温度数据以 2 字节的形式存储在高速暂存器中
	4EH	写暂存器指令	此指令向 DS18B20 的暂存器写入数据，开始位置在暂存器的第 2 个字节，以最低有效位开始传送
	BEH	读暂存器指令	此指令用来读取 DS18B20 暂存器数据，读取将从字节 0 开始，直到 9 个字节（CRC 校验位）读完为止
	48H	拷贝暂存器指令	将 RAM 中第 3、4 字节的内容复制到 EEPROM 中
	B8H	找回 EEPROM 指令	将 EEPROM 中内容恢复到 RAM 中的第 2、3 字节
	B4H	读电源模式指令	读 DS1820 的供电模式，寄生供电时 DS1820 发送"0"，外接电源供电 DS1820 发送"1"

```
//驱动函数
#PTA0_DDRINDQ_IN
#PTA0_DDROUTDQ_OUT                    //定义端口方向

int t;
unsigned int num;
unsigned char dat;                    //读写数据变量
unsigned char a=0;
unsigned char b=0;
float tep=0;                          //读一个温度时的温度转换时间
unsigned char datatempbuf[4]=0;       //温度字型显示中间变量

void delay(unsigned int num)
{
    while(num--);
}
void Init_DS18B20(void)
{

    char x=0;
    Port_int(PTA0，OUT);              //端口初始化
    DQ_OUT=1;
    delay(10);                        //稍作延时
    DQ_OUT=0;
    delay(80);                        //延时>480 μs 或 540 μs
    DQ_OUT=1;                         //总线置为高电平 15～60 μs
    delay(20);
    x=DQ_IN;                          //读总线状态，0 表示复位成功，1 表示不成功
    delay(30);
    DQ_OUT=1;                         //释放总线
}
unsigned char ReadOneChar(void)
{
    unsigned char i;
    unsigned char dat=0;
    for(i=0;i<8;i++)
    {
        DQ_OUT=0;
        dat>>=1;
        DQ_OUT=1;                     //给脉冲
        if(DQ_IN)
        {
            dat|=0x80;
        }//判断总线电平状态，写入 dat 的最高位
        delay(8);                     //15 μs 内读完一个数
    }
    return(dat);
```

```
}
void WriteOneChar(unsigned char dat)
{
    unsigned char i=0;
    for(i=0;i<8;i++)
    {
        DQ_OUT=0;
        DQ_OUT=dat&0x01;               //写数据的最低位
        delay(10);
        //////////
        DQ_OUT=1;                      //给脉冲
        dat>>=1;
    }
    delay(8);
}
/***读取温度值**********/
//每次读写均要先复位
int Get_Temperature(void)
{
    Init_DS18B20();
    WriteOneChar(0xcc);                //发跳过 ROM 命令
    WriteOneChar(0x44);                //发读开始转换命令
    Init_DS18B20();
    WriteOneChar(0xcc);                //发跳过 ROM 命令
    WriteOneChar(0xbe);                //读寄存器，共 9 B，前 2 个字节为转换值
    a=ReadOneChar();                   //a 存储低字节
    b=ReadOneChar();                   //b 存储高字节
    t=b;
    t<<=8;                             //高字节转换为十进制
    t=t|a;
    tep=t*0.0625;                      //转换精度为 0.0625/LSB
    t=tep*10+0.5;                      //保留 1 位小数并四舍五入（后面除 10 还原正确温度值）
    return(t);
}
```

（2）实时时钟芯片的编程。DS12887 是美国 Dallas 公司推出的串行接口实时时钟芯片，采用 CMOS 技术制成，具有内部的晶体振荡器和时钟芯片备份锂电池，外围硬件十分简单，与单片机相连之后，使用单片机对其初始化就可以正常工作了。其代码如下。

```
#define PTB0_OUT Ds_CS
#define PTB1_OUT Ds_As
#define PTB2_OUT Ds_DS
#define PTB3_OUT Ds_Rw
#define PTC_BYTE0 DATA
unsigned char miao, fen, shi, week, ri, yue,nian
//****************DS12887 读写程序*****************************
//往 DS12887 内写数据（add 地址，date 数据）
void write_ds(unsigned charadd, unsigned char date)
```

```
{
    Ds_CS = 0;
    Ds_As = 1;
    Ds_DS = 1;
    Ds_Rw = 1;
    DATA = add;                    //先送地址
    Ds_As = 0;
    Ds_Rw = 0;
    DATA = date;                   //后写入数据
    Ds_Rw = 1;
    Ds_As = 1;
    Ds_CS = 1;
}

unsigned char read_ds(unsigned char add)    //读 DS12887 内部数据（带返回值）
{
    unsigned char ds_date;
    Ds_As = 1;
    Ds_DS = 1;
    Ds_Rw = 1;
    Ds_CS = 0;
    DATA = add;                    //先送地址
    Ds_As = 0;
    Ds_DS = 0;
    DATA = 0xff;
    ds_date = DATA;                //后读出数据
    Ds_DS = 1;
    Ds_As = 1;
    Ds_CS = 1;
    return ds_date;                //带返回值语句
}
void DS12887_init()                //DS12887 初始化
{
    Port_int(PTB0, OUT);          //端口初始化
    Port_int(PTB1, OUT);          //端口初始化
    Port_int(PTB2, OUT);          //端口初始化
    Port_int(PTB3, OUT);          //端口初始化
    Port_int(PTC_BYTE0, OUT);     //端口初始化

    Ds_CS = 0;
    write_ds(DS12887_Reg_A, 0x20);          //启动 DS12887
    write_ds(DS12887_Reg_A, 0x86);          //禁止更新，接下来初始化数据，即写入时间、日期等
    write_ds(DS12887_Reg_A, DS12887_year+7);        //年 7
    write_ds(DS12887_Reg_A, DS12887_month + 10);    //月 10
    write_ds(DS12887_Reg_A, DS12887_day + 1);       //日 1
    write_ds(DS12887_Reg_A, DS12887_hour + 0);      //时 0
    write_ds(DS12887_Reg_A, DS12887_min + 0);       //分 0
    write_ds(DS12887_Reg_A, DS12887_sec + 0);       //秒 0
```

```
        write_ds(DS12887_Reg_A, DS12887_date);    //正常更新，二进制格式，24 小时制
}
void Read_data()                                 //读出 DS12887 数据，以及 LCD12864 显示地址赋值
{
    miao = read_ds(DS12887_sec);                 //指定 DS12887 秒地址，读出秒的值
    fen = read_ds(DS12887_min);                  //指定 DS12887 分地址，读出分的值
    shi = read_ds(DS12887_hour);                 //指定 DS12887 时地址，读出时的值
    week = read_ds(DS12887_day);                 //指定 DS12887 周地址，读出周的值
    ri = read_ds(DS12887_date);                  //指定 DS12887 日地址，读出日的值
    yue = read_ds(DS12887_month);                //指定 DS12887 月地址，读出月的值
    nian = read_ds(DS12887_year);                //指定 DS12887 年地址，读出年的值
}
```

（3）键盘接口部分的编程。HD7279 是一片具有串行接口的键盘扩展接口芯片，该芯片可以连接多达 64 键的键盘矩阵，本系统键盘接口的编程代码如下。

```
//键盘使用
#define CMD_RESET 0xa4
#define key PTD0_IN
void Key_init()
{
    Port_int(PTD0，IN);                          //端口初始化
    for (int i = 0; i<0x2000; i++);              //上电延时
    send_byte(CMD_RESET);                        //复位 HD7279
}
unsigned char key_number;
void Key_Scan()
{
    if (!key)                                    //如果有键按下
    {
        key_number = read7279(CMD_READ);         //读出键码
        while (!key);                            //等待按键放开
    }
}
unsigned char read7279(unsigned char command)
{
    send_byte(command);
    return(receive_byte());
}
void send_byte(unsigned char out_byte)
{
    unsigned char i;
    cs = 0;
    long_delay();
    for (i = 0; i<8; i++)
    {
        if (out_byte & 0x80)
```

```
        {
            dat = 1;
        }
        else
        {
            dat = 0;
        }
        clk = 1;
        short_delay();
        clk = 0;
        short_delay();
        out_byte = out_byte * 2;
    }
    dat = 0;
}
void short_delay(void)
{
    unsigned char i;
    for (i = 0; i<8; i++);
}
unsigned char receive_byte(void)
{
    unsigned char i, in_byte;
    dat = 1;                                        //set to input mode
    long_delay();
    for (i = 0; i<8; i++)
    {
        clk = 1;
        short_delay();
        in_byte = in_byte * 2;
        if (dat)
        {
            in_byte = in_byte | 0x01;
        }
        clk = 0;
        short_delay();
    }
    dat = 0;
    return (in_byte);
}
```

（4）LCD 液晶屏接口编程。LCD1602 是一种工业字符型液晶，能够同时显示 16×2，即 32 个字符。LCD1602 液晶屏利用液晶的物理特性，通过电压对其显示区域进行控制，有电就显示，这样就可以显示出图形。该模块需要使用 RS、R/W、D7、D6、D5、D4、D3、D2、D1、D0 等引脚，其接口代码如下。

```
//LCD1602 驱动代码
void lcd_init()
```

```
{
    lcd_wcmd(0x38);
    delay(1);
    lcd_wcmd(0x0c);
    delay(1);
    lcd_wcmd(0x06);
    delay(1);
    lcd_wcmd(0x01);
    delay(1);
}
void delay(unsigned char ms)
{
    unsigned char i;
    while (ms--)
    {
        for (i = 0; i < 250; i++)
        {
            _nop_(); _nop_(); _nop_(); _nop_();
        }
    }
}
void lcd_write_cmd(unsigned char cmd)
{
    while (lcd_bz());                        //判断 LCD 是否忙碌
    rs = 0;
    rw = 0;
    ep = 0;
    _nop_(); _nop_();
    P0 = cmd;
    _nop_(); _nop_(); _nop_(); _nop_();
    ep = 1;
    _nop_(); _nop_(); _nop_(); _nop_();
    ep = 0;
}
void lcd_set_pos(unsigned char pos)
{
    lcd_wcmd(pos | 0x80);
}
void lcd_write_data(unsigned char dat)
{
    while (lcd_bz());                        //判断 LCD 是否忙碌
    rs = 1;
    rw = 0;
    ep = 0;
    P0 = dat;
    _nop_(); _nop_(); _nop_(); _nop_();
    ep = 1;
    _nop_(); _nop_(); _nop_(); _nop_();
```

```
        ep = 0;
    }
//例如显示 A
void main(void) {
    unsigned char i;
    lcd_init();                                     //初始化 LCD
    delay(10);
    lcd_pos(0x01);                                  //设置显示位置
    i = 0;
    lcd_wdat('A');                                  //显示字符
}
```

（5）RS-232 串行通信接口编程。RS-232 串行通信接口（即 COM 接口）只需要一对传输线就可以实现双向通信，从而大大降低了成本，特别适合远距离通信，但其传送速率较低。单片机的串口主要需要配置波特率、端口等参数。RS-232 串口通信程序参考代码如下。

```
//串口代码
//串口初始化
void UART_Init(void)
{
    SCON = 0x40;                                    //串口方式 1
    PCON = 0;                                       //SMOD=0
    REN = 1;                                        //允许接收
    TMOD = 0x20;                                    //定时器 1 定时方式 2
    TR1 = 1;                                        //启动定时器
    ES = 1;                                         //使能中断
    EA = 1;                                         //使能中断
}
void send_char(unsigned char aChar)
{
    SBUF = aChar;
    while (TI == 0);                                //等待，直到发送成功
    TI = 0;
}
```

在程序设计中要充分考虑每个模块所需要的时间及其所需的灵敏度（采样时间），在实际使用中，为了能够让按键快速响应，建议将按键设定为外部中断触发，这样能大大加快反应速度。以上函数中，如果函数的整体执行时间超过设计所需的温度采样时间间隔，这时可以配置定时中断，将温度采集放置在定时中断中执行，保证温度采样率不受函数中的其他功能模块的影响。

参 考 文 献

[1] 马洪连. 嵌入式电路设计教程. 北京：电子工业出版社，2013.

[2] 林建英，吴振宇. 电子系统设计基础. 北京：电子工业出版社，2011.

[3] 黄智伟，李月华. 嵌入式系统中的模拟电路设计（第 2 版）. 北京：电子工业出版社，2014.

[4] 丁男. 嵌入式系统设计教程（第 3 版）. 北京：电子工业出版社，2016.

[5] 魏伟，胡玮，王永清，等. 嵌入式硬件系统接口电路设计. 北京：化学工业出版社，2010.

[6] 马洪连，丁男. 物联网感知、识别与控制技术（第 2 版）. 北京：清华大学出版社，2017.

[7] 吴功宜，吴英. 物联网工程导论. 北京：机械工业出版社，2012.

[8] 俞建峰. 物联网工程开发与实践. 北京：人民邮电出版社，2013.

[9] 潘松，黄继业. EDA 技术实用教程（第二版）. 北京：科学出版社，2005.

[10] 夏宇闻. Verilog 数字系统设计教程. 北京：北京航空航天大学出版社，2004.

[11] 谢龙汉，等. Altium Designer 原理图与 PCB 设计及仿真. 北京：电子工业出版社，2012.

[12] 韩克，薛英霞. 单片机应用技术——基于 Proteus 的项目设计与仿真. 北京：电子工业出版社，2013.

[13] 程国刚，杨后川. Proteus 原理图设计与电路仿真就这么简单. 北京：电子工业出版社，2014.

[14] https://www.baidu.com/.

[15] https://www.arm.com/.